全国交通运输行业职业技能鉴定教材——汽车维修工

职业道德和基础知识

交通运输部职业资格中心
（交通运输部职业技能鉴定指导中心） 组织编审

ZHIYE DAODE HE JICHU ZHISHI

人民交通出版社股份有限公司
China Communications Press Co.,Ltd.

内 容 提 要

本书包括了汽车维修工在通过国家职业技能鉴定时应该掌握的职业道德基本知识和汽车维修基础知识。本教材是汽车维修工职业技能鉴定的辅导用书,也可作为职业院校汽车类专业的教学教材,还可作为汽车维修行业相关人员自学与继续教育的参考教材。

图书在版编目(CIP)数据

职业道德和基础知识 / 交通运输部职业资格中心,交通运输部职业技能鉴定指导中心组织编审. —北京:人民交通出版社股份有限公司, 2017.8

全国交通运输行业职业技能鉴定教材. 汽车维修工

ISBN 978-7-114-14075-4

Ⅰ. ①职… Ⅱ. ①交… ②交… Ⅲ. ①职业道德—职业技能—鉴定—教材 Ⅳ. ①B822.9

中国版本图书馆 CIP 数据核字(2017)第 192035 号

书　　名: 职业道德和基础知识
著 作 者: 交 通 运 输 部 职 业 资 格 中 心
（交通运输部职业技能鉴定指导中心）
责任编辑: 刘　洋
出版发行: 人民交通出版社股份有限公司
地　　址: (100011)北京市朝阳区安定门外外馆斜街 3 号
网　　址: http://www.ccpress.com.cn
销售电话: (010)59757973
总 经 销: 人民交通出版社股份有限公司发行部
经　　销: 各地新华书店
印　　刷: 北京鑫正大印刷有限公司
开　　本: 787 × 1092　1/16
印　　张: 13
字　　数: 299 千
版　　次: 2017 年 8 月　第 1 版
印　　次: 2017 年 8 月　第 1 次印刷
书　　号: ISBN 978-7-114-14075-4
定　　价: 50.00 元

全国交通运输行业职业技能鉴定教材
——职业道德和基础知识

审定委员会

《职业道德和基础知识》

编写人员

主　　编：张红伟

参　　编：黄　华　高宏超　肖文华　杨小萍

前言
FOREWORD

为做好交通运输行业职业技能培训及鉴定工作，在汽车维修从业人员中推行国家职业资格证书制度，交通运输部职业资格中心（交通运输部职业技能鉴定指导中心）组织汽车维修行业的有关专家编写了“全国交通运输行业职业技能鉴定教材——汽车维修工”。

本套教材共6本，分别为：《职业道德和基础知识》《汽车检测工、汽车机械维修工、汽车电器维修工职业技能鉴定教材（初级、中级、高级）》《汽车检测工、汽车机械维修工、汽车电器维修工职业技能鉴定教材（技师、高级技师）》《汽车车身整形修复工职业技能鉴定教材》《汽车车身涂装修复工职业技能鉴定教材》《汽车美容装潢工、汽车玻璃维修工职业技能鉴定教材》。

本教材具有以下特点：

（1）坚持标准引领。教材以《汽车维修工国家职业技能标准》为基本遵循，注重把职业标准的内容与要求贯穿于教材编写全过程，并结合汽车维修工工作实际对教材内容予以拓展。

（2）突出知识结构。教材列明了不同级别的汽车维修工应该掌握的技能要求和知识要求，结构合理、层次清晰，便于汽车维修工准确了解掌握学习内容，满足了不同级别汽车维修工的学习需求。

（3）注重职业能力。教材内容以职业活动为导向，以提升职业能力为核心，突出职业特色，体现能力水平，具有较强的针对性和可操作性。

（4）体现专家权威。参与教材编写和负责教材审定的同志来自知名职业院校、维修企业、交通运输行业汽车维修主管部门和职业资格工作专门机构，具有扎实的理论功底、丰富的实践经验和良好的职业素养。

本教材是汽车维修工职业技能鉴定的辅导用书，也可作为职业院校汽车类专业的教学教材，还可作为汽车维修行业相关人员自学与继续教育的参考教材。

本教材的编写与审定，得到了汽车维修行业相关专家、学者和部分交通运输行业主管部门、职业院校、维修企业的大力支持，在此一并致谢！

由于教材编写时间紧、内容多、任务重，加之编审水平有限，教材定有不足之处，恳请广大读者批评指正。

交通运输部职业资格中心
（交通运输部职业技能鉴定指导中心）
二〇一七年七月

目录
CONTENTS

第一章 职业道德

第一节 职业道德基础知识

1. 了解职业道德的基本概念。
2. 理解职业道德的基本规范。

一、职业道德的基本概念

1. 职业

职业是指人们在不同的社会生活中对社会所承担一定职责和从事的专门业务。职业是每一个社会成员对社会所承担的一种职责和工作,具有一定的社会责任性。职业产生于社会分工,并随着生产力的发展,不断产生新的职业。在现实生活中,人们习惯于把每个人在社会中所从事的并作为主要生活来源的工作称之为职业。

2. 职业道德

职业道德是指从事一定职业的人们在职业活动中应遵循的职业行为道德规范,即道德观念、行为规范和风俗习惯的总和。由于社会上有很多行业,因而,职业道德也有很多种类,可以说各个行业都有自己具有行业特征的职业道德。其共同特点是:对职业充满情感、信念与责任感。职业道德使人产生爱业、敬业精神;职业的信念能形成求生存、谋发展、争创一流的决心与行动;职业责任感能使人刻苦钻研业务,诚实高效完成各项任务。

管理学认为:人的知识不如人的智力,人的智力不如人的觉悟。这里的"觉悟"指的正是一种热爱本职工作的敬业精神,是一种甘愿为企业做出牺牲的奉献意识。在我们国家,无论从事什么职业,只要为国家的富强、为人民的需要做出了贡献,都会受到国家和人民的尊重。因此,人人应当看得起自己的工作,热爱自己的岗位,树立职业的责任感和荣誉感,这种高尚的职业道德情操,是社会主义道德的重要内容。为人民服务是社会主义各种职业活动的出发点,各行各业都应当把为人民服务落实到为自己的工作对象服务中去,生产者为消费者服务,医务工作者为病人服务,商业工作者为顾客服务,教育工作者为学生服务,汽车维修人员为车主服务,等等。职业道德要求各行各业都树立为工作对象服务的思想,而决不损害他们的利益。职业道德的力量能促使管理者以人为本,处处尊重职工的人格、理解职工的要求、爱护职工的劳动积极性,以其恪尽职守、公正廉洁创造出一个人尽其才、物尽其用、人人心情舒畅的环境。职业道德的力量能促使职工摆脱雇佣劳动思想,与企业生死与共、结成命运共同体。天时不如地利,地利不如人和,职业道德力量能使管理者和职工产生高度认同感、归属感和凝聚力,足以使企业所有人员有集体主义精神去搏击市场风云,创造辉煌未来。

二、职业道德的基本规范

职业道德基本规范是指从业人员从事职业活动时必须遵循的道德标准和行为准则。

汽车维修从业人员职业道德规范的构成一般来自两个方面:一是国家和行业有关法律、规章中,关于职业道德和行为规范的要求,这些都是成文的,并以国家强制力为后盾,具有法律效力或行政效力,必须严格执行,违者将受到追究;二是早已存在于汽车维修职业活动中并被汽车维修从业人员承认的自觉遵守的纪律、习惯和规矩等,这方面的内容有成文的,也有不成文的,主要是通过公众舆论、群体力量、组织尊严、习惯约束、规矩限制等形式保证实施的。为加强交通行业精神文明建设和交通职业道德建设,创建交通行政执法文明窗口,交通部制订了《交通行政执法职业道德基本规范》(简称《基本规范》),从 1997 年 1 月 1 日起在全国交通系统实行。汽车维修从业人员职业道德规范有其自身特定的内涵,可以归为:热爱汽车维修、忠于职守、依法管理、团结协作、接受监督、廉洁奉公。它涵盖了对汽车维修从业人员政治素质、法律素质、思想作风、外部形象的基本要求。

1. 热爱汽车维修

热爱汽车维修是汽车维修从业人员道德理想、道德情感、道德义务的综合反映和集中体现。其主要内容是:

(1)爱岗敬业。主要表现为:严守岗位、尽心尽责、注重务实、服务行业。

(2)乐于奉献。乐于奉献指以本业为荣,以本职为乐,积极为汽车维修行业发展,为整个道路运输业发展服务,在汽车维修工作岗位上发扬忘我的工作精神。主要表现为,一是职业意识,即正确处理责任、权力、利益三者之间的关系,不能只讲索取,不讲奉献;二是勤业意识,表现为认真负责,开拓进取,这是实现职业价值的基本保证;三是奉献意识,在职业活动中不计名利,勇于吃苦,任劳任怨,说老实话,办老实事,做老实人,吃苦在前,享受在后,迎着困难上,用"毫不利己,专门利人"的精神,在奉献中充分体现人生的价值。

(3)钻研业务。钻研业务指为事业刻苦学习、勇于钻研,努力提高本职工作能力和水平,这也是一种爱岗敬业的具体表现。钻研业务有三方面具体要求:一是认真学习技术,提高工作技能。汽车技术发展很快,对维修工艺技术工作的要求越来越高,要做好汽车维修工作,尤其要能够适应汽车不解体检测的发展,一定要认真学习汽车电子控制等新技术,学习质量检验技术的有关理论,勇于实践,不断培养提高自己的工作技能,这是完成职业使命的基本条件;二是认真学习管理业务知识,努力提高管理工作业务素质,努力尽好自己的管理责任,实现岗位的价值;三是要拓宽知识层面,由于汽车维修的市场化,给技术管理工作增加了复杂性,如汽车配件的市场情况,严重影响着汽车维修质量管理工作等,这就要求每位汽车维修从业人员必须不断扩大自己的知识面,如掌握常见汽车配件、材料的质量鉴别技术等,以提高综合分析、解决问题的能力。

(4)艰苦奋斗。保持艰苦奋斗的光荣传统和创业精神,反对追求豪华、奢侈浪费的不良风气,坚持顽强拼搏、奋发向上,这是社会主义现代化建设的需要,是新时期创业实践的需要,是中国国情的需要。那种借经营业务往来需要,大吃大喝、肆意挥霍国家或企业资金的做法,属不良道德行为,应该杜绝。

2. 忠于职守

忠于职守是每一位汽车维修从业人员尤其是具有一定职权的管理人员必须履行的法定义务,也是汽车维修从业人员基本的职业责任。能否做到忠于职守,尽职尽责,勤奋工作,严格把关,不弄虚作假,是衡量每一位汽车维修从业人员职业道德水平的重要标志。忠于职守主要表现为:

(1)严格把关。严格按照汽车维修各项工艺技术标准,进行汽车维修工作,按章管理,严格把关,自觉维护各项技术工艺标准的严肃性,保证汽车维修质量的有效管理。

(2)遵守行规、行约。行规、行约是行业活动中的行为准则,是确保行业风气好转的有效措施。只有做到对行业负责,才能做到对法律负责,对国家负责,对人民负责。

(3)尽职尽责、敢于管理。应努力培养自己的工作责任感,敢于依法管理,敢于负责任,敢于承担风险。把严格管理建立在热爱本职工作的情感基础上,不怕困难,不回避矛盾,不怕打击报复,坚持原则,任劳任怨,以对党和国家、对行业、对人民高度负责的精神,恪尽职守,保证汽车维修质量和服务水平。

3. 依法管理

依法管理是实现汽车维修质量管理最重要的指导思想和基本原则,是规范所有汽车维修行业管理活动的一系列原则中处于核心地位的法治原则,是各级维修从业人员必须遵循的行业准则。依法管理主要表现在:一是以法律为准绳,即汽车维修质量管理必须严格按有关工艺技术标准规定的执行;二是严守管理程序,即按管理要求的规定,各负其责,出现质量纠纷,按规定的管理程序处理,使汽车维修质量管理工作规范化、程序化;三是裁量公正,是指汽车维修质量检验结论要力求公正、准确、合理、适当,以最大限度地维护管理的尊严和保护公民合法权益。汽车维修质量检验员应具有一定的管理职权,在良好的道德约束下,坚持办事公道、公正,真正依法管理。那种感情用事或拿权利做交易(如出卖假合格证)的做法是严重的不道德行为。

4. 团结协作

团结协作的含义是:坚持集体主义原则,以平等友爱、相互合作、共同发展的精神处理好内外团结,正确处理国家、集体和个人三者关系,自觉服务于改革、发展和稳定的大局。例如,在维修竣工检测后,对发现的汽车维修质量问题,检验员应该积极帮助一线生产人员努力解决影响维修质量的各种问题,以争取得到一线生产人员对严格管理的理解和支持,确保质量管理工作顺利进行。

5. 自觉接受监督

自觉接受监督的含义是汽车维修从业人员必须依照法律、规章的有关规定,无条件地接受和服从国家机关、上级行政部门等对汽车维修工作的监督和检查,接受监督的主要内容有:

(1)办事公开。指标准公开、程序公开、权利义务公开、处理结果公开。办事公开是坚持民主政治的具体表现,是接受监督的重要前提,也是汽车维修从业人员职业道德的重要要求。

(2)欢迎批评。指认真接受社会监督，虚心听取来自托修方、上级管理机构和本企业领导和群众对本人工作的批评、意见和建议，不断改善工作，努力提高管理水平。

(3)服从检查。对上级政府主管部门对汽车维修质量进行的抽查，应无条件服从。如出具出厂合格证，必须提供检验记录；经质量检验合格出厂的汽车，政府主管部门有权进行检验质量抽查，应该自觉按要求送检，并积极配合质量检测站工作，服从检测结论。

(4)有错必纠。指勇于纠正汽车维修工作中的缺点错误，认真纠正不当或违规行为，保护管理相对人的合法权益。

6. 廉洁奉公

廉洁奉公的含义是指汽车维修从业人员要坚决执行党中央、国务院关于严格自律、廉洁从政的各项要求，加强个人道德修养，树立正确的世界观、人生观、价值观，努力做到清正廉明、反腐拒贿、不谋私利、一心为公。“公正廉洁、克己奉公”是每一位汽车维修从业人员必须履行的法定义务。廉洁奉公的主要内容有：

(1)清正廉明：是指汽车维修从业人员应严格执行党和国家有关廉政建设的规定，努力做到自重、自省、自警、自励，勤政廉洁，严格自律。清正廉洁是对权力道德观念的高度概括，是汽车维修从业人员最基本的道德准则之一。

(2)反腐拒贿：指“拒腐蚀，永不沾”的精神，反对拜金主义、享乐主义，杜绝权钱交易，自觉抵制剥削腐朽思想和生活方式的侵蚀。

(3)不谋私利：指不利用职务上的权力和便利谋取个人私利，自觉做到不以权谋私、不假公济私、不损公肥私、不徇私枉法。划清正当个人利益与自私自利的界限，树立自我约束的权力意识，从思想上铲除以权谋私的根源。这方面稍不注意就会失控。例如，汽车维修工利用外出试车的机会，甚至因为掌握着送修车的钥匙，总想开出去兜兜风或干点私事行方便。这种行为不仅反映从业人员的道德水准不高，有时还因私自开车出去造成车祸，严重损害企业信誉。

(4)一心为公：指汽车维修从业人员要自觉树立公而忘私、大公无私的共产主义精神。这种精神是高层次的道德要求，共产党员和先进分子应该具备。一心为公，在汽车维修从业人员职业道德基本规范中具有非常重要的地位，是全面践行汽车维修行业职业道德的落脚点。

第二节　职业守则基础知识

1. 了解职业守则的基本概念。
2. 理解汽车维修工职业守则。
3. 掌握汽车维修工工作原则。

一、职业守则的基本概念

1. 职业守则基本概念

职业守则是从事某种职业时必须遵循的基本准则。每一个行业都有必须遵守的行为规则,作为企业内部约束员工行为的基本规则。把这种规则用文字形态列成条款,形成规定。每一个加入的成员必须遵守,称为职业守则。各个行业都有其共同点和特殊性的规定。

2. 职业守则主要内容

职业守则一般包括以下内容:

(1)员工的道德规范。比如维护公司信誉、严谨操守、爱护公物、不得泄露公司机密等行为规范。

(2)员工的考勤制度。其中有工时制度、上下班的规定、打卡规定等。

(3)员工加班值班制度。什么情况下加班、加班的报酬规定、值班的安排等。

(4)休假请假制度。包括平时和法定休假、年休假、婚假、产假和生理假、病假、丧假、工伤假、私事休假等。

二、汽车维修工职业守则

1. 爱岗敬业,团结进取

全体员工要热爱本职工作,自觉遵守员工行为和企业岗位规范,树立良好的工作作风,以高度的责任感承担起企业赋予的重任。

(1)以企业发展为己任,牢记企业的宗旨和目标,维护企业的信誉和利益,致力于企业的持续发展。

(2)以提高业务效率和企业效益为重心,充分发挥自己的主观能动性,热爱企业,关心企业,时时处处把企业利益放在第一位。

(3)以培养企业团队精神为核心,积极维护团队荣誉,同事之间和上下级之间要相互理解、相互支持、取长补短、共同进步。

2. 积极勤奋,恪尽职守

全体员工要保持积极主动的工作热情,勤勤恳恳,讲求实效,对工作认真负责。

(1)工作不推诿、不延误,努力完成企业下达的各项任务。

(2)尊重领导,服从分配,在胜任本职工作的前提下,积极承担或主动参与企业的重大项目和重点工程。

(3)遇到问题、困难和挫折,不灰心、不气馁,能够全面分析,认真排查,积极寻求相应的方式和对策,予以迅速处理或妥善解决。

3. 积极学习,开拓创新

全体员工要努力学习,强化训练,自我加压,不断创新,以适应企业发展和个人成才的需要。

(1)积极参加企业组织的各种学习和培训,并利用业余时间学习文化、法律和各方面专业知识。

(2)熟悉业务,提高技能,不断改进工作方法,提高工作成效。

(3)积极转变观念,关注新生事物,勇于开拓、大胆创新。

4. 严于律己,遵章守纪

全体员工要自觉遵守企业的各项规章制度,熟悉企业的管理、工作、业务等各项流程和规范要求,认真履行劳动合同的责任和义务。

(1)严格遵守企业的考勤制度和劳动纪律。

(2)严格遵守企业的流程规范和岗位责任制,并按其规定的原则、标准和程序办事,不违章工作或办理业务。

(3)严格遵守职场规范,保持办公场所井然有序、干净整洁。

5.爱护公物,廉洁奉公

全体员工要认真爱护企业财产和物品,廉洁自律,自觉维护企业的形象建设。

(1)对企业财物要严格管理、按章使用、精心保管、认真维护,不得擅自使用和铺张浪费。

(2)在日常工作和业务往来中要认真履行财务手续,不得利用职权和工作便利徇私舞弊,在财务开支方面不允许先斩后奏。

(3)在日常工作和业务往来中不得向客户提出额外要求,在业务费用方面不允许额外超支。

6.诚信待人,严守机密

全体员工要诚实守信,讲究策略,严格保守企业的商业机密,以免给企业的信誉和经营带来不良影响、给企业的效益带来严重损失。

(1)不得违背企业有关规定或超出自己的职权范围擅自承诺客户。

(2)不得擅自对外提供和泄露企业内部的发展规划、工作计划、决策方案、财务报表、会议记录、营销信息、客户档案等各种资料。

(3)不得擅自对外提供和泄露员工个人的工作记录、客户信息、销售数据等各种资料。

三、汽车维修工工作原则

汽车维修人员工作的核心目标和原则是给客户提供最佳的售后服务。最佳的售后服务是高效、可靠、专业的服务,必须坚持以下工作原则。

1.安全生产

在汽车维修过程中要特别重视安全问题,不仅包括个人的安全,还包括他人的安全、设备的安全、车辆的安全等。

1)人身安全

(1)眼睛的防护:在汽车维修企业中,眼睛经常会受到各种伤害,如飞来的物体、腐蚀性的化学品飞溅、有毒的气体或烟雾等,这些伤害几乎都是可以防护的。

常见的保护眼睛的用品是护目镜(图1-1)和安全面具(图1-2)。护目镜可以防护各种对眼睛的伤害,如飞来物体或飞溅的液体。在下列情况下,应考虑佩戴护目镜:进行金属切削加工、用錾子或冲子铲剔、使用压缩空气、使用清洗剂等。安全面具不仅能够保护眼睛,还能保护整个面部。如果进行电弧焊或气焊,要使用带有色镜片的护目镜或深色镜片的特殊面罩,以防止有害光线或过强的光线伤害眼睛。

注意:在摘下护目镜时,要闭上眼睛,防止粘在护目镜外的金属颗粒掉进眼睛里。

(2)听觉的保护:汽车修理厂是个噪声很大的场所,各种设备如冲击扳手、空气压缩机、砂轮机、发动机等都是噪声很大。短时的高噪声会造成暂时性听力丧失。持续的较低噪声危害更大。

常见的听力保护装备有耳罩和耳塞,噪声极高时可同时佩戴。一般在钣金车间必须佩戴耳罩或耳塞。

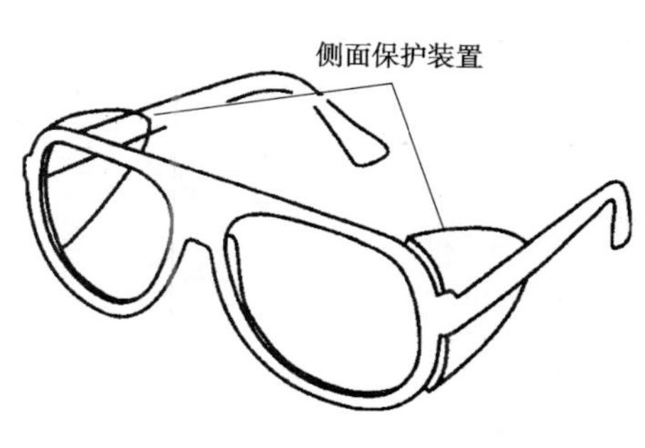

图 1-1 护目镜

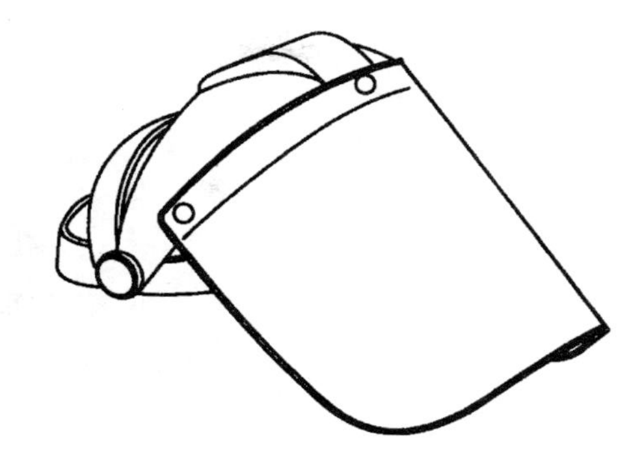

图 1-2 安全面具

(3)手的保护:手是身体经常受伤的部位之一,保护手要从两方面着手:一是不要把手伸到危险区域,如发动机前部转动的皮带区域、发动机排气管道附近等。二是必要时戴上防护手套。不同的场合需要不同的防护手套,做金属加工用劳保安全手套,接触化学品用橡胶手套。是否需要戴手套取决于工作的类型,工作在有旋转的设备就不应戴手套,如使用砂轮机、台钻等设备时不能戴手套,以免手套卷入旋转的部分导致手部的伤害。

(4)衣服、头发及饰物:宽松的衣服、长袖子、领带都容易卷进旋转的机器中,所以在修理厂中,首先一定要穿合体的工作服,最好是连体工作服,外套、工装裤也可以,这些比平时衣着安全多了。如果戴领带要把它塞到衬衫里。

衣兜里不要装有工具、零部件等,特别是带有尖的部位的东西,否则容易伤到自身或车辆。

工作时不要戴手表或其他饰物,特别是金属饰物,在进行电气维修时可能导入电流而烧伤皮肤,或导致电路短路而损坏电子元件或设备。

在工厂内要穿劳保鞋,可以保护脚面不被落下的重物砸伤,且劳保鞋的鞋底是防油、防滑的。

长发很容易被卷入运转的机器中,所以长发一定要扎起来,并戴上帽子。

常见的个人安全防护用品如图 1-3 所示。

另外在搬举重物时应采用如图 1-4 所示的方式进行,以避免损伤身体。

2)工具和设备安全

手动工具看起来是安全的,但使用不当也会导致事故,如用一字螺丝刀代替撬棍,导致螺丝刀崩裂、损坏,飞溅物打伤自己或他人,扳手从油腻的手中滑落,掉到旋转的元件上,再飞出来伤人,等等。

另外,使用带锐边的工具时,锐边不要对着自己和工作同事。传递工具时要将手柄朝向对方。

所有的电气设备都要使用三相插座,地线要安全接地,电缆或装配松动应及时维护;所有旋转的设备都应有安全罩,以减少发生部件飞出伤人的可能性。

在进行电子系统维修时,应断开电路的电源,方法是断开蓄电池的负极搭铁线,这不仅保护人身安全,还能防止对电器的损坏。

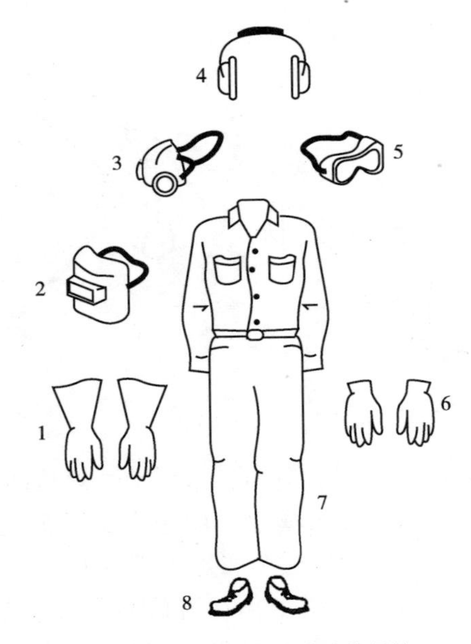

图 1-3　常见的个人安全防护用品

1-焊工手套;2-焊接罩;3-呼吸器;4-耳罩;5-安全镜(防护眼镜);6-手套;7-工作服;8-劳保鞋

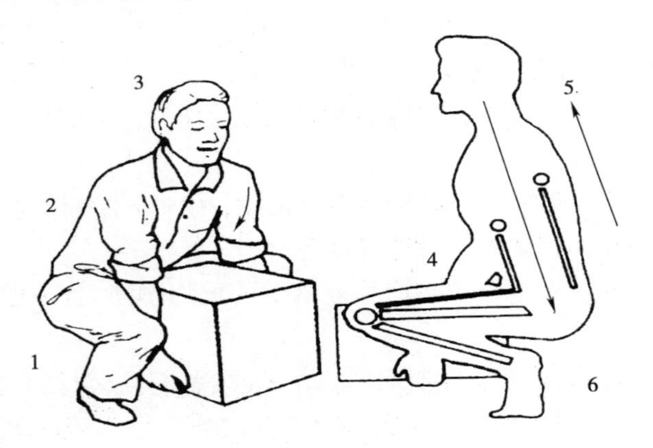

图 1-4　搬运重物

1-利用腿部肌肉;2-尽可能保持背部直挺;3-身体位于物体上方;4-重心靠近身体;5-挺直背;6-腿弯曲

许多维修工序需要将车辆升离地面,在升起车辆前应确保汽车已被正确支撑,并应使用安全锁以免汽车落下。用千斤顶支起汽车时应当确保千斤顶支撑在汽车底盘大梁部分或较结实的部分。

注意:升起汽车时要先看维修手册,找到正确的支撑点,错误的支撑点不仅危险,而且会破坏汽车的结构。

工具和设备都要定期检查和维护。

使用压缩空气时,应非常小心,不要玩弄压缩空气,不要将压缩空气对着自己或别人,不要对着地面或设备、车辆乱吹。压缩空气会撕裂鼓膜,造成失聪,损伤肺部或伤及皮肤,被压缩空气吹起的尘土或金属颗粒会造成皮肤、眼睛损伤。

3）车辆安全

客户的车辆一定不要非生产性的私自使用，否则有可能给个人和企业带来不良的影响。另外不能乱动客户车内的物品，如果维修需要而对车辆的某些设置进行了改变，要在交车前恢复原有设置，如座椅的位置、转向盘的位置、收音机的设置等。

2. 整洁、有序的工作

整洁、有序体现在三个方面：一是员工穿戴整洁；二是对车辆爱护，保持车辆的整洁；三是工作场所的整洁有序。

（1）穿戴整洁。员工要穿戴干净的工作服、干净的帽子、干净的劳保鞋；头发利落整洁；另外不能戴手表、戒指等首饰，应戴无扣腰带，口袋内要有干净的抹布。

（2）爱护车辆。维修工作前要将座椅布、转向盘套、地板垫、翼子板布和前罩装好；要小心驾驶客户的车辆；在客户车内不能吸烟；不要使用客户的音响设备或车内电话；不要在车内放置工具、零件等非客户用品。

（3）工作场所的整洁有序。在工作时要保持工作场所的地面、工作台、工具箱、仪器设备等的整洁有序，无用的东西及时拿走。

3. 高效、可靠的工作

高效的工作需要做好必要的准备工作，如要事先确认库存有所需的零部件，根据维修单去工作、避免出错，对工作做好规划，在一个工位要完成尽量多的工作等。工作场所的整洁有序是高效工作的前提。

要遵循维修手册的要求，并使用正确的工具、设备和仪器，这样才能保证可靠的工作。

4. 按时完成工作

一定要按时完成维修工作，如果提前完成，要再检查一次是否完成所有的工作，并告知调度/维修经理；如果不能按时完成，也要告知调度/维修经理。如果发现车辆还存在不包括在维修单内的维修工作，也要向调度/维修经理请示，并由业务接待及时与客户沟通。

5. 后续工作

维修工作完成后，一定要重视后续工作。如要确保车辆要与刚接车时一样清洁，将座椅、转向盘和反光镜恢复到接车时的位置，将更换的零件按客户的要求放到指定的位置，完成维修单的填写工作等。

第二章　汽车常用材料基础知识

第一节　汽车常用金属和非金属材料的种类、性能及应用

学习目标

1. 理解汽车常用金属和非金属材料的种类、性能及应用。
2. 理解汽车常用非金属材料的种类、性能及应用。

一、汽车常用金属材料

1. 钢

钢是含碳量小于2.11%的铁碳合金，是使用最广泛的金属材料。

钢的种类很多，按是否加入碳以外的其他元素，可分为碳素钢和合金钢两大类。碳素钢又分为普通碳素钢和优质碳素钢。

按含碳量多少又可分为低碳钢（C <0.25%）、中碳钢（0.25% ≤C≤0.6%）和高碳钢（C >0.6%）。

1）普通碳素钢

（1）牌号：由代表屈服点的字母、屈服点的数值、质量等级符号、脱氧方法符号4个部分按顺序组成，如Q235 – AF。牌号中：

“Q”是钢材屈服点“屈”字汉语拼音首位字母，“235”表示屈服点为235MPa，“A”表示质量等级为A，“F”表示沸腾钢。

（2）用途：Q195、Q215A（B）、Q235A（B）常用于制造受力不大、不重要也不复杂的零件，如螺钉、螺母、垫圈、推杆、制动杆、车轮轮毂等。

2）优质碳素钢

（1）牌号：由两位数表示，表示钢平均含碳量的万分之几。如钢号“30”表示钢中含碳量0.30%。含锰量高的优质碳素钢还应将锰元素符号在钢号后表示出，如15Mn、45Mn等。优质碳素钢常用牌号有15、20、25、35、45、60、45Mn、65Mn等。

（2）用途：见表2-1。

优质碳素钢性能及应用 表2-1

钢号	主要性能	应用举例
08F、10、10F、15、20、25	良好的塑性、韧性、可焊性和冷加工成形性。由于含碳量低,可用做渗碳件	制造冲击件(制动气室外壳、消声器外壳)、焊接件及渗碳件(齿轮、凸轮、拉杆)、紧固零件(螺栓、垫圈、铆钉等)
30、35、40、45、50、55	强度较高,并有一定的塑形和韧性。可焊接性较差,使用时大都是经调质处理	制造负荷较大的淬硬调质零件,如连杆、曲轴、机油泵传动齿轮、活塞销、凸轮等
60、65、70、75	强度、硬度高,塑性、韧性差、经淬火和中温回火后弹性好	用于截面尺寸较大而且比较重要的弹簧、轴、销等的制造

3)合金钢

碳钢中加入一种或多种适量合金元素,以改善钢的某种性能,称为合金钢。碳钢中加入的合金元素有Si、Mn、Cr、W、V、Mo、Ti等。

(1)牌号:合金钢的牌号用“两位数字+元素符号+数字”表示,前面两位数字表示钢中含碳量的万分之几;元素符号表示所含合金元素;后面数字表示合金元素平均含量的百分数。

(2)用途:合金钢40Cr,常制造重要调质件,如气门、汽缸盖螺栓、车轮螺栓、半轴和重要齿轮等;18CrMnTi,常用来制造变速器齿轮、主动锥齿轮;40MnB,可代40Cr制造转向节、半轴、花键轴等;60Si2Mn,用来制造钢板弹簧等。

2.铸铁

铸铁具有良好的可铸性、耐磨性和切削性。凡力学性能要求不高、形状复杂、锻造困难的零件,多用铸铁制造,如汽缸套、后桥壳、飞轮、制动鼓等。

常用铸铁材料见表2-2。

常用铸铁材料性能及应用 表2-2

名称	牌号说明	主要性能	用途
灰铸铁	由“HT”及后面的一组数字组成,数字表示其最低抗拉强度	脆性大,塑性差,焊接性差,铸造性好,易切削。具有消振和润滑作用	制造汽缸体、汽缸盖、飞轮和制动鼓
球墨铸铁	由“QT”和两组数字组成,分别表示最低抗拉强度和伸长率	强度较高,韧性比灰铸铁有较大改善。有较良好的铸造性、耐磨性、减振性和切削性	制造曲轴、凸轮轴和前、后桥壳
可锻铸铁	由“KTH”“KTB”“KTZ”及两位数字组成,“KT”是可锻铸铁的代号,“H”“B”“Z”分别表示“黑心”、“白心”及“球光体”,两位数字的含义同球墨铸铁	具有较高的塑性和韧性,强度较好,能承受一定的冲击载荷。但铁水流动性差,铸造工艺较复杂	制造桥壳、轮、制动踏板、活塞环、齿轮轴、摇臂、转向机构等

3. 常用有色金属

镁、铝、铜、锌、铅等及其合金称为有色金属。具有某种特性，如导热性和导电性好、密度小而强度高、耐腐蚀性好等。

1）铝及铝合金

（1）纯铝：银白色的金属，密度为 2.7g/cm^3，熔点低于 660℃，具有良好的导电性和导热性。

我国工业纯铝的牌号是按其纯度编制的，如 L1、L2、L3 等，L 为铝字的汉语拼音字首，编号数字越大，纯度越低。

（2）铝合金：纯铝加入 Si、Cu、Mg、Mn 等合金元素后，可得到强度较高，耐腐蚀性较好的铝合金。铝合金分为形变铝合金（或称压力加工铝合金）和铸造铝合金两类。

形变铝合金是适用于压力加工的铝合金，常用形变铝合金的牌号和用途如下：

①防锈铝合金：用“LF”加顺序号表示，如 LF5、LF11 等，用做制造热交换器、壳体等。

②硬铝合金：用“LY”加顺序表示，如 LY1、LY11 等，在飞机制造中应用较广泛。

③锻造铝合金：用“LD”表示，用于制造高温件，如活塞、汽缸盖等。

（3）铸造铝合金：用来制作铸件的铝合金称为铸造铝合金。

铸造铝合金的代号用汉语拼音字母“ZL”与 3 个数字组成，ZL 后面第 1 个数字表示合金类别，1 表示铝硅合金，2、3、4 分别表示铝铜、铝镁和铝锌合金。

铝硅合金常用来制造内燃机活塞、汽缸体、水冷的汽缸盖、汽缸套、风扇叶片各种电动机和仪表外壳等。

2）铜及铜合金

（1）纯铜：纯铜外观呈紫红色，又称紫铜，密度为 8.9g/cm^3，熔点为 1083℃。

工业纯铜的牌号为 T1、T2、T3。T 为铜字的汉语拼音字头，数字为编号，数字越大则纯度越低。

（2）铜合金：铜合金有黄铜、青铜和白铜 3 种。

①黄铜：以锌为主要合金元素的铜合金。主要用来制作导管、冷凝器、散热片及导电、冷冲、冷挤零件和各种结构零件。

②青铜：铜与锡的合金。现在除了铜锌合金的黄铜和铜镍合金的白铜外，铜与其他元素所组成的合金均称为青铜。主要用于制造轴承、轴套等耐磨零件和弹簧等弹性元件。

③轴承合金：用于制造滑动轴承（轴瓦）的材料，通常附着于轴承座壳内，起减摩作用，又称轴瓦合金。最早的轴承合金是 1839 年美国人巴比特发明的锡基轴承合金，以及随后研制成的铅基合金，因此称锡基和铅基轴承合金为巴比特合金（或巴氏合金）。巴比特合金呈白色，又常称“白合金”。

汽车上常用的有色金属材料见表 2-3。

汽车上常用的有色金属材料用途 表 2-3

名　称	用　途
黄铜（H）	制造散热器管、油管接头、化油器零件、转向节衬套、连杆衬套、钢板销衬套、离合器与制动踏板轴衬套等

续上表

名　　称	用　　途
青铜(Q)	制造衬垫、防水开关、活塞销衬套、变速器常啮合齿轮衬套、轴承、轴承套
铸造铝合金(ZL)	制造活塞、汽缸体、汽缸盖等
锡基轴承合金	制造轴瓦、轴衬
高锡铝基轴承合金	制造轴瓦、轴衬

二、汽车常用非金属材料

1.概述

汽车常用非金属材料包括高分子材料、陶瓷材料、复合材料。

高分子材料又分为工程塑料、合成纤维、橡胶、胶粘剂、涂料。工程塑料主要指强度、韧性和耐磨性较好的,具有价廉、耐蚀、降噪、美观、质轻等特点,可用于汽车保险杠、汽车内饰件、高档车用安全玻璃、仪表板等零部件。合成纤维是指单体聚合而成具有很高强度的高分子材料,如尼龙、聚酯等,用于汽车坐垫、安全带、内饰件等。橡胶具有高的弹性和回弹性,一定的强度,优异的抗疲劳,良好的耐磨、绝缘、隔声、防水、缓冲、吸振等特点,用于制造汽车的轮胎、内胎、防振橡胶、软管、密封带、传动带等零部件。各种胶粘剂起到黏结、密封等作用。涂料对车身的防锈、美化及商品价值有不可忽视的作用。

陶瓷材料分为陶瓷、玻璃,陶瓷用于制造火花塞、传感器等;玻璃用于制造汽车前后门窗、侧窗等。

复合材料包括非金属基复合材料、金属基复合材料,用于汽车车顶导流板、风挡窗框等车身外装板件。

2.常用工程塑料在汽车上的应用

常用工程塑料包括热塑性工程塑料(PE、PP、PVC、ABS、PS、PA、POM、PC 等)、热固性工程塑料(酚醛树脂 PF、氨基树脂 UF、环氧树脂 EP 等),具体性能与应用见表 2-4。

常用工程塑料的性能与应用　　表 2-4

材料名称	特　　征		应用情况
	优　　点	缺　　点	
聚丙烯塑料(PP)	刚硬有韧性;抗弯强度高,抗疲劳、抗应力开裂;质轻;在高温下仍保持其力学性能	在 0℃ 以下易变脆,耐候性差	主要用于通风采暖系统,发动机的某些配件以及外装件,汽车转向盘,仪表板,前、后保险杠,加速踏板,蓄电池壳,空气过滤器,冷却风扇,风扇护罩,散热器隔栅,转向机套管,分电器盖,灯壳,电线覆皮等

续上表

材料名称	特征		应用情况
	优点	缺点	
聚氨酯(PU)	耐化学性好、抗拉强度和撕裂强度高、压缩变形小、回弹性好	由于添加增塑剂之类非反应性助剂，产品经过一定的使用时间之后，随着助剂的挥发，其性能有所变化	用于制造汽车坐垫、仪表板、扶手、头枕等缓冲材料，保险杠、挡泥板、前端部、发动机罩等大型部件
聚氯乙烯塑料(PVC)	耐化学性，难燃自熄，耐磨，消声减振，强度较高，价廉	热稳定性差，变形后不能完全复原，低温下变硬	用于汽车坐垫、车门内板及其他装饰覆盖件
聚乙烯(PE)	密度小，耐酸碱及有机溶剂，介电性能很好，成本低，成型加工方便	胶结和印刷困难，自熄性差	用于制造汽车油箱、挡泥板、转向盘、各种液体储罐、车厢内饰件以及衬板等
ABS树脂(ABS)	力学性能和热性能均好，硬度高，表面易镀金属；耐疲劳和抗应力开裂、冲击强度高；耐酸碱等化学腐蚀；价格较低；加工成型、修饰容易	耐候性差，耐热性不够理想	散热器护栅、驾驶室仪表板、控制箱、装饰类、灯壳、嵌条类
丙烯酸树脂(PMMA)	光学性极好，耐候性好，能耐紫外线和耐日光老化	比无机玻璃易划伤，不耐有机溶剂	灯玻璃类
聚酰胺(PA)	高强度和良好的冲击强度；耐蠕变性好和疲劳强度高；耐石油、润滑油和许多化学溶剂与试剂；耐磨性好	吸水性大，在干燥环境下冲击强度降低	用于制造燃油滤清器、空气滤清器、机油滤清器、水泵壳、水泵叶轮、风扇、制动液罐、动力转向液罐等
聚甲醛(POM)	抗拉强度较一般尼龙高，耐疲劳，耐蠕变；尺寸稳定性好；吸水性比尼龙小；介电性好；可在120℃正常使用；摩擦系数小；弹性极好	没有自熄性；成型收缩率大	各种阀门(排水阀门、空调器阀门等)、各种叶轮(水泵叶轮、暖风器叶轮、油泵轮等)、各种电器开关及电器仪表上的小齿轮、各种手柄及门销等
聚碳酸酯(PC)	抗冲击强度高，抗蠕变性能好；耐热性好，脆化温度低，能抵制日光、雨淋和气温变化的影响；化学性能好，透明度高；介电性能好；尺寸稳定性好	耐溶剂性差；有应力开裂现象；疲劳强度差	保险杠、刻度板、加热器底板等

3. 常用橡胶在汽车上的应用

常用橡胶包括天然橡胶、合成橡胶（SBR、BR、CR、IR、IIR、NBR、ERM、EPRM、ACM、AUEU 等）。

载货汽车的轮胎以天然橡胶为主，轿车轮胎则以合成橡胶为主。车用胶管包括水、气、燃油、润滑油、液压油等的输送管通常采用丁腈橡胶、氯丁橡胶等材料制造。车用胶带多用氯丁橡胶制造。车用橡胶密封件多用丙烯酸酯橡胶、硅橡胶等材料制造。门窗玻璃密封件多采用乙丙橡胶制造。

第二节　汽车用燃料的标号、性能及应用

1. 掌握汽油的标号、性能及应用。
2. 掌握柴油的标号、性能及应用。

一、汽油

汽油为油品的一大类，是四碳至十二碳复杂烃类的混合物，虽然为无色至淡黄色的易流动液体，但很难溶解于水，易燃，馏程为 30 ~ 205℃，空气中含量为 74 ~ 123g/m^3 时遇火爆炸。

汽油的热值约为 44000kJ/kg。燃料的热值是指 1kg 燃料完全燃烧后所产生的热量。

1. 汽油性能

汽油最重要的性能为蒸发性、抗爆性、安定性和腐蚀性。

（1）蒸发性：指汽油蒸发的难易程度。对发动机的起动、暖机、加速、气阻、燃料耗量等有重要影响。汽油的蒸发性由馏程、蒸气压、气液比 3 个指标综合评定。

（2）抗爆性：指汽油在各种使用条件下抵抗爆震燃烧的能力。车用汽油的抗爆性用辛烷值表示。辛烷值是这样给定的：异辛烷的抗爆性较好，辛烷值给定为 100，正庚烷的抗爆性差，给定为 0，汽油辛烷值的测定是以异辛烷和正庚烷为标准燃料，使其产生的爆震强度与试样相同，标准燃料中异辛烷所占的体积百分数就是试样的辛烷值。辛烷值高，抗爆性好。汽油的等级是按辛烷值划分的。高辛烷值汽油可以满足高压缩比汽油机的需要。汽油机压缩比高，则热效率高，可以节省燃料。汽油抗爆能力的大小与化学组成有关。带支链的烷烃以及烯烃、芳烃通常具有优良的抗爆性。提高汽油辛烷值主要靠增加高辛烷值汽油组分。

（3）安定性：指汽油在自然条件下，长时间放置的稳定性。用胶质和诱导期及碘价表示。胶质越低越好，诱导期越长越好，碘价表示烯烃的含量。

（4）腐蚀性：指汽油在存储、运输、使用过程中对储罐、管线、阀门、汽缸等设备不产生腐蚀的特性。用总硫、硫醇、铜片实验和酸值表示。

2. 汽油标号及选用

汽油标号是指汽油辛烷值指标，主要有 90 号、93 号和 97 号。（现在几乎已经没有 90 号汽油了）。

从 2017 年 1 月 1 日起，国内全面供应国Ⅴ标准汽油。按规定，国Ⅴ汽油标号由原国Ⅳ

的93号、97号更换为92号、95号，新增98号。

所谓的95号汽油，就是95%的异辛烷，5%的正庚烷。在发动机压缩比高的车上应采用高辛烷值汽油，若压缩比高而用低辛烷值汽油，会引起不正常燃烧，造成爆震、油耗增加及行驶无力等现象。

汽油标号的高低只是表示汽油辛烷值的大小，应根据发动机压缩比的不同来选择不同标号的汽油。压缩比在8.5~9.5的中档轿车一般应使用92号汽油；压缩比大于9.5的轿车应使用95号汽油。目前国产轿车的压缩比一般都在9以上，最好使用95号或98号汽油。

高压缩比的发动机如果选用低标号汽油，会使汽缸温度剧升，汽油燃烧不完全，发动机振动强烈，从而使输出功率下降，机件受损。低压缩比的发动机选用高标号汽油，会改变点火时间，造成汽缸内积炭增加，长期使用会使汽车的故障率升高，缩短发动机的使用寿命，影响汽车正常使用。

需要注意的是，并不是汽油标号越高越好，要根据发动机压缩比合理选择汽油标号。

二、柴油

柴油是石油提炼后的一种油质的产物，由不同的碳氢化合物混合组成。

柴油是压燃式发动机（即柴油机）燃料，也是消耗量最大的石油产品之一。由于柴油机较汽油机热效率高，功率大，燃料单耗低，比较经济，故应用日趋广泛。它主要作为拖拉机、大型汽车、内燃机车及土建挖掘机、装载机、渔船、柴油发电机组和农用机械的动力。柴油是复杂的烃类混合物，碳原子数为10~22。主要由原油蒸馏、催化裂化、加氢裂化、减粘裂化、焦化等过程生产的柴油馏分调配而成（还需经精制和加入添加剂）。

柴油分为轻柴油（沸点范围为180~370℃）和重柴油（沸点范围为350~410℃）两大类。柴油使用性能中最重要的是着火性和流动性，其技术指标分别为十六烷值和凝点，我国柴油现行规格中要求含硫量控制在0.5%~1.5%。

1. 柴油性能

柴油最重要的性能是着火性和流动性。

（1）着火性。高速柴油机要求柴油喷入燃烧室后迅速与空气形成均匀的混合气，并压缩燃烧，因此要求燃料易于自燃。从燃料开始喷入汽缸到开始着火的间隔时间称为滞燃期或着火落后期。燃料自燃点低，则滞燃期短，即着火性能好。一般以十六烷值作为评价柴油自燃性的指标。

（2）流动性。凝点是评定柴油流动性的重要指标，它表示燃料不经加热而能输送的最低温度。柴油的凝点是指油品在规定条件下冷却至丧失流动性时的最高温度。柴油中正构烷烃含量多且沸点高时，凝点也高。一般选用柴油要求凝点低于环境温度3~5℃。

2. 柴油型号及选用

柴油按凝点分级，轻柴油有10、0、-10、-20、-35五个标号，重柴油有10、20、30三个标号。车用柴油都是轻柴油。

一般选用柴油的凝点低于环境温度3~5℃，因此，随季节和地区的变化，需使用不同标号，即不同凝点的商品柴油。

第三节 润滑油、润滑脂的规格、性能及应用

学习目标

1. 掌握发动机润滑油规格、性能及应用。
2. 掌握齿轮油的规格、性能及应用。
3. 掌握润滑脂的规格、性能及应用。

一、发动机润滑油

1. *发动机润滑油的分级及规格*

目前发动机润滑油广泛采用SAE黏度等级、API质量等级和基础油的不同进行分级。

1)SAE黏度等级

SAE是美国汽车工程师协会的英文缩写,SAE等级代表油品的黏度等级。又有单级润滑油和多级润滑油之分,如SAE30、SAE40为单级油,SAE10W－30、SAE15W－40为多级油。其中,"W"代表冬季,前面的数字越小说明低温黏度越低,发动机冷起动时的保护能力越好;"W"后面的数字则是润滑油耐高温性的指标。

冬季用油有6种规格,分别为:0W、5W、10W、15W、20W、25W,数字越小,其低温黏度越小,低温流动性越好,适用的最低气温越低;夏季用油有4种,分别为:20、30、40、50,数字越大,其黏度越大,适用的最高气温越高;目前基本不采用单级润滑油。

多级润滑油(冬夏通用油)有16种规格,分别为:5W－20、5W－30、5W－40、5W－50、10W－20、10W－30、10W－40、10W－50、15W－20、15W－30、15W－40、15W－50、20W－20、20W－30、20W－40、20W－50,"W"前面的数字越小、"W"后面的数字越大者,适用的气温范围越大。图2-1所示为常用多级润滑油适用温度范围。如SAE 5W－30的润滑油可以用在－30～40℃的温度范围。

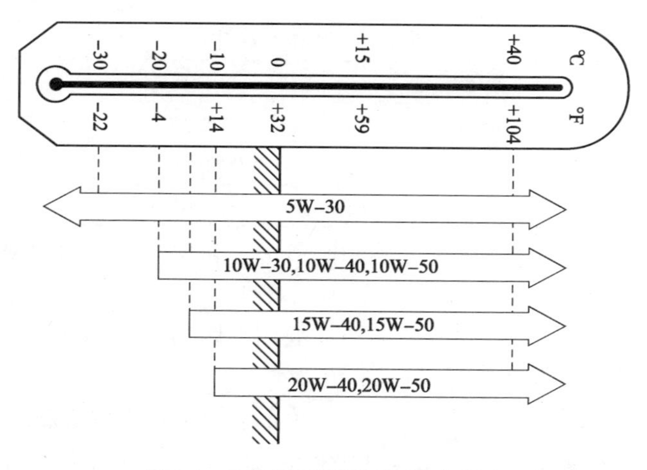

图2-1 常用多级润滑油适用温度范围

2) API 质量等级

API 是美国石油学会的英文缩写,API 等级代表了润滑油的质量等级。

API 发动机润滑油分为两类:"S"系列代表汽油发动机用油;"C"系列代表柴油发动机用油;当"S"和"C"两个字母同时存在,则表示此润滑油为汽柴通用型。

常用的汽油发动机润滑油 API 质量等级为 SE、SF、SG、SH、SJ、SL、SM、SN;常用的柴油发动机润滑油 API 质量等级为 CC、CD、CE、CF、CF-4、CH-4、CJ-4;字母排序越靠后,润滑油的质量等级越高。

现在各大汽车生产厂家开始提倡使用带有 ILSAC 标记的节能润滑油,ILSAC 是国际润滑剂标准化和批准委员会的英文缩写,该机构目前已经制定了汽油润滑油的 GF-1、GF-2、GF-3、GF-4 及 GF-5 五种规格,相当于 API 的 SH、SJ、SL、SM 和 SN 规格,但是更加节能、减排。

3) 按基础油不同分级

图 2-2 原厂发动机润滑油

润滑油是由基础油与添加剂调制而成,按照基础油的不同又可以分为矿物润滑油、半合成润滑油和全合成润滑油。全合成润滑油一般标示为"Fully Synthetic"或"全合成润滑油",半合成润滑油一般标示为"Synthetic"或"合成润滑油"。

合成润滑油与矿物润滑油相比,有更好的高低温性能、适合更恶劣的车况、有更长的换油周期,但价格也更贵。

图 2-2 所示原厂发动机润滑油规格为半合成润滑油,SAE 黏度等级为 5W-30,API 质量等级为 SL,ILSAC 规格为 GF-3,4L 容量。

2. 发动机润滑油的应用

润滑油被誉为发动机的血液。润滑油的应用、更换是否得当、正确,直接影响发动机的性能和寿命。发动机润滑油的应用一般遵循以下原则:

(1) 首要原则是以厂家维修手册或用户使用手册为准,或应用更高级别的润滑油。常见车型的厂家推荐润滑油见表 2-5。

常见车型的厂家推荐润滑油　　表 2-5

车　型	推荐润滑油	车　型	推荐润滑油
丰田凯美瑞	5W-30,SL	马自达6	5W-30,SJ 及以上
日产骐达	5W-30,SG 及以上	大众帕萨特 B5	5W-30,SG 及以上
别克君越	5W-30,SJ 及以上	宝马车系	0W-40,SM

(2) 根据季节变化,应尽量选用黏度小的润滑油。在保证发动机可靠润滑、散热的前提下,发动机润滑油的黏度应尽量小,以提高燃油经济性。

(3) 不同规格、不同厂家生产的润滑油不能混用。因为不同的润滑油添加剂成分不同,混在一起易形成沉淀物,对发动机润滑不利。

(4) 一般轿车推荐采用半合成润滑油,高级轿车采用全合成润滑油。如日系车一般的车型原厂润滑油都是矿物油,换油周期是 5000km;可选用半合成润滑油,换油周期可增加到 7500km。中高档日系车原厂润滑油一般是半合成润滑油,换油周期为 7500 km;若选用全合成润滑油，换油周期可增加到10000km。需要注意的是行驶里程过高的旧车不适合使用全合成润滑油，因为会出现烧润滑油的现象。

3. 发动机润滑油更换周期

发动机润滑油的更换周期以厂家维修手册或用户使用手册为准。常见车型的发动机润滑油更换周期见表2-6。

常见车型的发动机润滑油更换周期　　表2-6

<table>
<tr><th>车　　系</th><th>车　　型</th><th>发动机润滑油更换周期</th><th>备　　注</th></tr>
<tr><td rowspan="6">日系车</td><td>丰田卡罗拉</td><td rowspan="3">5000km或3个月</td><td rowspan="10">先到为准</td></tr>
<tr><td>日产骐达</td></tr>
<tr><td>本田雅阁</td></tr>
<tr><td>雷克萨斯</td><td rowspan="3">10000km或6个月</td></tr>
<tr><td>讴歌</td></tr>
<tr><td>英菲尼迪</td></tr>
<tr><td rowspan="4">德系车</td><td>大众高尔夫</td><td rowspan="2">7500km或6个月</td></tr>
<tr><td>大众朗逸</td></tr>
<tr><td>大众迈腾</td><td rowspan="2">10000km或12个月</td></tr>
<tr><td>宝马</td></tr>
</table>

二、齿轮油

1. 齿轮油的分类、规格及应用

与发动机润滑油类似，国外汽车齿轮油也是按照SAE（美国汽车工程师协会）黏度等级和API（美国石油学会）质量等级分类，见表2-7。

汽车齿轮油分类　　表2-7

<table>
<tr><th colspan="3">SAE分类</th><th colspan="2">API分类</th></tr>
<tr><th>冬季（低温）用油</th><th>夏季（高温）用油</th><th>多级用油</th><th>级　　别</th><th>应　　用</th></tr>
<tr><td rowspan="6">70W
75W
80W
85W</td><td rowspan="6">80
85
90
110
140
190
250</td><td rowspan="6">75W－90
80W－90
85W－140</td><td>GL－1</td><td rowspan="2">用于低滑动速度和负荷的传动装置，已淘汰，不用于汽车</td></tr>
<tr><td>GL－2</td></tr>
<tr><td>GL－3</td><td>用于中滑动速度和负荷的螺旋锥齿轮和少数手动变速器</td></tr>
<tr><td>GL－4</td><td>用于中、高滑动速度和负荷的准双曲面齿轮和多数手动变速器</td></tr>
<tr><td>GL－5</td><td>用于高滑动速度和负荷的准双曲面齿轮和大多数手动变速器</td></tr>
<tr><td>GL－6</td><td>用于高偏置双曲面齿轮</td></tr>
</table>

SAE J306 标准对汽车齿轮油按照黏度进行划分，号数越大，黏度越高。含字母 W 的为冬季（低温）用齿轮油，如 70W、75W、80W、85W 等规格；不含字母 W 的为夏季（高温）用齿轮油，如 90、140、250 等规格；另外还有多级（高低温都适用）齿轮油，如 80W－90、85W－90、85W－140 等规格。

API 按照齿轮油极端抗压性进行划分，号数越大，通用性越好、承载能力越强，包括 GL－1、GL－2、GL－3、GL－4、GL－5、GL－6 六个级别，目前常用为 GL－4、GL－5 两个级别。

近年来，随着汽车技术的不断发展，许多汽车制造商对汽车齿轮油的要求超过这些技术规范。因此，SAE 和 ASTM（美国材料试验协会）建议用新的等级表示，即 MT－1 和 PG－2。其中 MT－1 是机械变速器用油，它的质量高于 GL－4，改善了热氧化稳定性、清洁性、抗磨性及与密封材料的配伍性。PG－2 质量要求比 GL－5 高，用于驱动桥润滑。

国内汽车齿轮油分类方法也有两种，一种是按黏度分类，参照 SAE 黏度标准执行，包括 75W、75W－90、80W－90、85W－90、90、85W－140 和 140 七个黏度等级。另一种是按照质量等级分为三类：普通车辆齿轮油（CLC）、中等负荷车辆齿轮油（CLD）、重负荷车辆齿轮油（CLE），分别对应 API 的 GL－3、GL－4、GL－5 三个级别。

2. 齿轮油的选用

一般是按照厂家规定选用原厂齿轮油或同级别的齿轮油，常见车型的手动变速器齿轮油的规格见表 2-8。

常见车型的手动变速器齿轮油的规格 表 2-8

车　型	手动变速器齿轮油规格
日产骐达	API GL－4，SAE 75W－85
福特福克斯	WSD－M2C200－C 或 API GL－4，SAE75W－90
马自达 6	API GL－4 或 GL－5，SAE 75W－90
丰田皇冠	API GL－4 或 GL－5，SAE 75W－90
奥迪 A6	G 052 911A（API GL－4，SAE75W－90）
宝马 3 系	APIGL－5，SAE 75W－90

3. 齿轮油的更换周期

一般是按照厂家规定的行驶里程或时间间隔进行更换，常见车型的手动变速器油的更换周期见表 2-9。

常见车型的手动变速器油的更换周期 表 2-9

车　系	手动变速器油更换周期（km）	车　系	手动变速器油更换周期（km）
大众车系	60000	日产车系	60000
丰田车系	40000	福特车系	60000
本田车系	60000	宝马车系	免维护

三、润滑脂

润滑脂俗称黄油，是润滑剂加稠化剂制成的固体或半流体，用于不宜使用润滑油的轴承、齿轮等部位。

1. 润滑脂的分类及规格

润滑脂按不同方式分类：

(1)按被润滑的机械元件分：轴承脂、齿轮脂、链条脂等。

(2)按用脂的工业部门分：汽车脂、铁道脂、钢铁用脂等。

(3)按使用的温度分：低温脂、普通脂和高温脂等。

(4)按应用范围分：多效脂、专用脂和通用脂。

(5)按所用的稠化剂分：钙基脂、钠基脂、铝基脂、复合钙基脂、锂基脂、复合铝基脂、复合钡基脂、复合锂基脂、膨润土脂、硅胶脂、聚脲脂等。

(6)按基础油分：矿物油脂和合成油脂。

(7)按承载性能分：极压脂和普通脂。

(8)按稠度分为九个等级：000、00、0、1、2、3、4、5、6。000、00、0、1 号适用于集中润滑和齿轮润滑。1、2、3 号适用轴承用，4、5、6 号适用于密封。

2. 润滑脂在汽车上的应用

1)合理选用品种、规格

目前，我国大部分车辆使用 2 号、3 号钙基润滑脂，这在一般使用条件下能满足要求。其中，2 号钙基润滑脂的稠度较小，从便于加注和减少摩擦阻力方面考虑，在使用温度不高的条件下，用 2 号钙基润滑脂较为适宜。但 2 号钙基润滑脂的最高使用温度低于 3 号钙基润滑脂 5℃左右，因此在南方的夏季或山区行驶，且轴承温度较高的情况下，宜使用 3 号钙基润滑脂。

在使用中，钙基润滑脂的最大问题是耐温性差，它的使用温度不能超过 80℃，否则，便会软化流失。由于汽车在不同条件下行驶时，温度相差很大，因此，应根据具体情况选用不同的润滑脂，例如，汽车在北京地区一般山路上行驶时，轮毂轴承温度在 60℃左右，此时可使用 2 号或 3 号钙基润滑脂；如果下坡较多，频繁使用制动，制动毂产生大量热量，传至轴承，从而使轴承温度达到 70 ~ 80℃，此时如使用钙基润滑脂，便会产生流油现象，因此，应使用钙钠基润滑脂(或滚珠轴承脂)或锂基润滑脂。钙钠基润滑脂耐水性差，不能用在经常涉水的汽车上，在南方夏季，尤其是下长坡时，轴承温度可能超过 100℃，此时最好使用锂基润滑脂。否则，将使润滑脂软化流失，这样不仅浪费润滑脂，而且使轴承提前损坏。

钢板弹簧润滑一定用石墨润滑脂，否则会导致钢板弹簧早期损坏。特别是在工地、山地及道路差的路况下行驶时，车辆颠簸大，钢板弹簧所承受的冲击负荷大，更易损坏。由于在石墨润滑脂中加有石墨，因此填充了钢板间的粗糙面，提高了钢板弹簧耐压、耐冲击负荷的能力。模拟汽车钢板弹簧振动试验表明，使用钙基润滑脂的钢板弹簧连续振动 700 次断裂，而使用石墨钙基润滑脂的钢板弹簧连续振动 1500 次才断裂，使用寿命延长了 1 倍以上。

2)润滑脂的存储

盛装润滑脂时，要检查容器、工具是否清洁。装润滑脂的容器要盖严，防止机械杂质混入，使用时，若发现润滑脂表面有灰尘、杂物等，应刮去，切不可搅混。分发润滑脂应当使用专用工具，容器、工具用过后，应用塑料袋套上，剩余的润滑脂表面应刮平。

第四节　汽车常用工作液的规格、性能及应用

学习目标

1. 掌握制动液的规格、性能及应用。
2. 掌握冷却液的规格、性能及应用。
3. 掌握液力传动油的规格、性能及应用。

一、制动液

1. 制动液的规格、性能

1）国外制动液的规格、性能

国外制动液普遍采用的标准是 DOT。DOT 是美国交通部 Department of Transportation 的英文缩写。2004 年该标准将制动液分为四类：DOT3、DOT4、DOT5 和 DOT5.1。其中 DOT3、DOT4 级是各国汽车所用最普遍的制动液。

DOT3 制动液属于醇醚型制动液，是当前国内外广泛应用的制动液，如图 2-3a）所示。它主要由基础液、润滑剂和添加剂三部分组成，为黄色透明液体。DOT3 制动液的沸点为 205℃，缺点是吸水性强，在使用过程中由于水分的增加，导致其沸点降低，影响制动性能的可靠度。

DOT4 制动液属于酯型制动液，如图 2-3b）所示，也是黄色透明液体。由于该制动液具有吸水性低、沸点高（可达 230℃）的特点，应用越来越广泛。

注意：DOT3、DOT4 制动液能侵蚀漆面，所以不要将这两种制动液滴落在车身表面。

DOT5 标准是从美军的规范演变出来的，适合这个标准的目前只有硅油，因此 DOT5 的标准几乎可以说是为硅油型制动液而量身定做的。DOT5 制动液如图 2-3c）所示，它不会吸收空气中的水分，也不会侵蚀漆面，不能与 DOT3、DOT4 制动液混用，颜色为紫色，以便与 DOT3、DOT4 制动液区分。

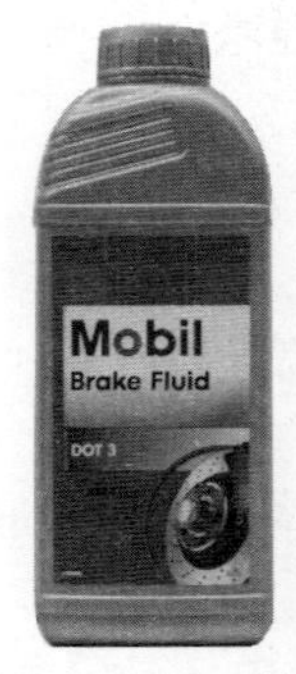

a)美孚(Mobil)DOT3制动液

b)壳牌(Shell)DOT4制动液和离合器液

c)斯派克(Spectro)DOT5制动液

d)摩特(Motul)DOT5.1制动液

图 2-3　各级别制动液实例

DOT5.1 是最新的标准，性能比 DOT4 有大幅度提高，与 DOT4 兼容，可以看作是 DOT4 的升级版，寿命可达 DOT4 制动液的两倍以上，由于价格较高，目前主要在高级、高性能轿车上使用。

这几种制动液的沸点见表2-10，干沸点是指刚从密封容器中加入制动系统后的沸点，湿沸点是指经过2年使用后含水3.5%的沸点。从表中可以看到，DOT3和DOT4的制动液经过2年的使用后，湿沸点大幅度下降，影响到正常的制动性能，必须进行更换。而DOT5.1制动液2年后湿沸点依然较高，一般可以4～5年后更换。

各级制动液的沸点　　表2-10

制　动　液	干沸点（℃）	湿沸点（℃）
DOT3	205	140
DOT4	230	155
DOT5	260	180
DOT5.1	270	191

2）我国制动液的规格

2004年我国实施与国际通用标准接轨，原来的JG标准不再采用，按照国家强制产品标准《机动车辆制动液》（GB 12981—2003），将制动液分为HZY3、HZY4、HZY5，分别对应国际上的DOT3、DOT4、DOT5。国内生产的制动液一般会同时标出DOT和HZY，如图2-4所示。

2. 制动液的选用

制动液直接关系到制动性能的好坏和行车安全，制动液的选用是汽车维修的重要工作。一般，要按照维修手册的要求选用规定型号的制动液，制动液的规格也可以在制动液储液罐加注口盖上看到，如图2-5所示。常见车型制动液的型号、规格见表2-11。

图2-4　国产长城牌DOT4/HZY4制动液

图2-5　制动液储液罐加注口盖上标明“仅用DOT4制动液”

常见车型制动液的型号　　表2-11

车　　型	制动液型号/内部标准	车　　型	制动液型号/内部标准
日产阳光	DOT4/KN800－30001	福特福克斯	DOT4/ESD M6C57A
丰田卡罗拉	DOT3/ FMVSS No.116	宝马全车系	DOT4/8319 2179 982
大众高尔夫6	DOT4/VW50114－B000750		

制动液的选用还需注意以下事项：

（1）不用品牌、不同型号的制动液不能混存、混用，否则会因分成乳化而失去制动作用。

(2)原则上要采用厂家规定的制动液型号,也可以使用高一级的制动液;如 DOT4 可以替代 DOT 制动液,DOT5.1 替代 DOT4 制动液。

(3)换用不同型号制动液时,应将制动系统彻底清洗干净后,再加注新的制动液。

(4)制动液容器开启后,保存时间不能超过 1 周,因为制动液吸水后会导致制动性能的下降。

(5)DOT3、DOT 制动液的更换周期为 2 年或 4 万 km,先到为准。南方潮热地区或涉水的车辆应提前更换制动液。DOT5.1 制动液的更换周期为 4 ~ 5 年。

(6)制动液出现沉淀应禁止使用。

二、冷却液

1. 冷却液的分类

发动机冷却液分为乙醇(酒精)冷却液、乙二醇冷却液、丙三醇(甘油)冷却液和长效冷却液。目前常用的为乙二醇冷却液和长效冷却液。

1)乙二醇冷却液

由乙二醇、软水以及防锈剂、防垢剂等添加剂混合而成。纯乙二醇的冰点为 -68℃,沸点为 197℃,能与水任意比例混合成不同冰点的冷却液。例如,使用 50% 的水与 50% 的乙二醇混合的冷却液的冰点为 -36℃,沸点为 129℃,能有效防止结冰及沸腾。

乙二醇冷却液由于添加了各种添加剂,具有一定毒性,避免误服并应储存在儿童不能触及的专用容器中。

乙二醇冷却液通常为绿色或蓝绿色,更换周期为 4 万 km 或 2 年。

2)长效冷却液

长效冷却液使用有机酸添加剂,称为有机酸技术(Organic Acid Technology,OAT)冷却液,通常为黄色或粉红色。代表品牌是 DEX - COOL 冷却液,国内常见的还有大众的 G12 冷却液。

采用有机酸技术的长效冷却液环保、寿命长,更换周期为 8 万 km 或 5 年。

图 2-6 所示为不同品牌的长效冷却液。

注意:目前还有一种无水丙二醇冷却液,可以消除传统冷却液给发动机带来的易产生腐蚀、水垢、气蚀、开锅等冷却系统问题,使发动机的使用寿命延长。这种无水冷却液一般终身不需更换(行驶里程可达 70 万 ~ 80 万 km),如 EVANS(爱温)无水冷却液,如图 2-7 所示。

a)通用DEX-COOL长效冷却液

b)丰田超级长效冷却液(SLLC)

图 2-6 不同品牌的长效冷却液

图 2-7 EVANS(爱温)无水冷却液

2. 冷却液的选用

(1)根据当地冬季最低气温选用适当冰点牌号的冷却液，一般冷却液冰点应至少低于最低气温10℃。

(2)按发动机的负荷性质选择汽车制造厂要求的发动机冷却液，常见车系发动机冷却液如图2-8所示。

(3)对浓缩液进行稀释时，应使用无矿物质水或蒸馏水。一般发动机冷却液的混合比见表2-12。

(4)经常检查发动机冷却液的液面高度和冷却系的密封性。

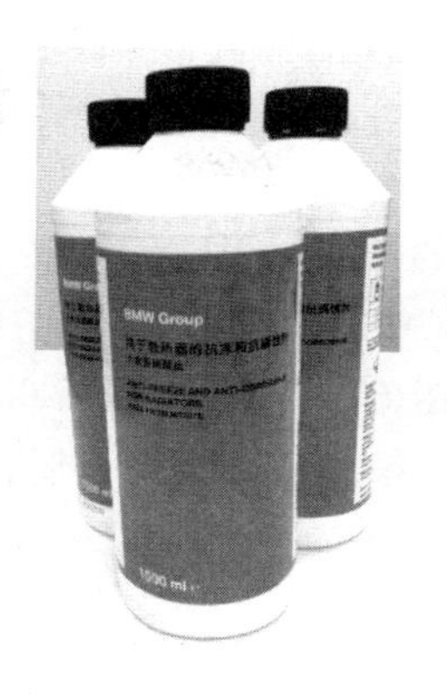

a)宝马冷却液

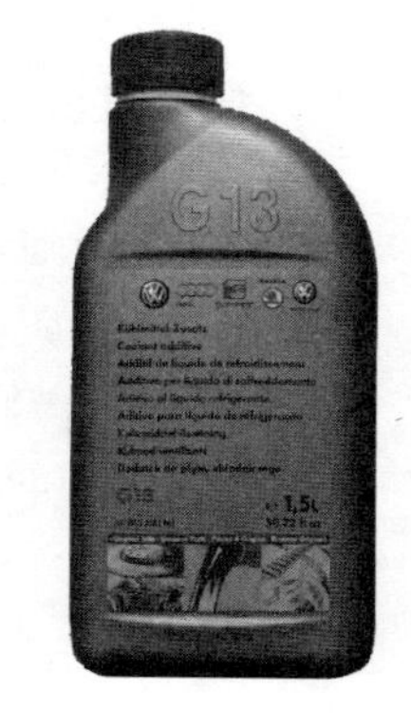

b)大众G13冷却液

图2-8　常见车系发动机冷却液

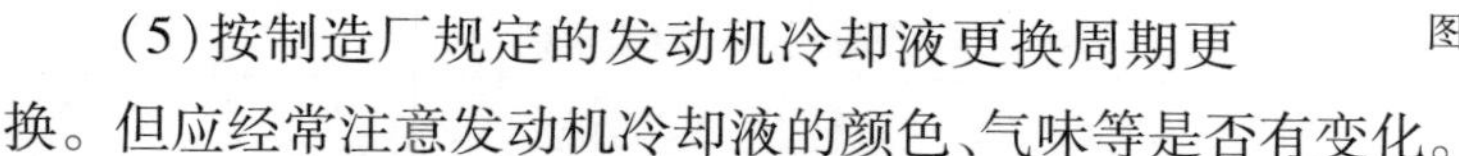

(5)按制造厂规定的发动机冷却液更换周期更换。但应经常注意发动机冷却液的颜色、气味等是否有变化。

(6)不同厂家、不同牌号的发动机冷却液不能混用。

发动机冷却液的混合比　　表2-12

外部温度低于		混 合 比(%)	
℃	℉	乙二醇浓缩液	无矿物质水或蒸馏水
-15	5	30	70
-35	-30	50	50

三、液力传动油

汽车上的液力传动油主要用于自动变速器和液压动力转向系统，下面以自动变速器油为例进行介绍。

1. 自动变速器油的分类

自动变速器油(Automatic Transmission Fluid)简称ATF，是指专门用于自动变速器(AT)和无级变速器(CVT)等的集润滑油、液力传递、液压控制功能于一身的特殊油液。

国外的自动变速器油多采用美国材料试验学会(ASTM)和美国石油学会(API)的分类方案，将自动变速器油分为PTF-1、PTF-2和PTF-3三类，见表2-13。

国外的自动变速器油分类　　表2-13

分类	符合的规格	适 用 范 围
PTF-1	通用汽车公司GM DEXRONⅡ，福特汽车公司FORD M2C33-F，克莱斯勒CHRYSLER MS-4228	轿车、轻型载货汽车自动变速器
PTF-2	通用汽车公司GM Track、Coach，阿里林AllisonC-2、C-3	履带车、农业用车、越野车的自动变速器
PTF-3	约翰迪尔John Deere J-20A，福特FORD M2C1A，玛赛·费格森Mqssey-Ferguson M-1135	农业与建筑野外机器用液力传动油

国内自动变速器油按100℃运动黏度分为6号和8号两种。其中8号油适用于各种轿

车的自动变速器,其性能接近于 PTF-1 级油;6 号油适用于内燃机车、载货汽车的液力变矩器,其性能接近于 PTF-2 级油。

2. 自动变速器油的选用

各个国家对 ATF 均有严格的规定。目前,应用广泛的 ATF 是 DEXRON Ⅱ、Ⅲ,TYPE Ⅱ、Ⅲ、Ⅳ型,主要应用于美国通用、克莱斯勒,日本和德国的大部分车型上。福特汽车公司使用的是 TYPE F、MERCON Ⅴ 型,国产轿车使用的是 8 号自动变速器油。

选用 ATF 时要根据厂家维修手册,选用原厂 ATF 或同等级的 ATF,常见车型 ATF 规格见表 2-14。

常见车型 ATF 规格 表 2-14

车　　型	ATF 规 格
日产骐达	原装东风 NISSAN ATF 或同等级产品(DEXRON Ⅲ)
福特福克斯	WSS-M2C202
马自达 6	MERCON Ⅴ
本田雅阁	HONDA ATF PREMIDM 或 DEXRON Ⅲ
大众迈腾	G 055 025 A2(T-Ⅳ)
丰田皇冠	丰田 ATF WS 或同等级产品(T-Ⅳ)
别克君越	DEXRON Ⅲ
奥迪 A6	G 055 005(Shell ATF M-1375.4)
宝马 3 系	ATF M-1375.4

3. 自动变速器油的更换周期

自动变速器油一般是按照厂家规定里程/时间进行更换,常见车系 ATF 更换周期见表 2-15。

常见车系 ATF 更换周期 表 2-15

车　　系	ATF 更换周期
大众车系	6 万~8 万 km
丰田车系	4 万 km
本田车系	4 万~6 万 km
日产车系	6 万 km
福特车系	6 万 km
雪铁龙车系	6 万 km
奔驰、宝马等高档车系	免维护、无须更换

第五节　汽车轮胎的分类、规格及应用

1. 了解汽车轮胎的基本组成。
2. 掌握汽车轮胎的分类、规格及应用。

一、轮胎的分类

现代汽车都采用充气式轮胎,轮胎安装在轮辋上,直接与路面接触。它的功用如下。

(1)支承汽车的质量,承受路面传来的各种载荷的作用。

(2)与汽车悬架共同来缓和汽车行驶中所受到的冲击,并衰减由此而产生的振动,以保证汽车有良好的乘坐舒适性和行驶平顺性。

(3)保证车轮和路面有良好的附着性,以提高汽车的动力性、制动性和通过性。

按轮胎内空气压力的大小,轮胎分为高压胎(0.5~0.7MPa)、低压胎(0.2~0.5MPa)和超低压胎(0.2MPa以下)三种。低压胎弹性好、减振性能强、壁薄散热性好、与地面接触面积大附着性好,因而广泛用于轿车。超低压胎在松软路面上具有良好的通过能力,多用于越野汽车及部分高级轿车。

按轮胎有无内胎,轮胎分为有内胎轮胎和无内胎轮胎(俗称真空胎)两种。目前轿车上普遍采用无内胎轮胎。

按胎体帘布层结构的不同,轮胎分为斜交轮胎和子午线轮胎。目前,子午线轮胎在汽车上广泛应用。

1.按轮胎有无内胎分类

1)有内胎轮胎

有内胎轮胎由外胎、内胎和垫带等组成,使用时安装在汽车车轮的轮辋上,如图2-9所示。

内胎是一个环形的橡胶管,上面装有气门嘴,以便充入或排出空气。为使内胎在充气状态下不产生褶皱,其尺寸应稍小于外胎的内壁尺寸。

垫带是一个环形的橡胶带,它垫在内胎与轮辋之间,以保护内胎不被轮辋和胎圈磨伤。

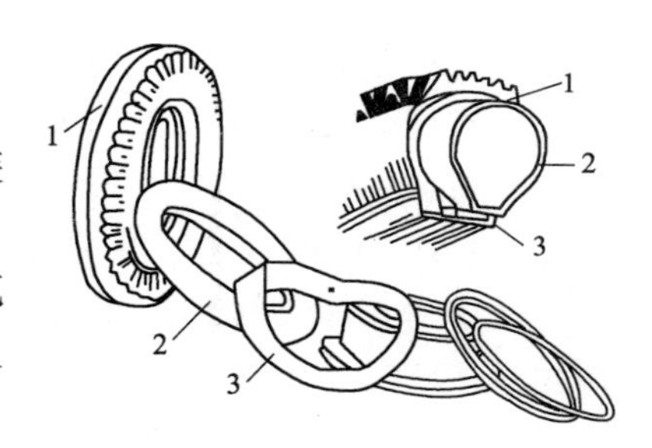

图2-9　有内胎轮胎

1-外胎;2-内胎;3-垫带

2)无内胎轮胎

无内胎轮胎俗称真空胎,在外观上与普通轮胎相似,但是没有内胎及垫带。它的气门嘴用橡胶垫圈和螺母直接固定在轮辋上,空气直接充入外胎中,其密封性由外胎和轮辋来保证,如图2-10所示。

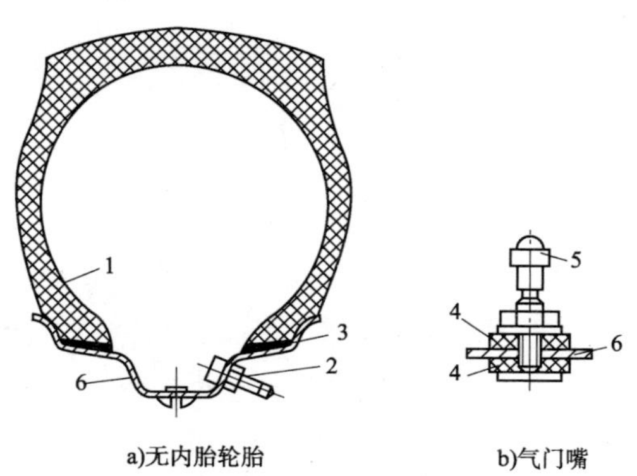

图2-10　无内胎轮胎

1-橡胶密封层;2-气门嘴;3-胎圈橡胶密封层;4-橡胶垫圈;5-气门螺母;6-轮辋

无内胎轮胎的内壁有一层橡胶密封层,有的在该层下面还有一层自粘层,能自行将刺穿的孔黏合。在胎圈外侧也有一层橡胶密封层,用以加强胎圈与轮辋之间的气密性。无内胎轮胎一旦被刺破,穿孔不会扩大,故漏气缓慢,胎压不会急剧下降,仍能继续行驶一定距离,可消除爆胎的危险。因无内胎,摩擦生热少、散热快,适用于高速行驶;此外,结构简单,质量较轻,维修也方便。但密封层和自粘层易漏气,途中修理也较困难。无内胎轮胎必须配用深槽轮辋,故目前在轿车上应用较多。

2. 按胎体帘布层结构的不同分类

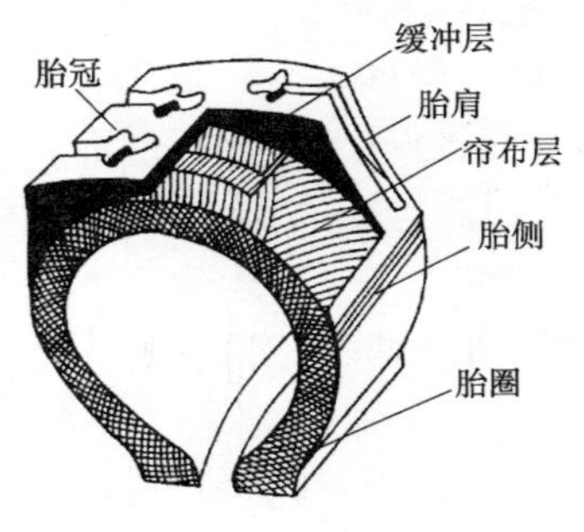

图 2-11　外胎的结构

外胎由胎面、帘布层、缓冲层和胎圈组成,如图 2-11 所示。

胎面是轮胎的外表面,可分为胎冠、胎肩和胎侧三部分。

胎冠与路面直接接触,并产生附着力,使车辆行驶和制动。

胎肩是较厚的胎冠和较薄的胎侧间的过渡部分,一般也制有各种花纹,以提高该部位的散热性能。

胎侧又称胎壁,它由数层橡胶构成,覆盖轮胎两侧,保护内胎免受外部损坏。胎侧在行驶过程中,不断地在载荷作用下挠曲变形。胎侧上标有厂家名称、轮胎尺寸及其他资料。

帘布层是外胎的骨架,主要用于承受载荷,保持外胎的形状和尺寸,并使其具有足够的强度。帘布层通常由成双数的多层帘布用橡胶贴合而成,相邻层的帘线交叉排列。帘布层数越多,轮胎的强度越大,但弹性下降。帘线可以是棉线、人造丝、尼龙和钢丝。

按照帘布层帘线排列方式的不同,外胎可以分为斜交轮胎和子午线轮胎,如图 2-12 所示。

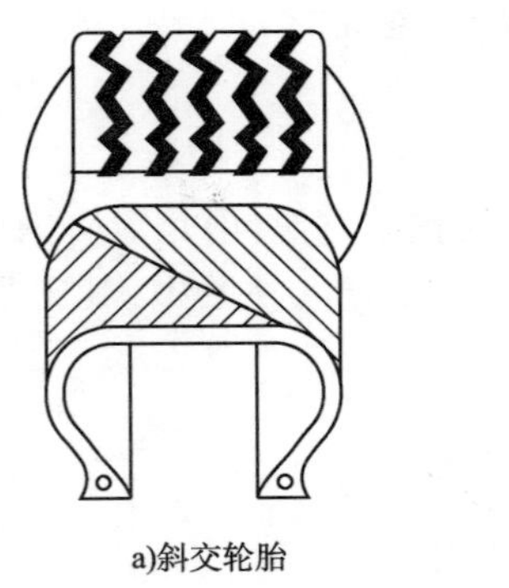

a)斜交轮胎

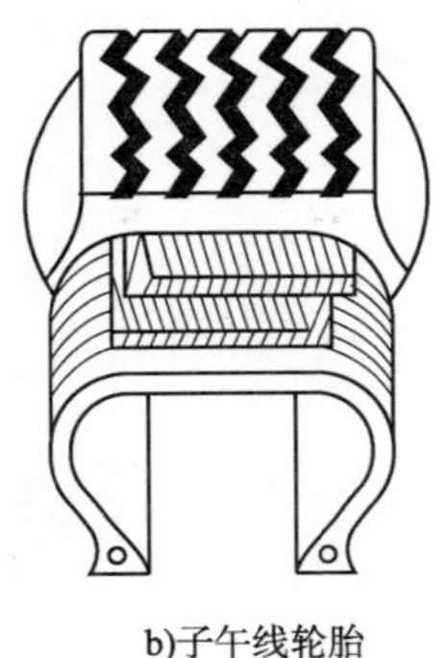

b)子午线轮胎

图 2-12　斜交轮胎和子午线轮胎

斜交轮胎帘布层的帘线按一定角度交叉排列,帘线与轮胎横断面的交角通常为 50°。子午线轮胎帘布层帘线排列的方向与轮胎横断面一致,即垂直于轮胎胎面中心线,类似于地球仪上的子午线。子午线轮胎胎侧比斜交轮胎软,在径向上容易变形,可以增加轮胎的接地面积,即使在充足气后,两侧壁上也有一个特殊的凸起部。

子午线轮胎与斜交轮胎相比较具有行驶里程长、滚动阻力小、节约燃料、承载能力大、减振性能好、附着性能好、不易爆胎等优势,目前在汽车上应用广泛。

缓冲层夹在胎面和帘布层之间，由两层或数层较稀疏的帘布和橡胶制成，弹性较大。其作用是加强胎面与帘布层之间的结合，防止汽车紧急制动时胎面与帘布层脱离，并缓和汽车行驶时所受到的路面冲击。

胎圈由钢丝圈、帘布层包边和胎圈包布组成，有很大的刚度和强度，可以使外胎牢固地安装在轮辋上。

二、轮胎的规格

轮胎的尺寸标注如图 2-13 所示。

1. 斜交轮胎的规格

我国和大多数国家一样，斜交轮胎的规格用 $B-d$ 表示。载货汽车斜交轮胎和轿车斜交轮胎的尺寸 B 和 d 均使用英寸(in)为单位，例如 9.00－20 表示轮胎宽度为 9.00 英寸(in)、轮胎内径为 20 英寸(in)的斜交轮胎。

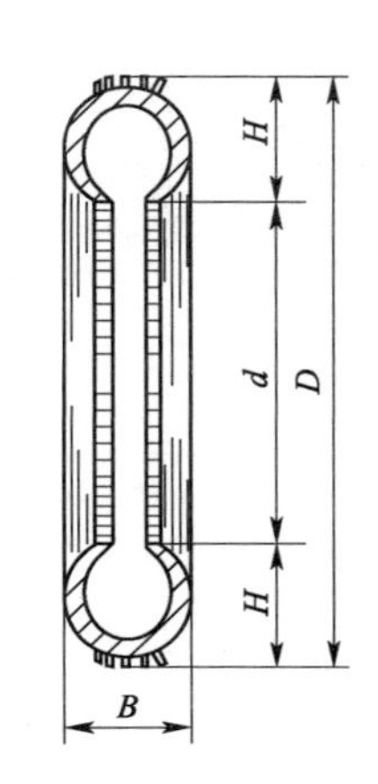

图 2-13　轮胎的尺寸标注
D-轮胎外径；d-轮胎内径或轮辋直径；B-轮胎宽度；H-轮胎高度

2. 子午线轮胎的规格

子午线轮胎的规格以 195/60 R 14 85 H 为例进行说明。

195 表示轮胎宽度为 195mm，货车子午线轮胎的宽度一般用英寸(in)为单位。

60 表示扁平比为 60%，扁平比为轮胎高度 H 与宽度 B 之比，有 60、65、70、75、80 五个级别。

R 表示子午线轮胎，即 Radial 的第一个字母。

14 表示轮胎内径为 14 英寸(in)。

85 表示荷重等级，即最大载荷质量。荷重等级为 85 的轮胎的最大载荷质量为 515kg。常见的荷重等级及对应的最大载荷质量见表 2-16。

荷重等级及对应的最大载荷质量　　表 2-16

荷重等级	最大载荷质量(kg)	荷重等级	最大载荷质量(kg)
71	345	85	515
72	355	86	530
73	365	87	545
74	375	88	560
75	387	89	580
76	400	90	600
77	412	91	615
78	425	92	630
79	437	93	650
80	450	94	670
81	462	95	690
82	475	96	710
83	487	97	730
84	500	98	750

续上表

荷重等级	最大载荷质量(kg)	荷重等级	最大载荷质量(kg)
99	775	113	1164
100	800	114	1200
101	825	115	1237
102	850	116	1275
103	875	117	1315
104	900	118	1355
105	925	119	1397
106	950	120	1440
107	975	121	1485
108	1000	122	1531
109	1030	123	1578
110	1060	124	1627
111	1095	125	1677
112	1129		

H 表示速度等级,表明轮胎能行驶的最高车速。常见的速度等级及对应的最高车速见表 2-17。

速度等级及对应的最高车速 表 2-17

速度等级	最高车速(km/h)	速度等级	最高车速(km/h)
L	120	T	190
M	130	U	200
N	140	H	210
P	150	V	240
Q	160	Z	240 以上
R	170	W	270
S	180	Y	300

另外,在轮胎规格前加“P”表示轿车轮胎;在胎侧标有“REINFORCED”表示经强化处理,“RADIAL”表示子午线轮胎,“TUBELESS”(或 TL)表示无内胎(真空胎),“M + S”(Mud and Snow)表示适于泥地和雪地,“→”表示轮胎旋向,不可装反。

三、轮胎的选用

轮胎选用注意事项如下:

(1)根据车型或规格,优先考虑车辆的原厂轮胎,原厂轮胎的规格是最能配合汽车速度及汽车的最大载重的,因此从理论上说,在更换轮胎时应优先考虑。

(2)留意轮胎花纹,汽车轮胎上的花纹,除了起到美观的效果之外,对轮胎的性能也有极大的影响。经常涉水行驶的汽车,应该选择那些排水性比较好的花纹轮胎,比如有规则的小块状的花纹;而需要越野和跑长途的汽车,则可以选择大块状的花纹。

(3)如果对车辆的操控性不满意,可以考虑更换扁平比更低的轮胎,对很多车型来说,改善车辆外观及操纵性能的最有效方法之一便是更换低扁平比的轮胎。每一种款式的轮胎都有它们特定的功能,因此在选择轮胎时,应该问清楚什么款式的轮胎适合怎么样的驾驶习惯,这样车辆行驶时才更安全。

(4)在选择轮胎的时候,千万不要把不同类型的轮胎混合使用,比如说把比较适合越野车使用的轮胎,和一般汽车的轮胎放在一起,或者把专业的跑车轮胎和一般的轮胎混合使用。

(5)在选购中还要尽量避免翻新胎,目前一些街边小维修店经常会将一些翻新胎以次充好销售,消费者在选购中一定要留意。鉴别翻新胎的方法很简单:最常见的就是观察轮胎的色彩和光泽,翻新后的轮胎颜色和光泽都比较黯淡,因此碰上这样的轮胎千万不要盲目购买。专业的师傅则是通过轮胎上的磨损标志来鉴别轮胎,汽车轮胎上都有一些凸起的标志,标明轮胎的型号和性能,这些就是鉴别翻新轮胎的突破点。翻新过的轮胎的标志都是翻新后重新贴上去的,而崭新轮胎的这些标志则是和轮胎一体的,鉴别方法就是用手指甲抓挠这些标志,一般翻新胎的这些标志贴得都不是很紧,能抓掉的必是翻新胎无疑。

(6)近几年来,国外轿车轮胎的发展潮流是越来越多地使用大宽度、大内径和低扁平比的轮胎。而目前国产轿车采用较多的还是小宽度、小内径和高扁平比的轮胎。高扁平比的轮胎由于胎壁长,缓冲能力强,相对来说舒适性较高,但对路面的感觉较差,转弯时的侧向抵抗力弱。反之,低扁平比、大内径的轮胎,因胎壁较短,胎面宽阔。因此接地面积大,轮胎可承受的压力也大,对路面反应非常灵敏,转弯时的侧向抵抗能力强,使车辆的操控性大大加强。

目前国内批量生产的轿车中使用的扁平比最大的轮胎是225/55R16,而许多进口的豪华轿车或运动型轿跑车的轮胎则达到了225/45R17,甚至有的达到245/40R18。车辆装配大宽度、大内径、低扁平比的轮胎后,除了操纵性强,外观视觉效果也给人很威猛的感觉。一般说来,车辆出厂时所配备的轮胎都是厂家经过反复测试后选择的最佳规格。另外,低扁平比轮胎会显得更“娇贵”一些,在使用过程中应更注意和爱护。

第六节　轴承的类型、结构

1. 了解滑动轴承的类型、结构。
2. 了解滚动轴承的类型、结构。

一、滑动轴承

1. 滑动轴承的应用、类型

1)滑动轴承的应用

滑动轴承应用于工作转速特别高、对轴的支承位置要求特别精确的场所,如组合机床的

主轴承和承受巨大的冲击与振动负荷的场合,曲柄压力机上的主轴承,装配工艺要求轴承剖分的场合,如内燃机、铁路机车、金属切削机床、轧钢机和射电望远镜等机械中。

2)滑动轴承的类型

根据轴承承受的负荷方向,可以将滑动轴承分为:

(1)向心滑动轴承:只承受径向负荷。

(2)推力滑动轴承:只承受轴向负荷。

(3)向心推力滑动轴承:同时承受径向和轴向负荷。

根据轴承工作时润滑状态,可以将滑动轴承分为:

(1)液体摩擦轴承:摩擦表面完全被润滑油隔开的轴承。

(2)非液体摩擦轴承:摩擦表面不能被润滑油完全隔开,用于低速、轻载和要求不高场合。

根据轴承液体油膜形成原理,可以将滑动轴承分为:

(1)液体动压摩擦轴承(简称动压轴承):利用油的黏性和轴颈的高速转动,将润滑油带入摩擦表面之间,建立起具有足够压力的油膜,从而将轴颈与轴承孔的相对滑动表面完全隔开的轴承,用于高速、重载、回转精度高和较重要的场合。

(2)液体静压摩擦轴承(简称静压轴承):用油泵将压力润滑油输入轴颈与轴承孔两表面之间,强制用油的压力将轴颈顶起,从而将轴颈与轴承的摩擦表面完全隔开,用于转速极低的设备(如巨型天文望远镜)和重型机械。

2. 滑动轴承的结构形式

1)向心滑动轴承的结构形式

向心滑动轴承包括整体式(图2-14)、剖分式(图2-15)、间隙可调式(图2-16)和自动调心式(图2-17)。

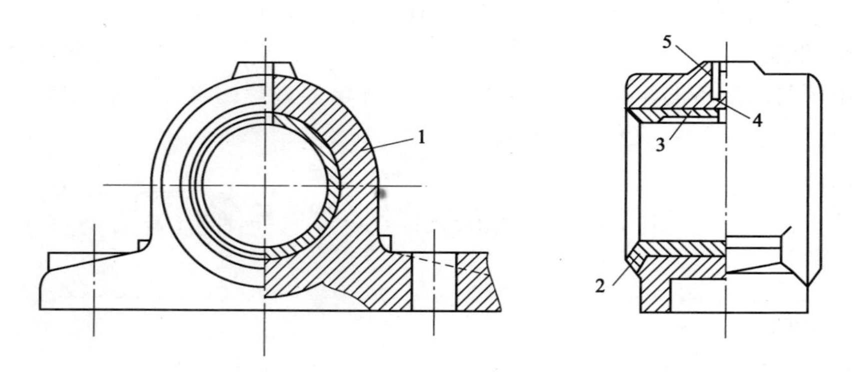

图2-14 整体式向心滑动轴承

1-轴承座;2-轴套;3-油沟;4-油孔;5-油杯螺纹孔

2)推力滑动轴承的结构形式

推力滑动轴承的结构如图2-18所示,由轴承座1、衬套2、轴瓦3、止推瓦4(底部制成球面,可以自动复位,避免偏载)、销钉5(防止轴瓦转动)组成。润滑油靠压力从底部注入,并从上部油管流出。

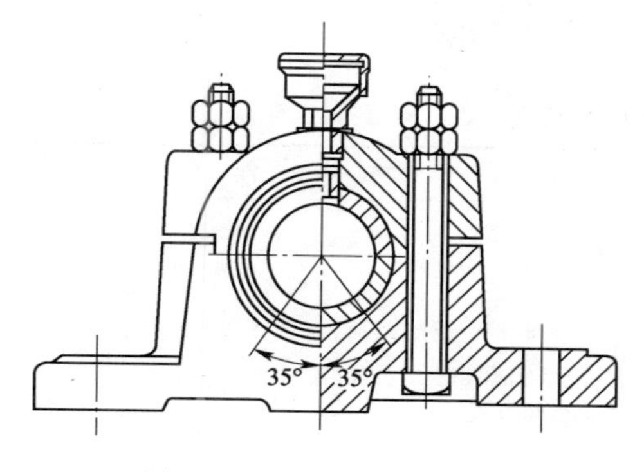

图 2-15　剖分式向心滑动轴承

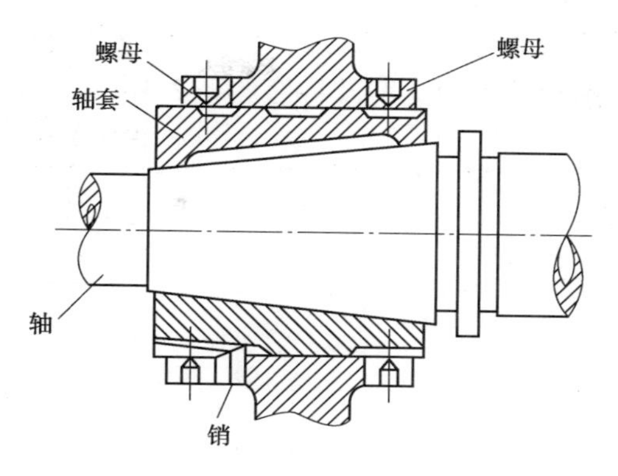

图 2-16　间隙可调式向心滑动轴承

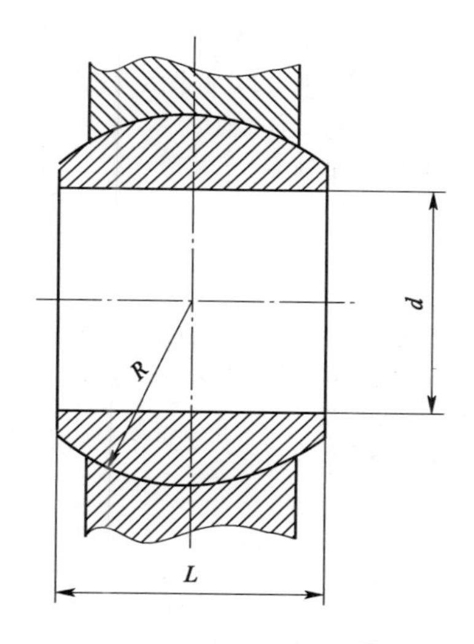

图 2-17　自动调心式向心滑动轴承

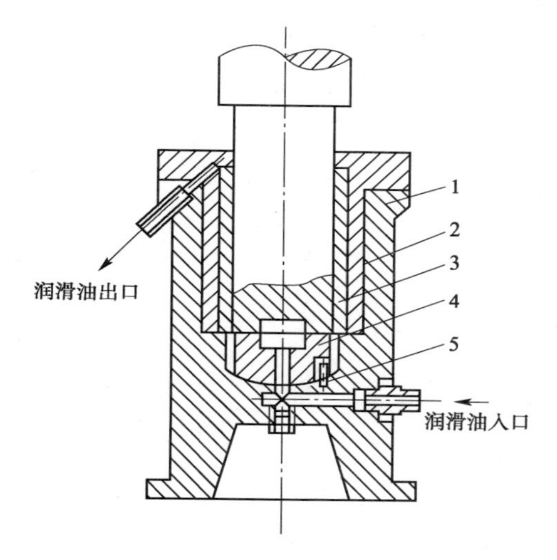

图 2-18　推力滑动轴承

1-轴承座;2-衬套;3-轴瓦;4-止推瓦;5-销钉

二、滚动轴承

1. 滚动轴承的结构

滚动轴承的结构如图 2-19 所示,由外圈、内圈、滚动体和保持架组成。

内圈装在轴颈上,外圈装在机座或零件的轴承孔内。

通常,外圈不转动,内圈与轴一起转动。当内外圈之间相对旋转时,滚动体沿着滚道滚动。保持架使滚动体均匀分布在滚道上,并减少滚动体之间的碰撞和磨损。

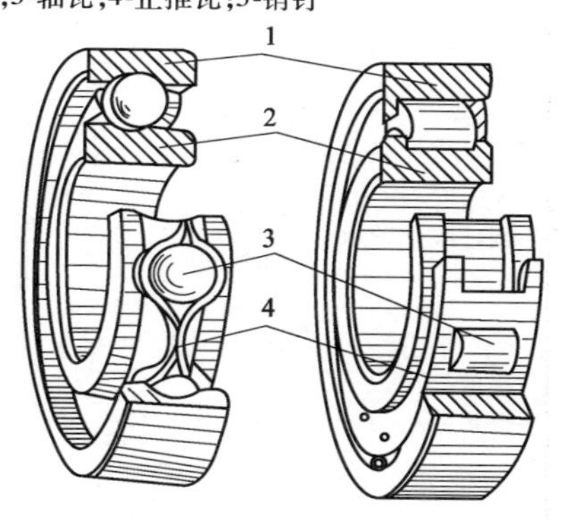

图 2-19　滚动轴承的结构

1-外圈;2-内圈;3-滚动体;4-保持架

2. 滚动轴承的类型及特性

按照滚动体形状的不同,滚动轴承分为球轴承和滚子轴承。

球轴承的滚动体是球形，承载能力和承受冲击能力小，转速高。滚子轴承的承载能力和承受冲击能力大，但极限转速低。滚动体有单列或双列两种形式。

滚动轴承的类型及特性见表2-18。

滚动轴承的类型及特性

表2-18

轴承类型	轴承类型简图	类型代号	特性
调心球轴承	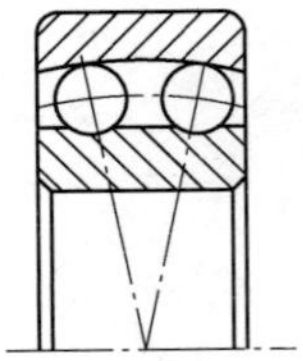	1	主要承受径向载荷，也可承受少量的双向轴向载荷。外圈滚道为球面，具有自动调心性能，适用于弯曲刚度小的轴
调心滚子轴承	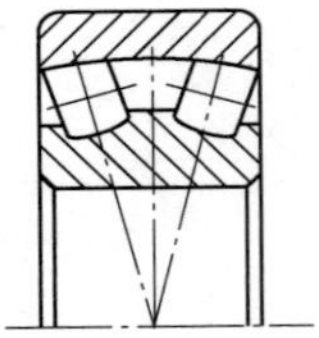	2	用于承受径向载荷，其承载能力比调心球轴承大，也能承受少量的双向轴向载荷。具有调心性能，适用于弯曲刚度小的轴
圆锥滚子轴承	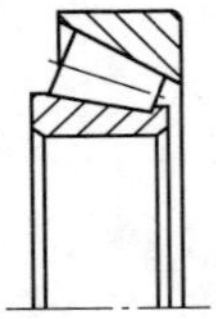	3	能承受较大的径向载荷和轴向载荷。内外圈可分离，故轴承游隙可在安装时调整，通常成对使用，对称安装
双列深沟球轴承	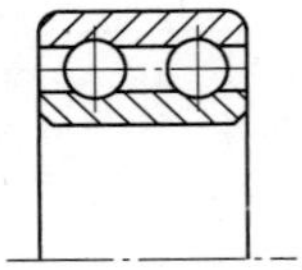	4	主要承受径向载荷，也能承受一定的双向轴向载荷。它比深沟球轴承具有更大的承载能力
圆柱滚子轴承	外圈无挡边圆柱滚子轴承 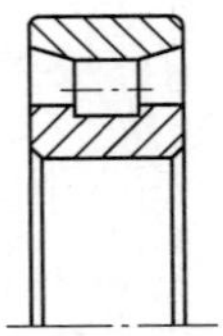	N	只能承受径向载荷，不能承受轴向载荷。承受载荷能力比同尺寸的球轴承大，尤其是承受冲击载荷能力大
深沟球轴承	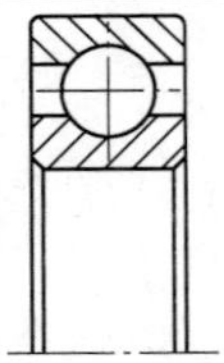	6	主要承受径向载荷，同时承受少量双向轴向载荷。摩擦阻力小，极限转速高，结构简单，价格便宜，应用最广泛

续上表

轴承类型	轴承类型简图	类型代号	特 性
角接触球轴承		7	能承受径向载荷与轴向载荷,接触角 α 有 15°、25°、40°三种。适用于转速较高,同时承受径向和轴向载荷的场合
推力圆柱滚子轴承		8	只能承受单向轴向载荷,承载能力比推力球轴承大得多,不允许轴线偏移。适用于轴向载荷大而不需调心的场合

第七节 紧固件的种类与代号

了解紧固件的种类与代号。

一、紧固件的种类及螺纹分类

1. 紧固件定义

紧固件是将两个或两个以上的零件(或构件)紧固连接成为一个整体时所采用的一类机械零件的总称。市场上也称为标准件。

2. 紧固件种类

紧固件通常包括以下 12 类零件:螺栓、螺柱、螺钉、螺母、自攻螺钉、木螺钉、垫圈、挡圈、销、铆钉、组合件和连接副、焊钉。

1)螺栓(图 2-20、图 2-21)

由头部和螺杆(带有外螺纹的圆柱体)两部分组成的一类紧固件,需与螺母配合,用于紧固连接两个带有通孔的零件。这种连接形式称螺栓连接。如把螺母从螺栓上旋下,又可以使这两个零件分开,故螺栓连接是属于可拆卸连接。

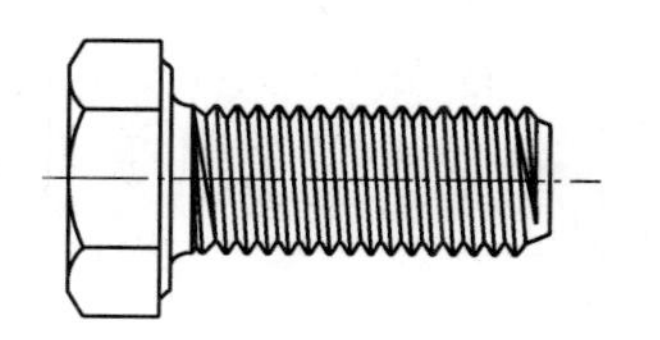

图 2-20 外六角头螺栓全牙

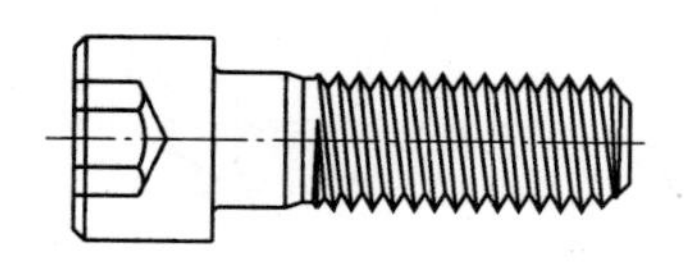

图 2-21 圆柱头内六角螺栓半牙

2）螺柱（图2-22、图2-23）

没有头部的，仅有两端均外带螺纹的一类紧固件。连接时，它的一端必须旋入带有内螺纹孔的零件中，另一端穿过带有通孔的零件中，然后旋上螺母，即使这两个零件紧固连接成一整体。这种连接形式称为螺柱连接，也是属于可拆卸连接。主要用于被连接零件之一厚度较大、要求结构紧凑，或因拆卸频繁，不宜采用螺栓连接的场合。

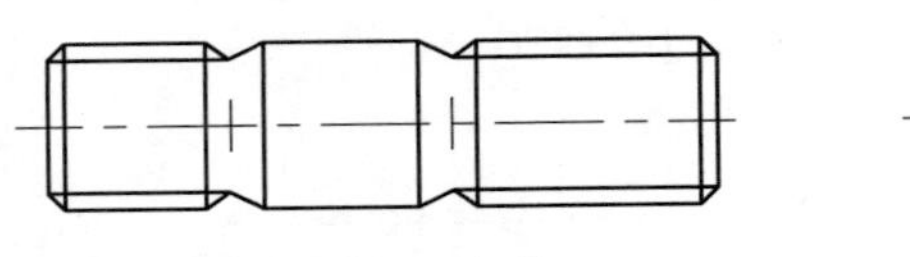

图2-22　双头螺柱　　图2-23　全螺纹螺柱

3）螺钉（图2-24、图2-25）

螺钉是由头部和螺杆两部分构成的一类紧固件，按用途可以分为三类：机器螺钉、紧定螺钉和特殊用途螺钉。机器螺钉主要用于一个紧定螺纹孔的零件，与一个带有通孔的零件之间的紧固连接，不需要螺母配合（这种连接形式称为螺钉连接，也属于可拆卸连接；也可以与螺母配合，用于两个带有通孔的零件之间的紧固连接）。紧定螺钉主要用于固定两个零件之间的相对位置。特殊用途螺钉例如有吊环螺钉等供吊装零件用。

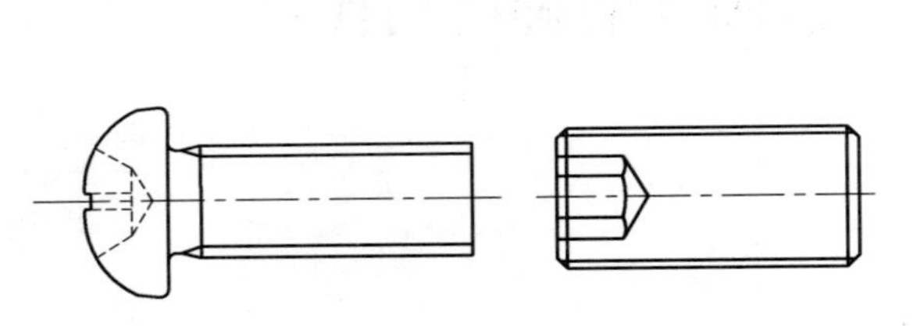

图2-24　内六角紧定螺钉

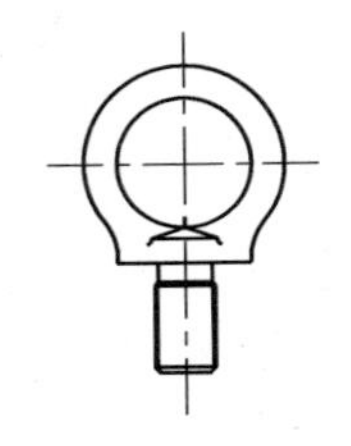

图2-25　吊环螺钉

4）螺母（图2-26）

带有内螺纹孔，形状一般为扁六角柱形，也有呈扁方柱形或扁圆柱形，配合螺栓、螺柱或机器螺钉，用于紧固连接两个零件，使之成为一件整体。

5）自攻螺钉（图2-27）

与机器螺钉相似，但螺杆上的螺纹为专用的自攻螺钉用螺纹。用于紧固连接两个薄的金属构件，使之成为一件整体，构件上需要事先制出小孔，由于这种螺钉具有较高的硬度，可以直接旋入构件的孔中，使构件中形成相应的内螺纹。这种连接形式也是属于可拆卸连接。

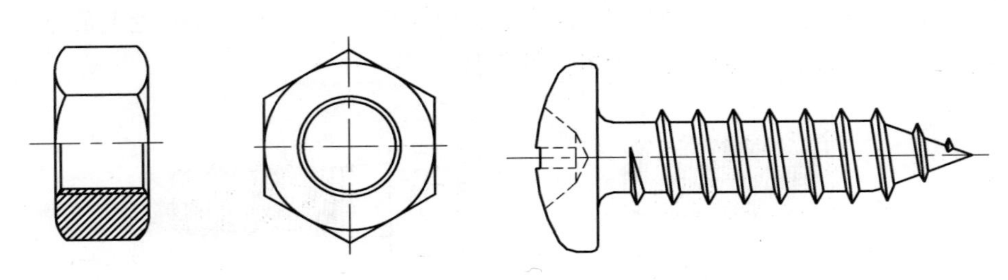

图2-26　六角螺母　　图2-27　自攻螺钉

6）垫圈（图2-28、图2-29）

形状呈扁圆环形的一类紧固件。置于螺栓、螺钉或螺母的支撑面与连接零件表面之间，起着增大被连接零件接触表面面积、降低单位面积压力和保护被连接零件表面不被损坏的作用；另一类弹性垫圈，还能起着阻止螺母回松的作用。

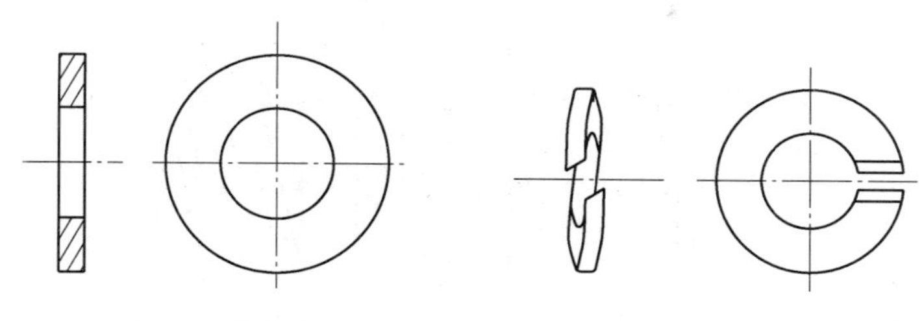

图2-28　平垫圈　　图2-29　弹性垫圈

7）铆钉（图2-30）

由头部和钉杆两部分构成的一类紧固件，用于紧固连接两个带通孔的零件（或构件），使之成为一件整体。这种连接形式称为铆钉连接，简称铆接。属与不可拆卸连接。因为要使连接在一起的两个零件分开，必须破坏零件上的铆钉。

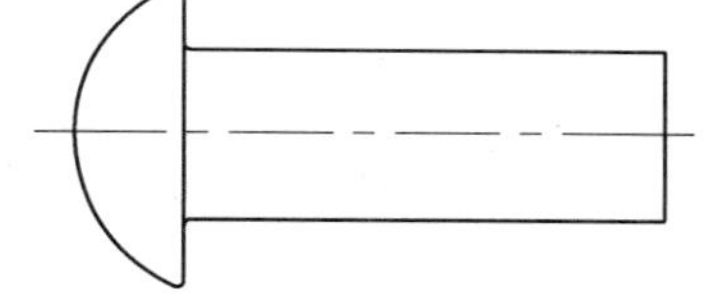

图2-30　半圆头铆钉

3. 螺纹分类

1）按照结构特点和用途分类

（1）普通螺纹（紧固螺纹）：牙形为三角形，用于连接或紧固零件。普通螺纹按螺距分为粗牙螺纹和细牙螺纹两种，细牙螺纹的连接强度较高。

（2）传动螺纹：牙形有梯形、矩形、锯形及三角形等。

（3）密封螺纹：用于密封连接，主要是管用螺纹、锥螺纹与锥管螺纹。

（4）专门用途螺纹：简称专用螺纹。

2）按照地区（国家）分类

米制螺纹（公制螺纹）、英制螺纹、美制螺纹等，我们习惯上将英制螺纹和美制螺纹统称为英制螺纹，它的牙型角有60°、55°等，直径和螺距等相关螺纹参数采用英制尺寸（in）。而我们国家将牙型角统一为60°，使用毫米（mm）为单位的直径和螺距系列，同时将此类螺纹定名为普通螺纹。

二、普通螺纹的标记

1. 螺纹的基本术语（图2-31～图2-33）

（1）螺纹：在圆柱或圆锥表面上，沿着螺旋线所形成的具有规定牙型的连续凸起。

（2）外螺纹：在圆柱或圆锥外表面上所形成的螺纹。

（3）内螺纹：在圆柱或圆锥内表面上所形成的内螺纹。

（4）大径：与外螺纹牙顶或内螺纹的牙底相切的假想圆柱或圆锥的直径。

（5）小径：与外螺纹牙底或内螺纹的牙顶相切的假想圆柱或圆锥的直径。

（6）中经：一个假想圆柱或圆锥的直径，该圆柱或圆锥的母线通过牙型上的沟槽和凸起宽度相等的地方。该假想圆柱或圆锥称为中径圆柱或中径圆锥。

(7)右旋螺纹:顺时针旋转时旋入的螺纹。

(8)左旋螺纹:逆时针旋转时旋入的螺纹。

(9)牙型角:在螺纹牙型上,两相邻牙侧间的夹角。

(10)螺距:相邻两牙在中径线上对应两点间的轴向距离。

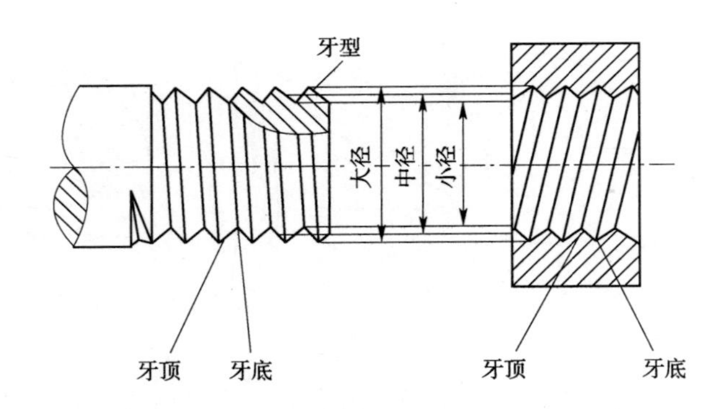

图 2-31　螺纹术语

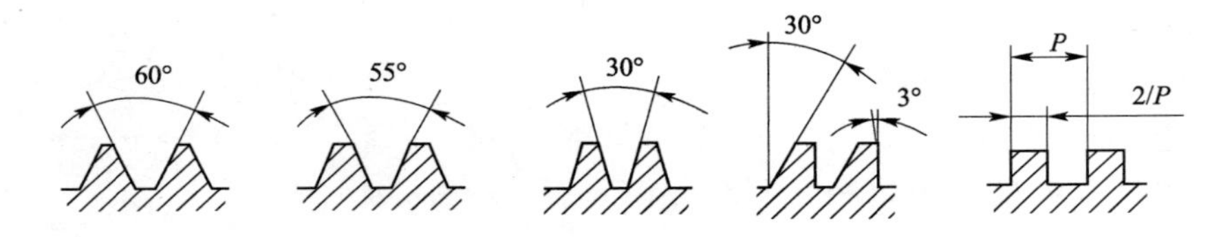

图 2-32　牙型角

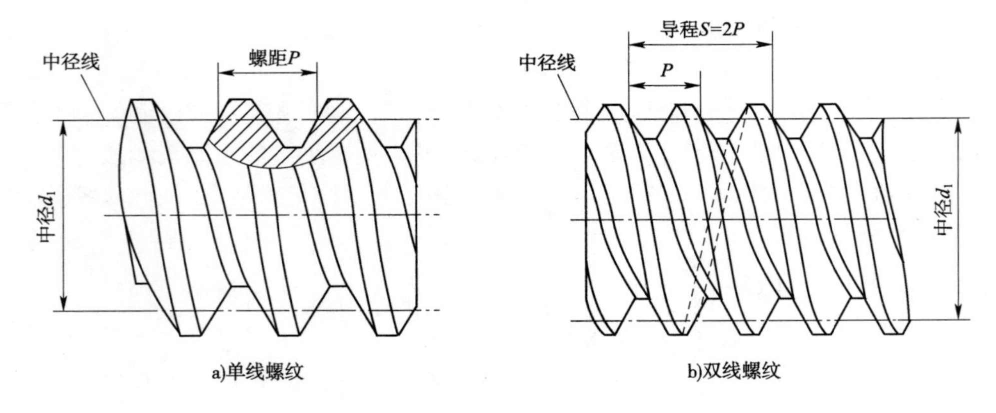

图 2-33　螺距

2. 螺纹的标记

一般情况下,一个完整的米制螺纹标记应该包括如下三个方面的内容:

(1)表示螺纹特征的螺纹种类代号。

(2)螺纹的尺寸:一般应由直径和螺距组成,对于多线螺纹,还应包含导程和线数。

(3)螺纹的精度:多数螺纹的精度是由各直径的公差带(包含公差带位置和大小)和旋合长度共同决定的。

螺纹标记案例见表2-19。

螺纹标记案例　　表2-19

螺纹名称	标记示例	备注
普通螺纹	M10×1LH-7H-L	旋合长度组别代号 L；公差带代号 7H；左旋螺纹 LH；公称直径×螺距 10×1；普通螺纹特征代码 M

第三章　电工与电子基础知识

第一节　电路的基本知识

1. 掌握电路的组成和基本物理量。
2. 了解基本电路的工作状态和原理。

一、电路的组成

1. 电路定义

电路是电流通过的路径，是电气设备、电器元件按一定的方式组合起来而构成的电流的通路。图 3-1a）所示为由电池、小灯泡、开关和连接导线构成的一个简单电路。当合上开关时，电池向外输出电流，电流流过小灯泡，小灯泡就会发光。

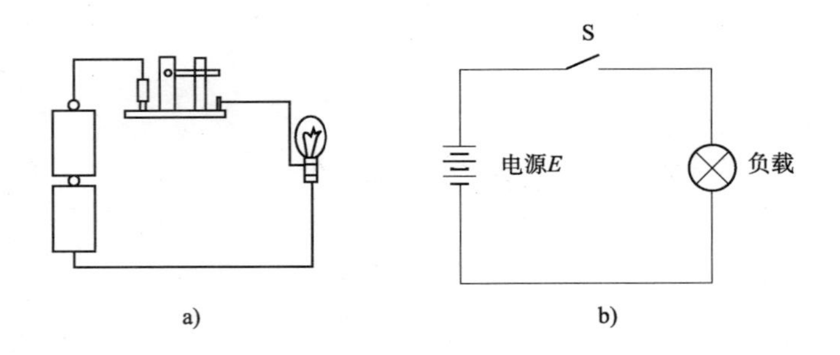

图 3-1　灯泡发光的电路图

2. 电路的组成

一般电路是由电源、负载、中间环节三部分组成。

（1）电源是提供电能的装置，它把其他形式的能量转换为电能。例如干电池、发电机等。

（2）负载是取用电能的装置，是各种用电设备的总称。它把电能转换为其他形式的能量。例如：电灯、电炉、电动机等。

（3）导线、开关等称为中间环节。用来传送、分配电能，控制电路的通断，保护电路安全正常运行。

二、电路的基本物理量

1. 电流

电荷的定向移动形成电流，正电荷和负电荷的定向移动都形成电流。在金属导体中，电流是自由电子有规则的定向运动形成。

电流的大小用电流强度来表示。电流强度简称为“电流”，等于单位时间内通过某一导体横截面的电荷量，用 I 来表示。电流分两种，即直流电流和交流电流。单位是安培，简称安，符号为 A。

2. 电压和电位

电压是电路中两点之间的电位差，它反映电场力对电荷做功的能力，数值上等于电场力把单位正电荷从电源的正极经外电路移到负极所做的功，用 U 来表示。单位是伏特，简称伏，符号为 V。

在电路中任意选一点为参考点，则某点到参考点的电压就称为这一点（相对于参考点）的电位。参考点在电路图中用符号“⊥”表示，如图 3-2 所示。在电气设备和汽车中常用大地和机壳及汽车车身作为接地点。电位用符号 V 表示，如 A 点电位记作 V_A。当选择 O 点为参考点时，则 $V_A = U_{AO}$。电路中某一点的电位实质上就是将单位正电荷从电路中的某一点移到参考点时获得或失去的能量大小。

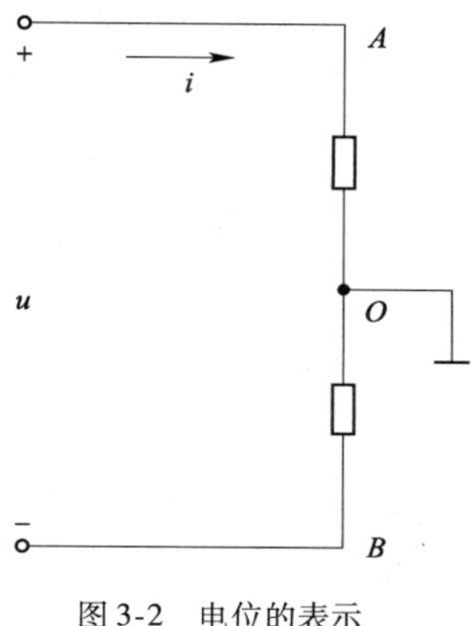

图 3-2　电位的表示

电位与电压的关系：(1) 电路中某一点的电位等于该点与参考点之间的电压。因此，离开参考点讨论电位是没有意义的。(2) 参考点选择的不同，电路中各点的电位值也不同，但是，任意两点之间的电压是不变的。所以，电路中各点的电位值的大小是相对的，而两点之间的电压值是绝对的。

3. 电动势

非电场力把单位正电荷从电源内部低电位 b 端移到高电位 a 端所做的功，称为电动势，用字母 E 表示

$$E = \frac{W}{Q} \tag{3-1}$$

电动势的单位与电压相同，也用伏（V）表示。电动势的极性和实际方向是客观存在的。

在电路中，要想维持电流流动，必须有一种外力把正电荷源源不断地从低电位处移到高电位处，才能在整个闭合的电路中形成电流的连续流动，这个任务是由电源来完成的。在电源内部，由于电源力的作用，正电荷从低电位移向高电位。在不同类型的电源中，电源力的来源不同。例如，电池中的电源力是由化学作用产生的；发电机的电源力则是由电磁作用产生的。电源电动势的实际方向由负极指向正极，即由电源的低电位指向高电位，也就是电位升高的方向。

4. 电能与电功率

电流能使电灯发光、电动机转动、电炉发热，这些都说明电流通过电气设备时做了功，消

耗了电能，我们把电气设备在工作时间消耗的电能（也称为电功）用 W 表示。电能的大小与通过电气设备的电流和加在电气设备两端的电压以及通过的时间成正比，即

$$W = UIt \tag{3-2}$$

电能的单位是焦耳，简称焦（J）。

电气设备在单位时间内消耗的电能称为电功率，简称功率，用 P 表示，即

$$P = \frac{W}{t} = \frac{UQ}{t} = \frac{UIt}{t} = UI \tag{3-3}$$

电功率的单位是瓦特，简称瓦（W）。

在电工应用中，功率的常用单位是千瓦（kW），电能的常用单位是千瓦时（kW · h）。

1 千瓦时即为 1 度电，千瓦时与焦耳之间的换算关系是：

$$1\text{度} = 1\text{kW} \cdot \text{h} = 1000\text{W} \cdot \text{h} = 3.6 \times 10^6\text{J}$$

我们把电气设备在给定的工作条件下正常运行而规定的最大容许值称为额定值。实际工作时，如果超过额定值工作，会使电气设备使用寿命缩短或损坏；如果小于额定值，会使电气设备的利用率降低甚至不能正常工作。额定电压、额定电流、额定功率分别用 U_N、I_N、P_N 来表示。

5. 电阻与欧姆定律

电路中具有阻碍电流通过的作用称为电阻，电阻的单位为欧姆，简称欧，符号为 Ω。电路中流过电阻 R 的电流 I 与电阻两端的电压 U 成正比，这就是欧姆定律，其表达式如下：

$$R = \frac{U}{I} \tag{3-4}$$

三、电路的工作状态

1. 有载工作状态

在有负载的工作状态下，负载电流的变化将引起端电压的变化。如图 3-3 所示电路中，当开关合上之后，就是电路的有载工作状态。电路中的电流为

$$I = \frac{U_S}{R_L + R_0} \tag{3-5}$$

当电压源 U_S 和内电阻 R_0 为定值时，由上式可见，负载电阻越小，则电路中的电流越大。

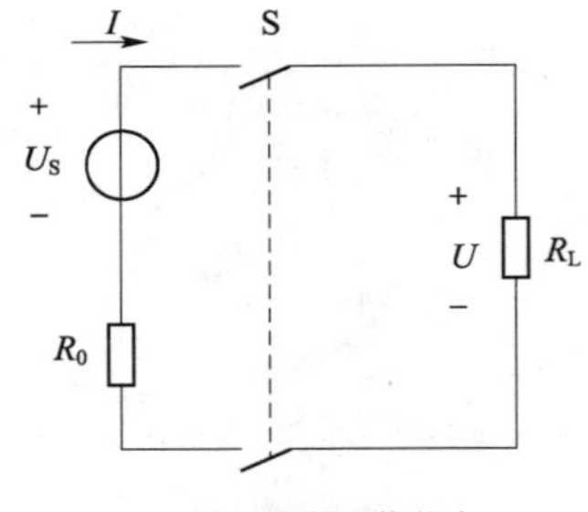

图 3-3　电路的有载工作状态

负载电阻两端的电压为

$$U = R_L I = U_S - R_0 I \tag{3-6}$$

2. 开路状态

如图 3-4 所示电路中的开关是断开的，或者电流过大使熔断器熔断等，电路即处于开路状态，又称断路状态或空载状态。

开路时，外电路的电阻对电源来说等于无穷大，因此电路中的电流为零。此时负载上的电流、电压、功率都等于零。开路时电源的端电压称为开路电压，用 U 表示。

由于开路时电流 $I = 0$，故开路电压 $U = U_S - IR = U_S$，即开路电压等于电源电压。

3. 短路状态

在正常状态下工作的电路中，如果电路由于绝缘损坏或接线不当或操作不慎等原因，使负载端或电源端造成电源线直接触碰或搭接，则形成电路的短路状态。电源和负载都被短路状况如图 3-5 所示。

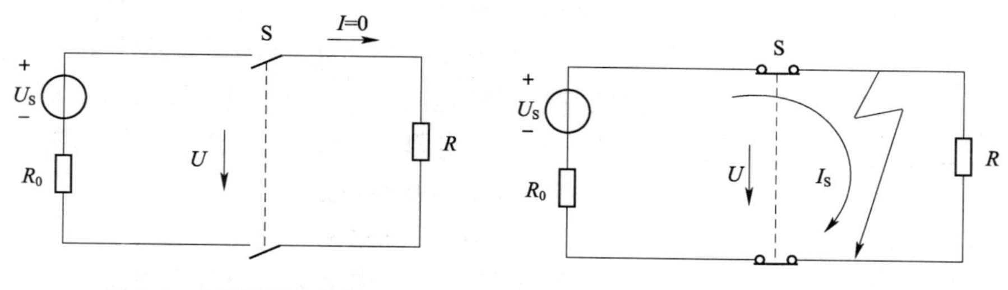

图 3-4　电路的开路状态　　　图 3-5　电路的短路状态

此时，电流不再流经负载，外电路的电阻对电源来讲为零。短路电流为

$$I_S = \frac{U_S}{R_0} \tag{3-7}$$

由于 R_0 很小，所以短路电流 I_S 很大，一般超过电源的额定电流许多倍，这样大的电流不仅在内阻 R_0 上会产生很大的功率损失，使电源严重发热，而且会产生很大的电磁力使设备发生机械损伤。

短路后，负载上的电压、电流和功率都为零，电源所产生的电能全部被内阻 R_0 所消耗。即

$$P_S = P_0 = R_0 I_S^2 \tag{3-8}$$

短路通常是一种严重故障，应该尽量防止。为此，电路中一般都要接入熔断器或其他自动保护装置，以便在发生短路时在规定的时限内自动切断故障电路与电源的联系。

四、电路中电阻的串联与并联

1. 串联电路

把电阻一个接一个地首尾依次连接起来，就组成串联电路，如图 3-6 所示。

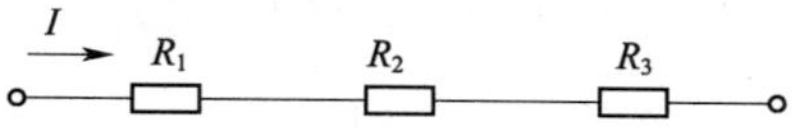

I　R_1　R_2　R_3

图 3-6　电阻的串联

串联电路的基本特点是：

(1) 电路中各处的电流相等。

(2) 电路两端的总电压等于各部分电路两端的电压之和。

(3) 串联电路的总电阻等于各个电阻之和，即

$$R = R_1 + R_2 + R_3 \tag{3-9}$$

(4) 串联电路的电压分配，串联电路中各个电阻两端的电压与它的阻值成正比，即

$$U_1 = IR_1 = \frac{R_1}{R_1 + R_2 + R_3}U$$

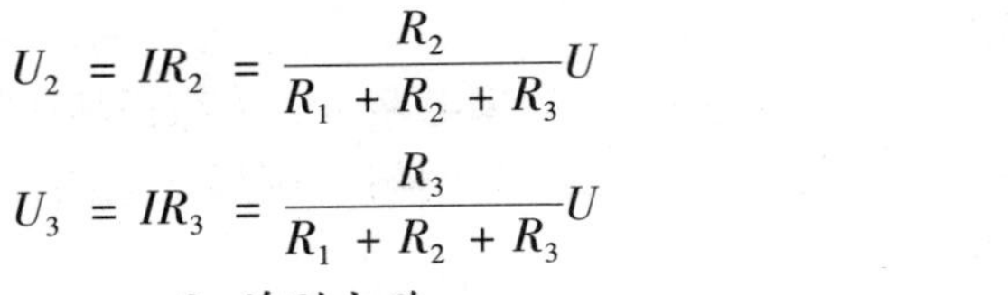

$$U_2 = IR_2 = \frac{R_2}{R_1 + R_2 + R_3}U \tag{3-10}$$

$$U_3 = IR_3 = \frac{R_3}{R_1 + R_2 + R_3}U$$

2. 并联电路

把两个或两个以上电阻接到电路中的两点之间，电阻两端承受的是同一个电压的电路，称为电阻并联电路。图 3-7 是三个电阻 R_1、R_2、R_3组成的并联电路。

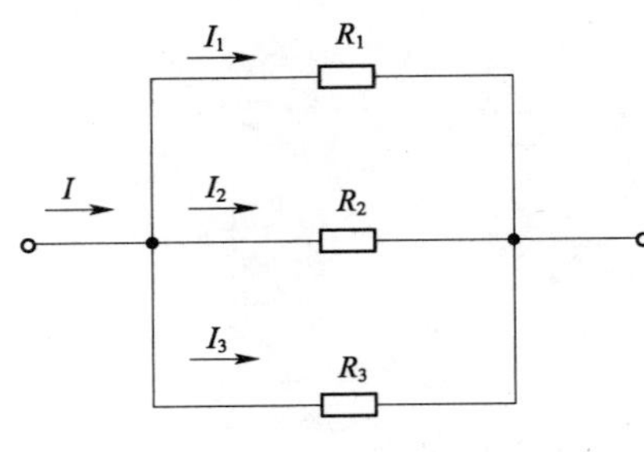

图 3-7　电阻的并联

并联电路的基本特点是：

(1)电路中各支路两端的电压相等。

(2)电路中的总电流等于各支路的电流之和。

(3)并联电路的总电阻，即

$$\frac{1}{R} = \frac{1}{R_1} + \frac{1}{R_2} + \frac{1}{R_3} \tag{3-11}$$

这就是说，并联电路总电阻的倒数，等于各个电阻的倒数之和。

(4)并联电路的电流分配，并联电路中通过各个电阻的电流与它的阻值成反比。即

$$I_1 = \frac{U}{R_1} = I\frac{R}{R_1}$$

$$I_2 = \frac{U}{R_2} = I\frac{R}{R_2} \tag{3-12}$$

$$I_3 = \frac{U}{R_3} = I\frac{R}{R_3}$$

第二节　电路基本元件的名称和代号

学习目标

1. 掌握电阻元件、电容元件和电感元件的名称和代号。
2. 了解变压器和继电器的基本知识。

一、电阻元件

电阻元件对电路中的电流具有阻碍作用，是耗能元件。

电阻器简称电阻，它是电路元件中应用最广泛的一种，其质量的好坏对电路工作的稳定性有极大影响。电阻的主要用途是稳定和调节电路中的电流和电压，在电路中常用作于分流、分压、滤波(与电容组合)、耦合、阻抗匹配、负载等，电阻用 R 符号表示。电阻的外形结构示意图如图 3-8 所示。

1. 电阻的分类

(1)按电阻体的材料和结构特征分为有线绕电阻和非线绕电阻及敏感电阻。

(2)按电阻的用途分为通用电阻、精密电阻、高阻电阻、高压电阻和高频电阻等。

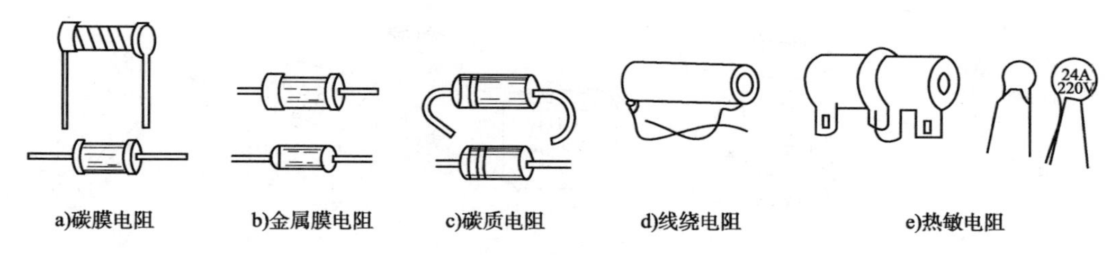

图 3-8　常用固定电阻器外形

2. 电阻的伏安特性

电阻的伏安特性为

$$U = IR \tag{3-13}$$

电阻的伏安特性如图 3-9 所示。

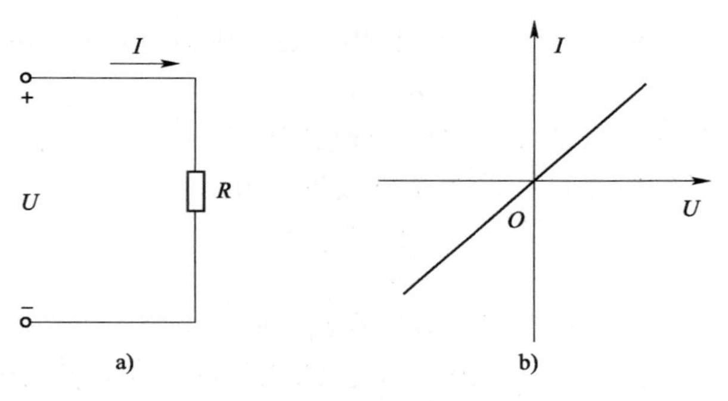

图 3-9　电阻元件及伏安特性

应当指出,式(3－13)适用于电压与电流的参考方向是关联方向,如果是非关联方向,则应写成 $U = -IR$ 。

3. 汽车电路中电阻特性的应用

(1)点火线圈产生温度:点火线圈中的电阻在工作时,电流流过点火线圈会产生热量而使其温度上升。

(2)接触不良造成电压降:点火开关、线路连接端子及蓄电池导线接头等接触不良,就会具有一定的接触电阻,接触电阻产生的电压降会使用电设备的电压降低,电流减小,造成用电设备工作不正常或不能工作。

(3)接触不良造成温升:电流经过接触电阻所产生的热量,会使该接触不良处温度升高。

二、电容元件

电容器简称电容,它由两个极板及它们之间的介质组成。可以储存电场能量,电容元件本身不消耗能量。利用电容器充、放电和隔直、通交特性,在电路中常用于调谐、滤波、耦合、旁路、能量转换等。电容器用符号 C 表示。电容器的外形示意图及有关图形符号如图 3-10 所示。

1. 电容器的分类

(1)按其结构分为固定电容器、半可变电容器、可变电容器三大类。

(2)按电容器介质材料分为电解电容器、有机介质电容器、无机介质电容器三大类。

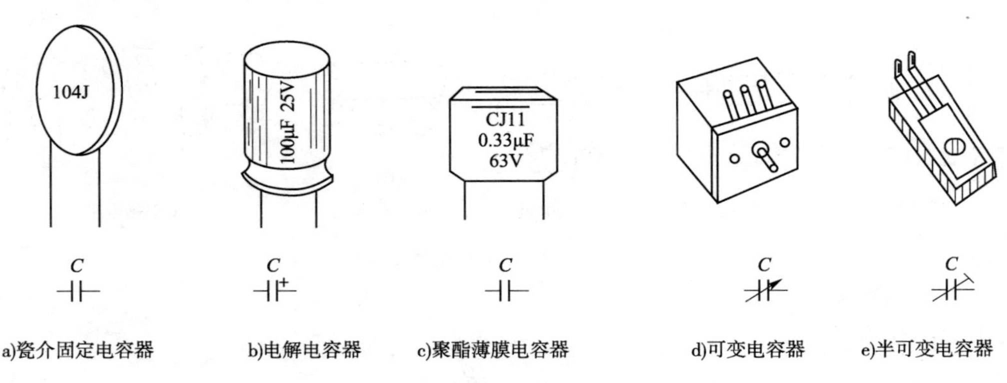

图 3-10　电容器形状及图形符号

2. 电容器的电压、电流特性

电容器是一种聚集电荷的元件,其聚集的电荷量与所加的电压成正比,即

$$q = Cu \tag{3-14}$$

当电容器(图 3-11)极板上的电荷 q 或两极板间的电压 u_C 发生变化时,电路中就会产生电流 i_C,如图 3-11 所示的参考方向下,其数学表达式为

$$i_C = \frac{\mathrm{d}q}{\mathrm{d}t} = C\frac{\mathrm{d}u_C}{\mathrm{d}t} \tag{3-15}$$

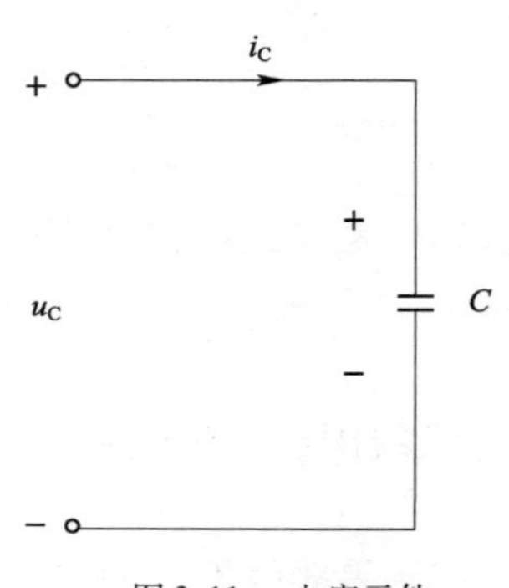

图 3-11　电容元件

式(3-15)表明,在某一时刻电容电路中的电流 i_C 与该时刻电容电压 u_C 变化率成正比,而与该时刻电容电压 u_C 的数值无关,这一特性称为电容的动态特性,电容元件也称为动态元件。

3. 汽车电路中电容特性应用

(1)电容吸收自感电动势:触点式点火系统分电器上的电容器并联于断电器触点的两端,这是利用电容电压不能突变的特性来吸收点火线圈初级绕组的自感电势,以减小触点火花和提高次级电压。

(2)电容吸收高频波:一些电子点火系统的点火线圈处接一个电容,用以吸收点火系统产生的高频振荡波,以减小对无线电的干扰。

(3)蓄电池的电压安全保护作用:蓄电池相当于一个大容量的电容,用它可以吸收电路中的瞬变过电压,使电压稳定,对电路元件起到了保护作用。

三、电感元件

电感器是用漆包线在绝缘骨架上绕制而成的一种能够存储磁场能量的电子元件。电感器是汽车电子线路的重要元件之一,它与电阻、电容、晶体管等元器件组合构成各种功能的电子电路。在调谐、振荡、耦合、匹配、滤波等电路中都是重要元件。电容器用符号 L 表示。电感器的外形示意图如图 3-12 所示。

1. 电感线圈的分类

(1)按电感线圈圈芯性质分:空心线圈和带磁芯的线圈。

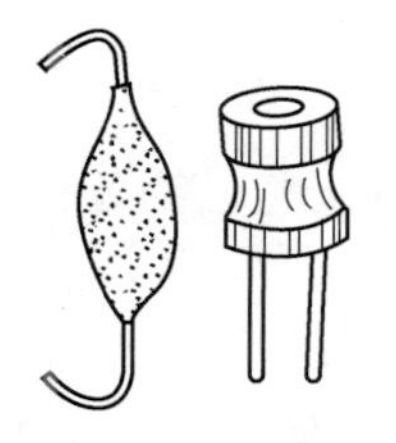
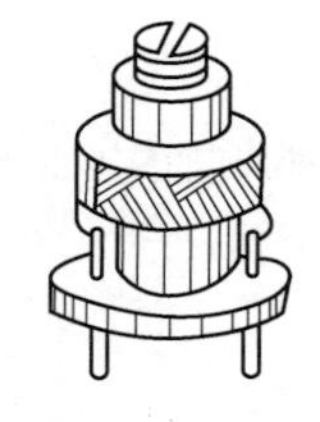
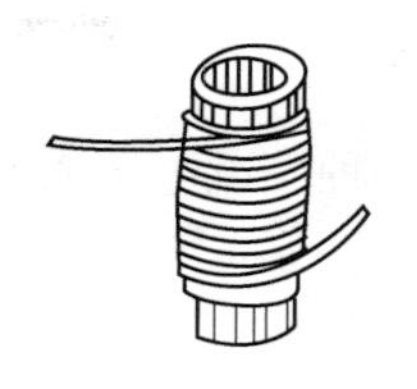
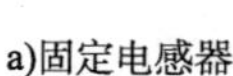

a)固定电感器　　b)可调磁芯电感器　　c)空芯电感器

图 3-12　电感器的外形示意图

(2)按绕制方式不同分:单层线圈、多层线圈、蜂房线圈等。

(3)按电感量变化情况分:固定电感和微调电感等。

2. 电感器的电压、电流特性

如图 3-13 所示,当通过线圈的电流发生变化时,由于穿过线圈的磁通也相应地发生变化,因此在线圈两端产生感应电压,以 u_L 表示,根据电磁感应定律,有

$$u_L = \frac{d\psi}{dt} = L\frac{di}{dt} \tag{3-16}$$

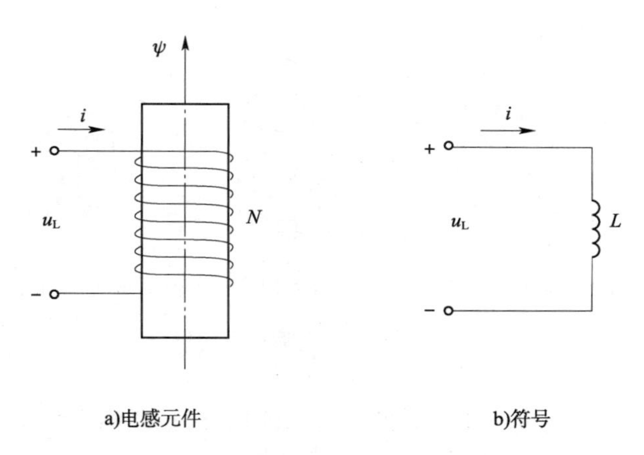

a)电感元件　　b)符号

图 3-13　电感元件及其表示符号

式(3-16)就是电感元件的特性方程式。它表明:在某一时刻电感两端的电压只取决于该时刻的电流变化率,而与该时刻电流的大小无关。这一特性称为电感的动态特性,故电感元件也称为动态元件。

3. 汽车电路中电感特性应用

(1)点火线圈储存点火能量:点火线圈初级绕组通电时,将电源的电能变为磁场能量,并在初级绕组断电时,再转换为火花塞电极的点火能量。

(2)电感的自感电动势造成过电压:点火线圈、继电器线圈、发电机和电动机的绕组等电感在电路开关开闭时或是通电线路突然断开时,会产生自感电动势,这些瞬变的电压可以很高,会对汽车上的电子元件造成危害。因此,现代汽车电气设备特别强调蓄电池的连接要可靠。因为蓄电池可吸收瞬变过电压,对稳定电网电压和保护电子元件起到很重要的作用。

四、变压器

变压器是一种交流电压变换成频率相同而电压不同的静止电气设备，在汽车电子线路中应用十分广泛。

1. 变压器的作用

变压器的主要作用是升压和降压、变换电流、变换阻抗和传递信息。如电子线路中的输出变压器、耦合变压器。

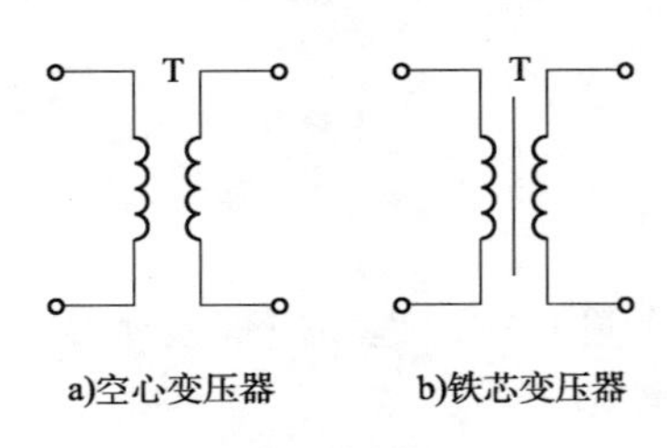

a)空心变压器　　b)铁芯变压器

图 3-14　变压器的符号

2. 变压器的分类

(1)按变压器的铁芯和线圈结构分：芯式变压器和壳式变压器等，大功率变压器以芯式结构为多，小功率变压器常采用壳式结构。

(2)按变压器使用频率分：高频变压器、中频变压器和低频变压器。

常见变压器的符号如图 3-14 所示，常见变压器外形如图 3-15 所示。

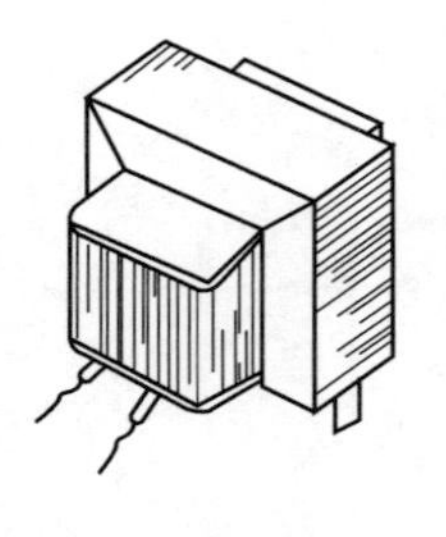
a)低频变压器

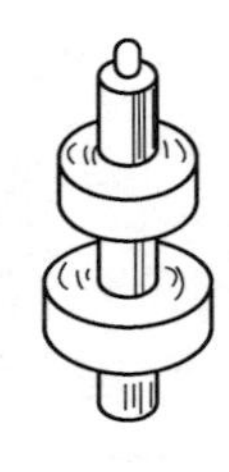
b)高频变压器

c)中频变压器

图 3-15　变压器外形

3. 变压器的检测方法

(1)外观检查：外观检查包括能够看见摸得到的项目，如线圈引线是否脱焊，绝缘材料是否烧焦，机械是否损伤和表面破损等。

(2)开路检查：一般中、高频变压器的线圈圈数不多，其直流电阻应很小，在零点几欧姆至几欧姆之间。音频和电流变压器由于线圈圈数较多，直流电阻可达几百欧至几千欧以上。用万用表测变压器的直流电阻只能初步判断变压器是否正常，还必须进行短路检查。

(3)短路检查：高频变压器的局部短路要用专门测量仪器判断。中、高频变压器内部局部短路时，表现为线圈的空载值下降，整机特性变坏。

由于变压器一、二次侧之间是交流耦合、直流断路的，如果变压器两绕组之间发生短路，会造成直流电压直通，可用万用表检测出来。

五、继电器

继电器是一种根据特定形式的输入信号的变化来接通或断开小电流电路的自动控制电器。继电器在汽车中主要起着控制和保护电路的作用。

继电器一般由三个基本部分组成：检测机构、中间机构和执行机构。

检测机构的作用是接收外界输入信号并将信号传递给中间机构；中间机构对信号的变化进行判断、物理量转换、放大等；当输入信号变化到一定值时，执行机构（一般是触头）动作，从而使其所控制的电路状态发生变化，接通或断开某部分电路，达到控制或保护的目的。

汽车中常见的继电器有电磁继电器、干簧继电器、双金属继电器和电子继电器。

1. 继电器的保护工作原理

继电器用作保护的电路原理如图 3-16 所示。

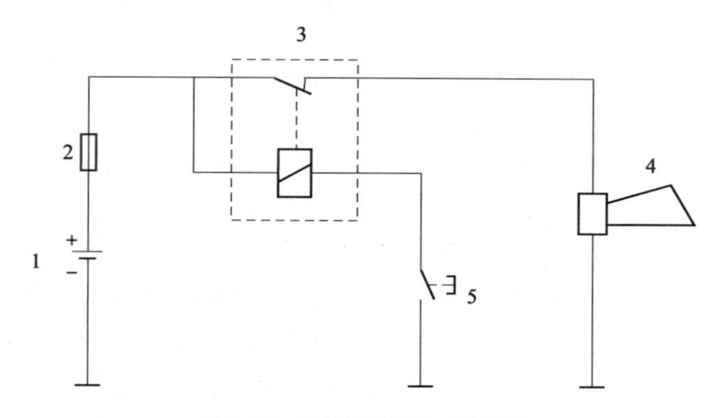

图 3-16　继电器的保护工作原理

1-蓄电池；2-熔断器；3-喇叭断电器；4-电喇叭；5-喇叭按钮

该继电器保护电路用于保护喇叭按钮触点。喇叭的工作电流较大，直接由喇叭按钮控制，其触点很容易烧坏。图中的喇叭电路加了喇叭继电器后，喇叭按钮开关只控制继电器线圈电路的通断，由继电器线圈通电产生的电磁力使继电器触点闭合，接通喇叭电路。喇叭按钮只通过继电器线圈较小的电流，使喇叭按钮触点不容易烧坏，使用寿命得以延长。

2. 继电器的自动控制电路原理

继电器的自动控制电路原理如图 3-17 所示。

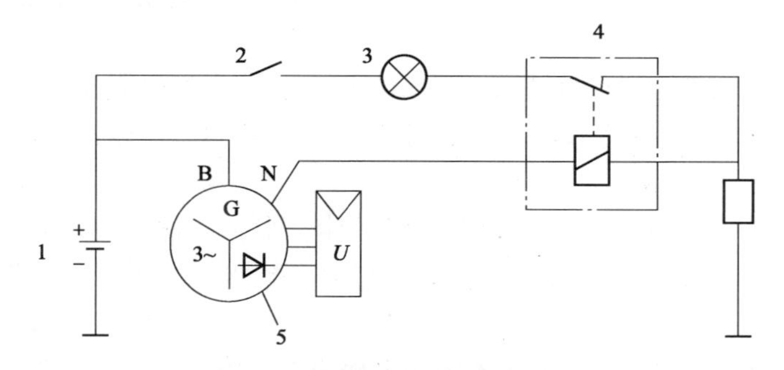

图 3-17　继电器的自动控制电路原理

1-蓄电池；2-点火开关；3-充电指示灯；4-充电指示灯继电器；5-发电机；B-发电机电枢（输出）接线柱；N-发电机中点接线柱

该继电器控制电路用于自动控制充电指示灯的亮起和熄灭，以提示充电系统工作是否正常。继电器线圈连接发电机的中点接线柱 N（该接线柱电压是发电机输出端子 B 电压的 1/2），继电器的动断触点串联在充电指示灯电路中。当发电机正常发电时，其中点电压使继电器线圈通电而打开触点，充电指示灯自动熄灭，指示充电系统正常工作。当接通点火开关而发动机未工作或发电机出现了故障时，发电机中点电压低或无，使继电器线圈电流小或断流,继电器触点在弹簧力作用下闭合,充电指示灯亮,指示充电系统未工作或有故障。

第三节 电子元件的名称和代号

学习目标

1. 掌握二极管、三极管的名称和代号。
2. 了解其他电子元件的基本知识。

一、PN 结及其特性

1. 半导体的基本知识

物质按其导电能力的不同,将其分为导体、绝缘体和半导体三类。半导体的导电能力介于导体和绝缘体之间,并且其导电能力是可以控制的。如硅、锗以及大多数金属氧化物和硫化物等都是半导体。其中以硅和锗半导体的生产技术较为成熟,所以应用较多。

现代电子技术的发展实际上就是半导体技术的发展,这是因为除了半导体导电能力不同外,半导体还有以下特征。

(1)杂敏性:半导体对杂质很敏感。在半导体硅中只要掺入亿分之一的硼,电阻率就会下降到原来的几万分之一。人们就用控制掺杂的方法,制造出各种不同性能、不同用途的半导体器件,如普通半导体二极管、三极管、晶闸管、电阻和电容等。

在半导体中不同的部分掺入不同的杂质就呈现不同的性能,再采用一些特殊工艺,将各种半导体进行适当的连接就可制成具有某一特定功能的电路——集成电路。

(2)热敏性:半导体对温度很敏感。温度每升高 10℃,半导体的电阻率就减小为原来的 1/2。这种特性对半导体器件的工作性能有许多不利的影响,利用这一特性可制成自动控制中有用的热敏电阻。

(3)光敏性:半导体对光照很敏感。半导体受光照时,它的电阻率会显著减小。自动控制中用的光电二极管、光电三极管和光敏电阻等,就是利用这一特性制成的。

2. P 型半导体和 N 型半导体

纯净的几乎不含杂质的半导体称为本征半导体。半导体材料在外界能量的作用下,激发出两种载流子:自由电子和空穴,它们都具有导电能力。自由电子带负电荷,空穴带正电荷。

当半导体两端加上外电压时,半导体中将出现两部分电流:一部分是自由电子作定向运动所形成的电子电流,一部分是空穴电流。在半导体中,同时存在着电子导电和空穴导电,这是半导体导电的最大特点,也是半导体和金属在导电原理上的本质差别。

1)N 型半导体

在本征半导体(如硅、锗均为四价元素)中掺入微量的五价元素(如磷),这将使半导体中的自由电子数目大大增多,自由电子导电成为这种半导体导电的主要导电方式,故称它为电子半导体或 N 型半导体。在 N 型半导体中,自由电子是多数载流子,而空穴则是少数载流子。

2）P 型半导体

在本征半导体中掺入微量的三价元素（如硼），这将使空穴的数目显著增加，自由电子则相对很少。这种以空穴导电作为主要导电方式的半导体称为空穴半导体或 P 型半导体。其中空穴是多数载流子，自由电子是少数载流子。

应当指出，不论是 N 型半导体还是 P 型半导体，虽然它们都有一种载流子占多数，但是整个晶体仍然是不带电的，对外不显示电性。

3. PN 结及其单向导电性

通常是在一块晶片上，采取一定的掺杂工艺措施，在两边分别形成 P 型半导体和 N 型半导体，它们的交界面就形成 PN 结，这 PN 结是构成各种半导体器件的基础。PN 结具有单向导电性，它是二极管、三极管、晶闸管以及半导体集成电路等半导体器件的核心部分。

1）PN 结的形成

如图 3-18 所示一块半导体左边为 P 区，右边为 N 区，由于 P 区有大量空穴（浓度大），而 N 区的空穴极少（浓度小），因此空穴要从浓度大的 P 区向浓度小的 N 区扩散。首先是交界面附近的空穴扩散到 N 区，在交界面附近的 P 区留下一些带负电的三价杂质离子，形成负空间电荷区。同样，N 区的自由电子（浓度大）要向 P 区自由电子（浓度小）扩散，在交界面附近的 N 区留下带正电的五价杂质离子，形成正空间电荷区。这样，在 P 型半导体和 N 型半导体交界面的两侧就形成了一个空间电荷区，这个空间电荷区就是 PN 结。

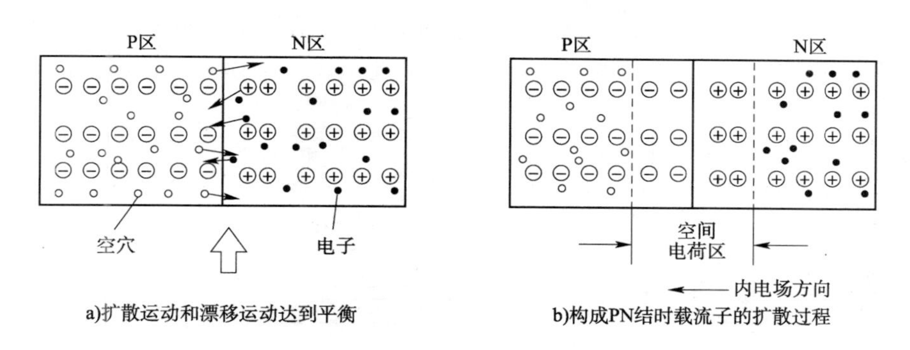

图 3-18　PN 结的形成

2）PN 结的单向导电性

如果在 PN 结上加上正向电压，即 P 区接外电源的正极，N 区接外电源的负极，如图 3-19a）所示，称为正向偏置（简称正偏）。这时外加电场与内电场的方向相反，内电场被削弱。PN 结内部扩散运动与漂移运动之间的平衡状态被破坏，空间电荷区变窄，多数载流子的扩散运动增强，形成较大的从 P 区通过 PN 结流向 N 区的正向电流 I。在一定范围内，外加电压越大，外电场越强，正向电流 I 也越大，PN 结处于导通状态。如果给 PN 结外加反向电压，称为反向偏置（简称反偏），即 P 区接外电源负极，N 区接外电源正极，如图 3-19b）所示，这时外电场与内电场方向相同。在外电场作用下，空间电荷区加宽，内电场增强，使多数载流子的扩散运动难以进行。反向电流很小，近似等于零。PN 结处于截止状态。

上述情况表明：在 PN 结上加正向电压时，正向电流大，PN 结处于导通状态；在 PN 结上加反向电压时，反向电流很小，PN 结处于截止状态。就是说，PN 结具有单向导电性。

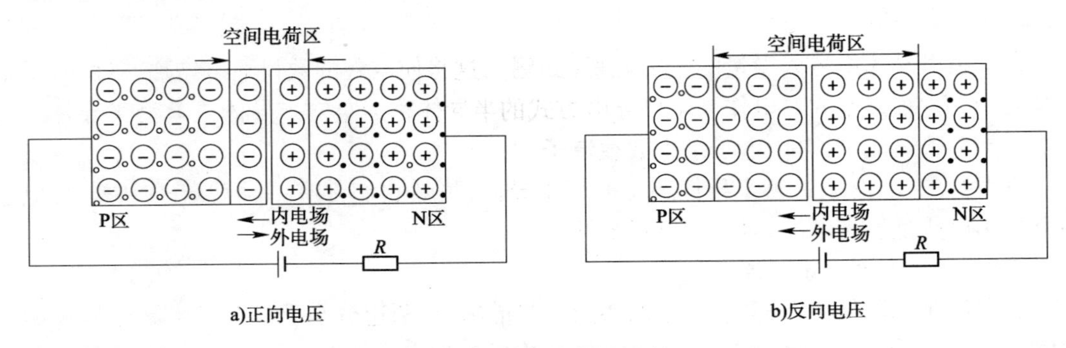

a)正向电压　　b)反向电压

图 3-19　PN 结的单向导电性

二、二极管

1. 二极管的结构、符号和分类

半导体二极管的种类很多,按材料来分,最常用的有硅管和锗管两种;二极管的结构及符号如图 3-20 所示。

点接触型二极管的结构如图 3-20a)所示,点接触型二极管其特点是结面积小,极间电容也很小,故不能承受较高的反向电压和较大的电流,适用于高频小功率场合应用。点接触型锗二极管,常用于高频检波。面接触型(或面结型)二极管的结构如图 3-20b)所示,这类二极管的结面积大,极间电容也大,允许通过的正向电流大,适用于低频大功率场合。面接触型硅二极管常用于整流。

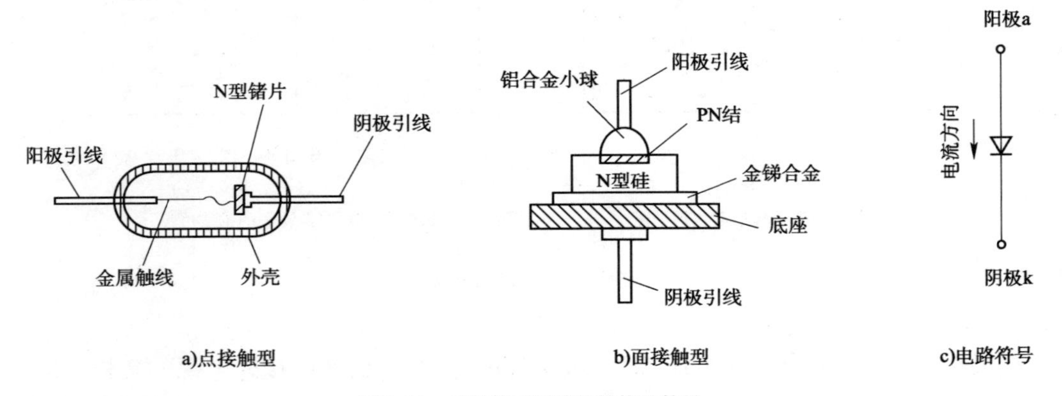

a)点接触型　　b)面接触型　　c)电路符号

图 3-20　半导体二极管的结构及符号

2. 二极管的伏安特性

二极管实质上就是一个 PN 结,它具有单向导电性,二极管的伏安特性曲线如图 3-21 所示。流过二极管的电流 I 与其端电压 U 的关系称为二极管的伏安特性曲线。

1)正向特性

当正向电压很小的时候,正向电流很小,几乎为零,二极管处于截止状态。当正向电压超过一定数值(硅管约为 0.5V,锗管约为 0.2V)后,电流随电压的上升增长得很快,二极管电阻变得非常小,进入导通状态。这个一定数值的正向电压就称为死区电压(门限电压),其大小与管子的材料以及环境温度有关。二极管导通后,正向电流和正向电压是非线性关系,正向电流变化较大时，二极管两端正向压降几乎为恒量，硅管的正向压降约为0.7V，锗管的正向压降约为0.3V。

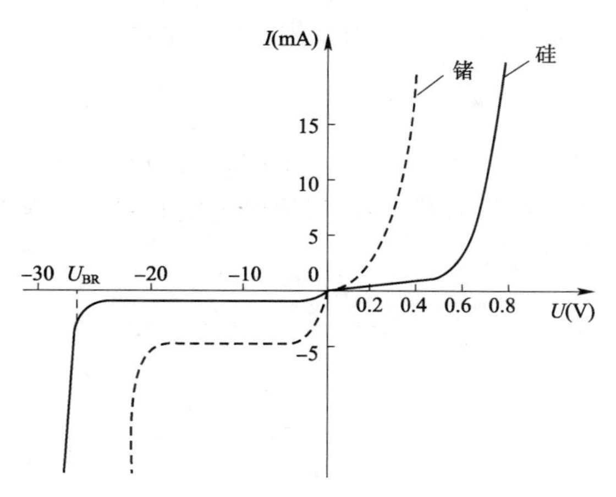

图3-21　二极管的伏安特性曲线

2)反向特性

当给二极管加反向电压时，二极管的反向电流很小，而且在很大范围内基本上不随反向电压的变化而变化，此时二极管处于反向截止区，此处的反向电流值称为反向饱和电流(锗管的反向饱和电流比硅管大)。当反向电压超过一定数值后，反向电流会突然急剧增大，此时的现象称为反向电击穿。通常加在二极管的反向电压不允许超过反向电压，否则二极管将失去单向导电性和二极管的损坏(稳压二极管除外)。

三、稳压管

1.稳压二极管的符号及其伏安特性曲线

稳压二极管简称稳压管，它是一种用特殊工艺制造的面结合型硅半导体二极管，其电路及符号如图3-22a)所示。使用时，它的阴极接外加电压的正极，阳极接外加电压负极，管子反向偏置，工作在反向击穿状态，利用它的反向击穿特性稳定直流电压。

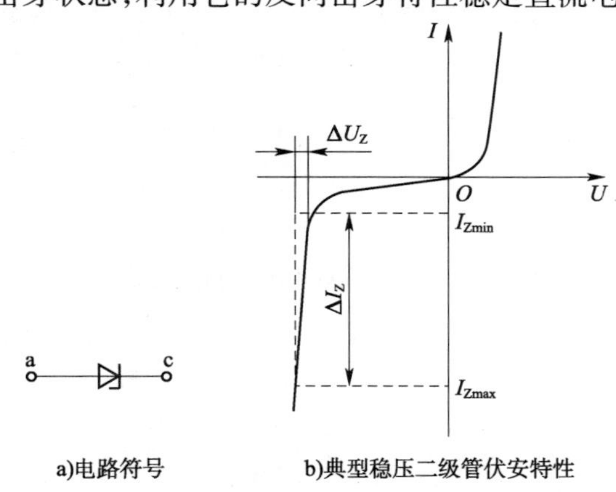

图3-22　稳压二极管符号及其伏安特性曲线

稳压二极管的伏安特性曲线如图3-22b)所示，其正向特性与普通二极管相同，反向特性曲线比普通二极管更陡。二极管在反向击穿状态下，流过管子的电流变化很大，而两端电压变化很小，稳压管正是利用这一点实现稳压作用的。稳压管工作时，必须接入限流电阻，才能使其流过的反向电流在 $I_{Zmin} \sim I_{Zmax}$ 范围内变化。在这个范围内，稳压管工作安全且两端的反向电压变化很小。

2. 稳压电路

直流稳压电源是采用稳压管来稳定电压，稳压管并联型稳压电路如图 3-23 所示。经过整流电路和电容滤波得到直流电压 U_i，在经过限流电阻和稳压管 VD_Z 接到负载电阻 R_L，这样负载上就得到比较稳定的电压。

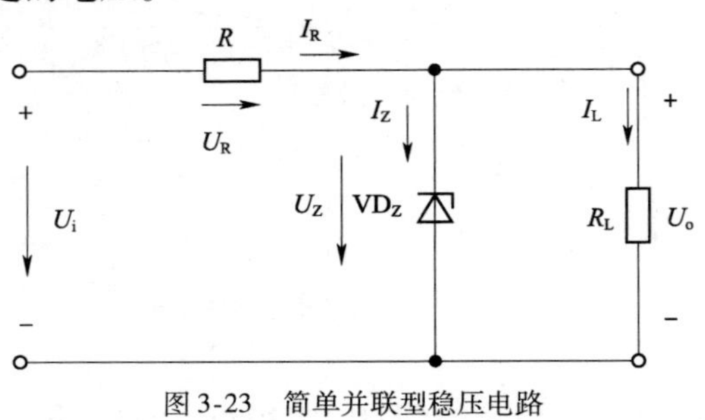

图 3-23　简单并联型稳压电路

四、三极管

1. 三极管的结构和符号

三极管的结构图 3-24a) 所示，它是由三层不同性质的半导体组合而成的。按半导体的组合方式不同，可将其分为 NPN 型管和 PNP 型管。三极管的图形符号如图 3-24b) 所示，符号中的箭头方向表示发射结正向偏置时的电流方向。

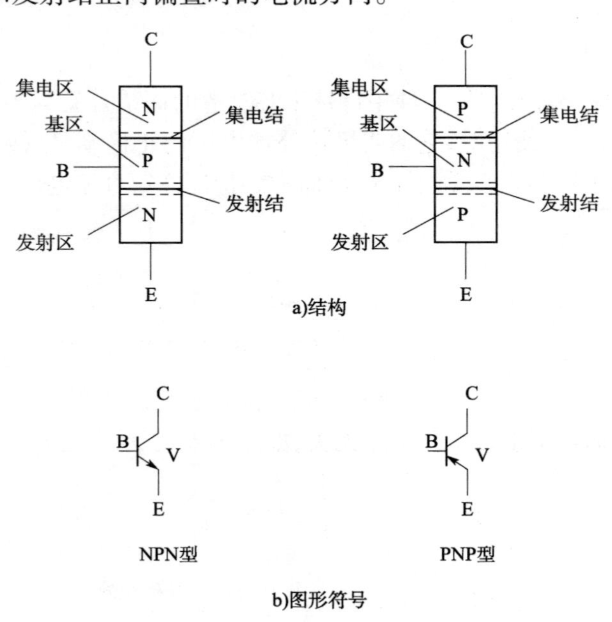

图 3-24　三极管的结构和图形符号

三极管为保证其电流放大作用，采取了如下结构措施：

(1)基区很薄,掺杂的浓度低,使其电子(N 型)或空穴(P 型)的数量少。

(2)发射区掺杂的浓度高,一般高于集电区,比基区则高许多倍。

2. 三极管的电流放大原理

下面以 NPN 型三极管为例,说明一下三极管的电流放大原理。如图 3-25 所示,发射结加正向电压,而集电结加反向电压。

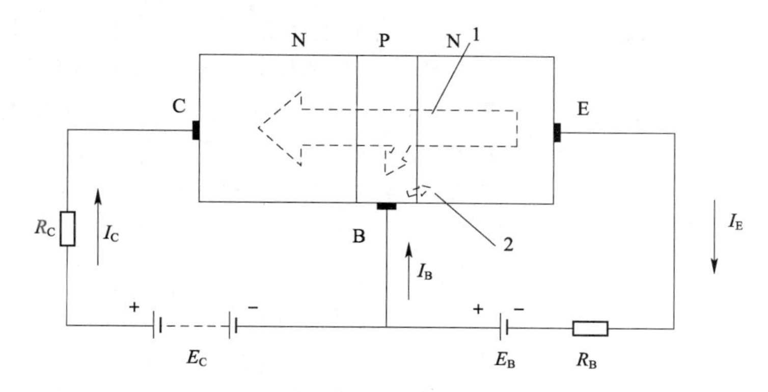

图 3-25　三极管的电流放大原理

1-发射区向集电区扩散的电子;2-基区向发射区扩散的空穴;I_C-集电极电流;I_B-基极电流;I_E-发射极电流

发射结加正向电压,削弱了发射结的内电场,使其阻挡层变薄。于是,发射区浓度很高的电子就越过发射结向基区扩散,进入基区的自由与基区为数不多的空穴复合,其余的继续向电子浓度低的集电结处扩散。

集电结加反向电压,其内电场加强,空间电荷区加宽,扩散到集电结附近的自由电子在集电结内电场力的作用下,越过集电结,进入集电区。

进入集电区的自由电子被电源 E_C 拉走,形成集成电极电流 I_C;电源不断地向发射区注入电子,形成发射极电流 I_E;电源 E_C 从基区拉走电子,形成了基极电流 I_B。

由于基区的空穴数量很少,从发射区进入基区的自由电子与基区的空穴复合得很少,而大量的是被集电结内电场拉到了集电区,因此,$I_B << I_C$。I_C 与 I_B 的比值就是三极管的电流放大倍数 β。

$$\beta = \frac{I_C}{I_B} \tag{3-17}$$

3. 三极管的特性

1)三极管的放大特性

三极管组成的放大电路有共射、共集和共基。要使三极管工作在放大状态,必须使发射结正偏,集电结反偏,而与集射极电压 U_{CE} 无关,如图 3-26 所示。当 I_B 一定时,I_C 基本不变,具有恒流特性。当 U_{BE} 微小变化时,引起 I_B 变化;当 I_B 微小的变化,引起 I_C 较大的变化,即

$$\Delta I_C = \beta \Delta I_B \tag{3-18}$$

上式表明 I_C 是受 I_B 控制的受控电流源,具有电流放大特性。正是由于三极管的这一特性,三极管被广泛应用于电压放大、电流放大和功率放大电路中。

2)三极管的开关特性

三极管除了放大工作状态外,还有截止工作状态和饱和导通工作状态,即三极管还具有

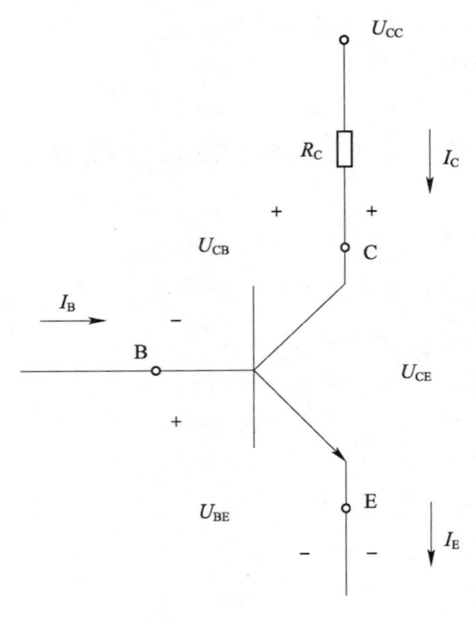

图 3-26　三极管的放大状态

开关特性。

(1)三极管的截止状态。当加在发射结上的电压 $U_{BE}<0$ 时，$I_B\approx0$、$I_C\approx0$、$U_{CE}\approx U_{CC}$ 此时的三极管工作在截止状态，这时 C、E 极之间近似于开路，相当于开关断开状态，如图 3-27 所示。

(2)三极管的饱和导通状态。当加在发射结上的电压 $U_{BE}>0$ 和加在集电结上电压 $U_{BC}>0$ 时，基极电流 I_B 再增大而集电极电流 I_C 却不再增大，即 I_C 不受 I_B 的控制，三极管工作在饱和导通状态。这时由于饱和时集电极电流最大，集电极电压很小，$U_{CE}\approx0.3V$，C、E 极之间近似于短路，相当于开关接通状态，如图 3-28 所示。

三极管的开关特性，被用作由电信号控制的无触点开关，在汽车电气系统中的应用是很多的，如无触点电子点火系统的电子点火器、电子式电压调节器、无触点电喇叭等。

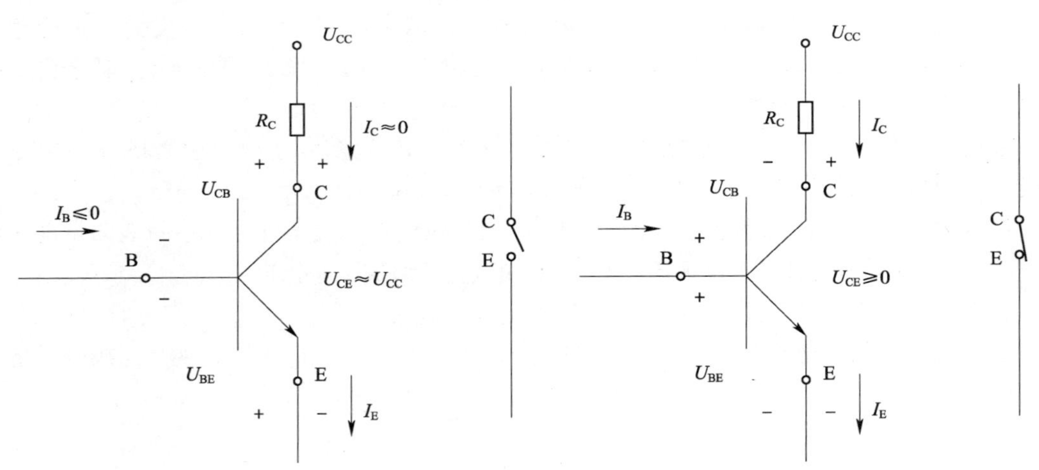

图 3-27　三极管的截止状态图　　　　图 3-28　三极管的饱和导通状态

五、晶闸管(可控硅)

1. 晶闸管的结构

我国目前生产的晶闸管，从外形上来分有两种形式：螺栓式和平板式。其外形及符号如图 3-29 所示。晶闸管内部是由三个 PN 结组成，可以把它中间的 N_1 和 P_2 分为两部分，构成一个 PNP 型三极管和一个 NPN 型三极管的复合管，如图 3-30 所示。

2. 晶闸管的导通原理

晶闸管工作时，它的阳极和阴极分别与电源和负载连接，组成晶闸管的主电路；晶闸管的门极和阴极与控制晶闸管的装置连接，组成晶闸管的控制电路。

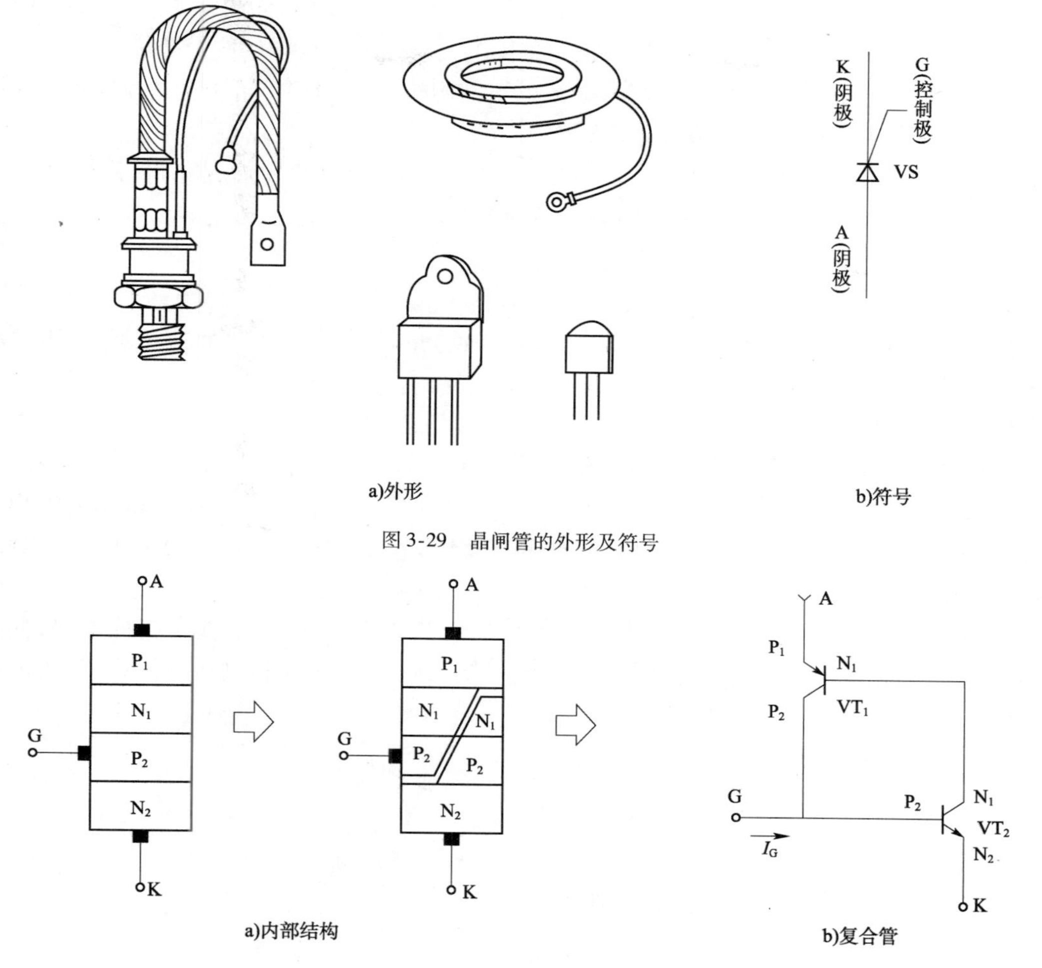

a)外形　　b)符号

图 3-29　晶闸管的外形及符号

a)内部结构　　b)复合管

图 3-30　晶闸管的内部结构

图 3-31 所示的是晶闸管的实验电路，主电源 E_A 和门极电源 E_G 通过双刀双掷开关 S_1 和 S_2 可正向或反向作用于晶闸管的有关电极，主电路的通断由灯泡显示。

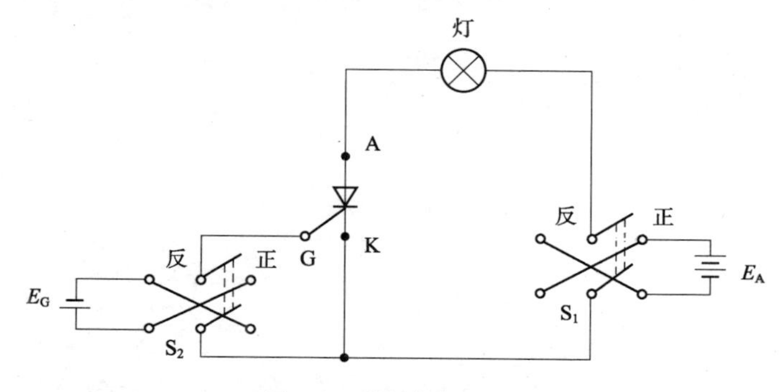

图 3-31　晶闸管实验电路

由实验得到如下结论：

(1)当晶闸管承受反向阳极电压时，不论门极承受何种电压，晶闸管都处于关断状态。

(2)当晶闸管承受正向阳极电压时,仅在门极承受正向电压时,晶闸管才能被导通,即从关断状态转变为导通状态必须同时具备正向阳极电压和正向门极电压两个条件。

(3)晶闸管在导通情况下,只要仍有一定的正向阳极电压,不论门极电压如何,晶闸管仍保持导通,即晶闸管导通后,门极失去控制作用。

(4)晶闸管在导通情况下,当主电路电压(或电流)减小到接近零时,晶闸管关断。

从晶闸管实验中,我们可得到晶闸管导通和关断的条件。

六、集成电路

集成电路是把多个元器件相互连接在一起,并且同时制造在一块半导体芯片上,组合成一个不可分割的整体。

1. 集成电路的外形结构

半导体集成电路是利用硅平面工艺技术,把具有某种功能的电路元件,如电阻、电容、二极管、三极管以及它们的连线都集中制作在一小块硅片上。这样,不但缩小了电路的体积和质量,降低了成本,而且大大提高了电路工作的可靠性,减轻了组装和调试的工作量。因此,集成电路的普遍推广,意味着电子技术发展到了一个新阶段。

把小硅片电路及引线封装在金属或塑料外壳内,只露出外引线,这就是集成电路,如图3-32所示。它看上去是个器件,实际上是一个电路系统,它把元件和电路一体化了,集成电路又称固体电路。

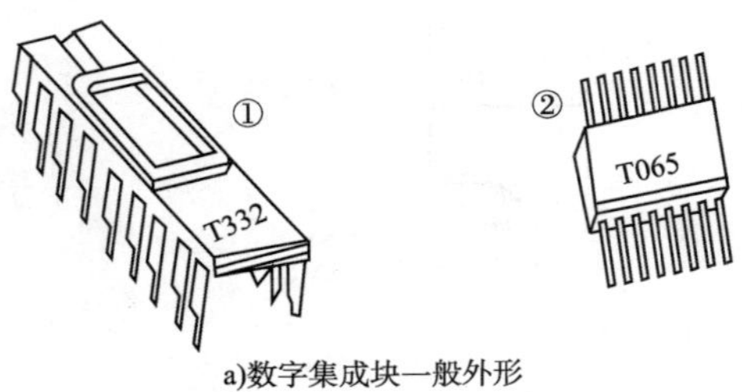

a)数字集成块一般外形

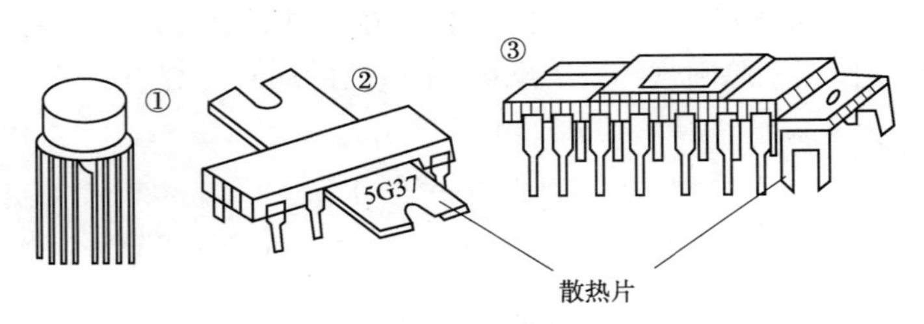

b)模拟集成块一般外形

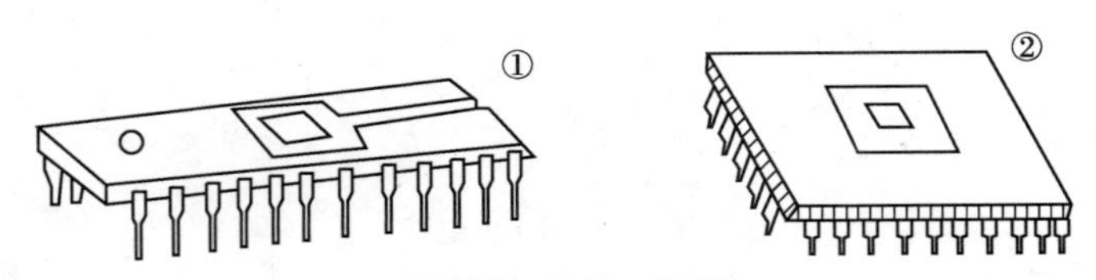

c)大规模集成电路一般外形

图3-32 半导体集成电路外形图

2. 集成电路的分类

集成电路可按制作工艺、功能和集成规模的不同进行分类。

(1)按制作工艺,集成电路分为:

①半导体集成电路。

a. 双极型集成电路。

b. MOS 集成电路。

②薄膜集成电路。

③混合集成电路。

(2)按功能性质,集成电路分为:

①数字集成电路。

②模拟集成电路

a. 线形集成电路。

b. 非线性集成电路。

③微波集成电路。

(3)按集成规模,集成电路分为:

①小规模集成电路(SSI)。

②中规模集成电路(MSI)。

③大规模集成电路(LSI)。

④超大规模集成电路(VLSI)。

通常根据集成电路内所含元器件的多少来划分其“规模”的大小。内含元器件数小于100 个的集成电路称为小规模集成电路;内含元器件数为 100 ~1 000 个的集成电路称为中规模集成电路;内含元器件数为 1 000 ~10 000 个的集成电路称为大规模集成电路;内含元器件数为 10 000 ~100 000 个的集成电路称为超大规模集成电路。集成电路的集成化程度仍在不断地提高,目前,已经出现了内含上亿个元器件的集成电路。

3. 集成电路特点

(1)体积小,质量轻。

(2)可靠性高,寿命长。

(3)速度高,功耗低。

(4)成本低。

第四节　基本电路单元

了解基本电路单元的基础知识。

一、*R* - *C*(电阻 - 电容)电路单元

图 3-33 所示为典型的 $R-C$ 电路单元及其电压、电流特性曲线。

从图中可见，虽然电容 C 的电流可以突变，即在开关 S 闭合的瞬间（$t=0$），电流可以从零跳跃到最大值［图 3-33c）］，但电容 C 两端的电压却不能突变，必须经过一定的时间才能达到电源电压。这个过程称为电路的过渡过程。通常定义当电压达到 63% 的电源电压时所需的时间为 $R-C$ 电路的时间常数，这个常数在数值上为：

$$T = RC \tag{3-19}$$

汽车的电子电路，在刮水器间歇控制、电喇叭、防盗装置中常利用这个单元作延时或振荡之用，也常用于点火性能的改善。

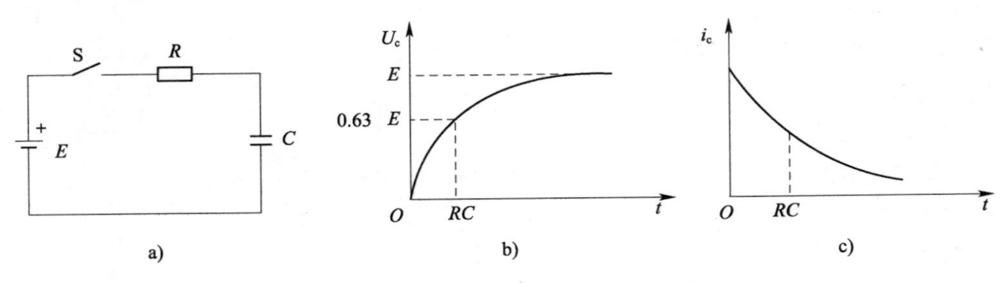

图 3-33　$R-C$ 电路单元及其特性

二、$L-R$（电感－电阻）电路单元

如图 3-34 所示，在直流回路中，电感两端的电压虽然可以突变，但电流却不可以突变（点火线圈正是利用这一原理工作的）。同理，将电流上升到饱和值 E/R 的 63% 时，所需要的时间为 $L-R$ 电路的时间常数：

$$\tau = \frac{L}{R} \tag{3-20}$$

分析点火系性能时，常利用这一电路单元。汽车电路中也常见其用于电路扼流、滤波、抗干扰等。

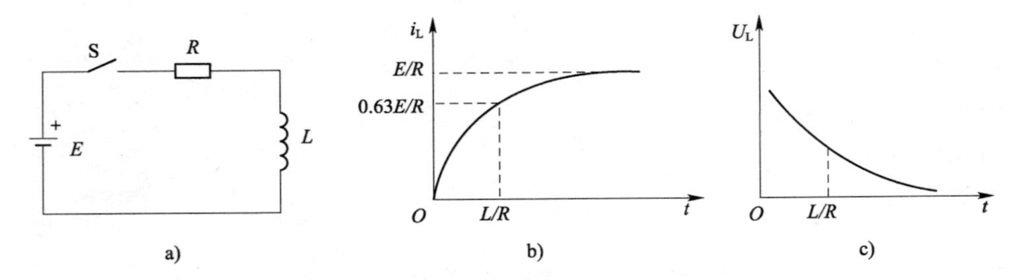

图 3-34　$L-R$ 电路单元及其特性

三、$L-R-C$（电感－电阻－电容）电路单元

如图 3-35 所示，$L-R-C$ 电路电源的参数不同而可以有各种过渡状态。在一定条件下，点火系统的电路单元可以简化为这一回路。需要指出的是，如图 3-35b）所示的振荡过程，解释了点火脉冲以及汽车电路中其他具有开关过程的电器容易在汽车电子电路中形成有害过电压的原理。

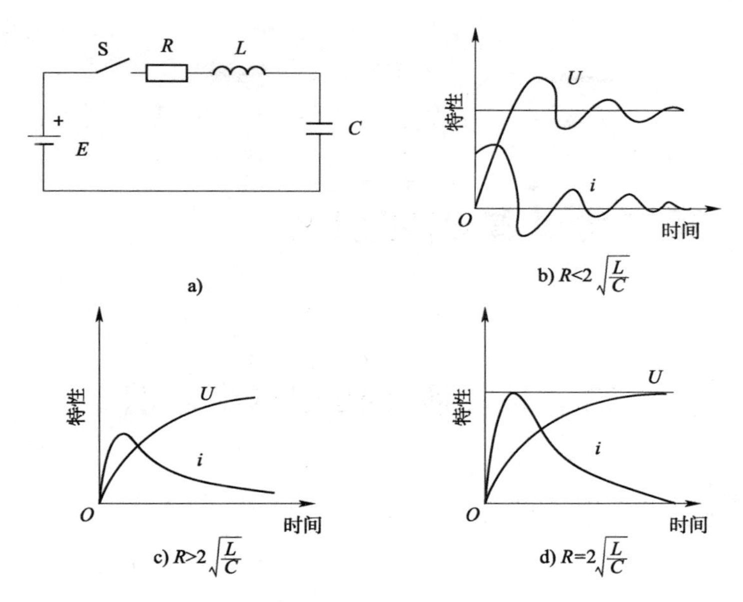

a)　b) $R<2\sqrt{\frac{L}{C}}$

c) $R>2\sqrt{\frac{L}{C}}$　d) $R=2\sqrt{\frac{L}{C}}$

图 3-35　$L-R-C$ 电路单元及其特性

四、三极管开关电路

图 3-36 所示为典型的三极管开关电路及其特性。

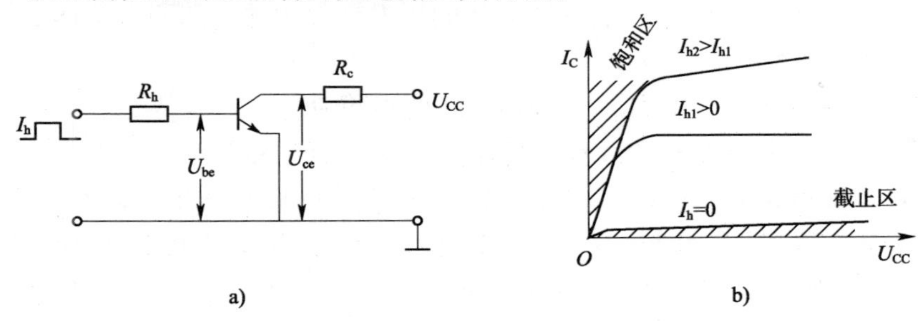

a)　b)

图 3-36　三极管开关电路及其特性

众所周知，三极管有饱和、放大和截止三个状态。当基极 b 与发射极 e 处于反偏 $U_{be}<0.6V$ 或 $I_h \leqslant 0$，它处于高阻状态，相对于开关断开。此时，即使提高电源电压 U_{CC}，也只有很小的漏电流。而当 be 结正偏，I_b 大于一定值时，则它迅速导通并进入饱和，在很大的集电极电流 I_C 下，U_C 都很小（只有零点几伏），因此相对于开关接通。

晶体管点火系就是利用这一基本单元，再经过性能扩充完善而成。晶体管电动汽油泵电路、无触点喇叭等电路中也应用了这一单元。

第四章　液压传动基础知识

第一节　液压传动基本知识

学习目标

1. 理解液压传动工作原理。
2. 掌握液压传动的组成。

一、液压传动工作原理和系统组成及特点

1. 液压传动工作原理

液压传动是以液体为传动介质,利用液体的压力能来实现运动和力传递的一种传动形式。它具有以下特点:

(1)以液体(液压油)作为传递运动和动力的工作介质。

(2)依靠密封容积(或密封系统)内容积的变化来传递能量。

图4-1是常见的液压千斤顶的工作原理。它由小液压缸1、大液压缸6、油箱4、截止阀5、止回阀2和3组成。其工作过程如下:提起杠杆,小液压缸1活塞上升,使得其内部工作容积变大,形成局部真空,于是油箱4中的油液在大气压力的作用下推开止回阀3进入小液压缸1的下腔(此时止回阀2关闭);当压下杠杆时,活塞下降,小液压缸2下腔容积变小,油

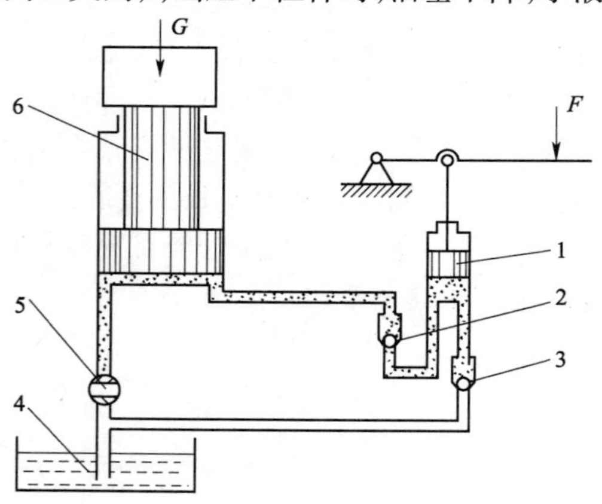

图4-1　液压千斤顶的工作原理图

1-小液压缸;2、3-止回阀;4-油箱;5-截止阀;6-大液压缸

液压力升高，打开止回阀 2（止回阀 3 关闭）；小液压缸 1 下腔的油液进入大液压缸 6 的下腔（截止阀 5 关闭），使得大液压缸 6 的活塞上升，把重物顶起。反复提压杠杆，就可以使重物不断上升，达到起重的目的。当工作完毕，打开截止阀 5，使大液压缸下腔的油液流回油箱。

2. 液压传动系统的基本组成

以自卸汽车车厢举倾机构为例，说明液压传动系统的基本组成。如图 4-2 所示，液压缸 6 活塞杆与汽车车厢铰接。当液压泵 8 运转，换向阀阀芯 4 处于图中所示位置，车厢倾举机构不工作。即液压泵输出的压力油经止回阀 7，换向阀 5 中的油道 a 及回油管返回邮箱。由于液压缸 6 活塞上下腔均与油箱连通，此时，液压缸处于不工作状态。在外力作用下，推动换向阀阀芯 4 右移，换向阀 5 的油道 a 与液压泵供油路关闭。从液压泵输出的压力油经换向阀的油道 b 进入液压缸活塞下腔，推动液压缸活塞上移，通过活塞实现车厢的举升。为防止液压系统过载，在液压缸 6 进油路上装有限压阀 3，当系统油压超过一定值时，限压阀开启，一部分压力油通过限压阀返回油箱，系统油压则不再升高。

当外力去除后，在换向阀阀芯右侧弹簧力的作用下，换向阀阀芯 4 返回到原来位置（图 4-2 所示位置）。此时，液压缸活塞下腔通过换向阀与回油路连通。液压缸活塞下腔压力油返回油箱，车厢在自重作用下下降。

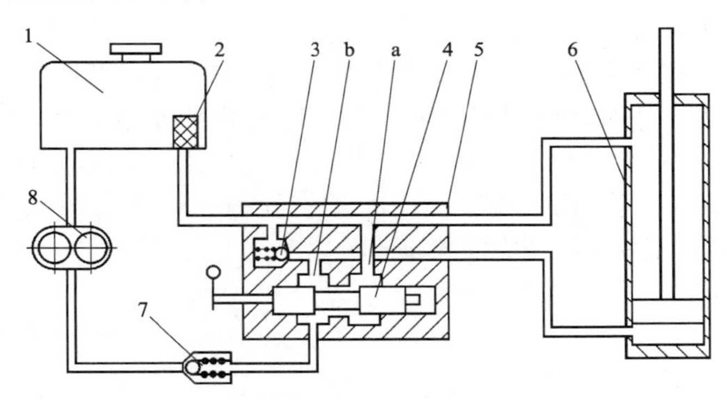

图 4-2　车厢举倾机构结构简图

1-油箱；2-过滤器；3-限压阀；4-换向阀阀芯；5-换向阀；6-液压缸；7-止回阀；8-液压泵；a、b-油道

综上所述，通常可以将液压传动系统分成以下五个组成部分。

（1）动力元件：液压系统中都采用液压泵提供一定流量的压力油液，它能将机械能转换成液压能，是一个动力元件或能量转换装置。

（2）执行元件：液压系统一般采用液压缸或者液压马达做执行元件，可以将液压能重新转换成机械能，克服负载，带动机器完成所需的动作。

（3）控制元件：液压系统中采用阀做控制元件，包括：改变液流方向的方向控制阀（换向阀及开停阀）、调节运动速度的流量控制阀和调节压力的压力控制阀三大类。

（4）辅助元件：液压系统中的油箱、油管、滤油器和密封元件等都是辅助元件，虽然称之为辅助元件，但在系统中却是必不可少的。

（5）传动介质：液压油就是用于液压系统中的工作介质，一般指矿物油。

3. 液压传动的优缺点

与机械、电气传动相比，液压传动具有以下优点：

(1)可以在运行过程中实现大范围的无级调速。

(2)在同等输出功率下,液压传动装置体积小、质量轻、运动惯性小、反应速度快。

(3)可实现无间隙传动,运动平稳。

(4)便于实现自动工作循环和自动过载保护。

(5)由于一般采用液压油作为传动介质,对液压元件有润滑作用,因此有较长的使用寿命。

(6)液压元件都是标准化、系列化产品,可以直接从市场上购买,这有利于液压系统的设计、制造和推广应用。

(7)可以采用大推力的液压缸或大转矩的液压马达直接带动负载,从而省去中间减速装置,使传动简化。

但液压传动也有不足,如由于压力和流量损失较大,其系统效率较低,传动比不如机械传动准确,工作时受温度影响较大,不宜在很高或很低的温度条件下工作,液压元件的制造精度要求较高、造价高,液压传动系统出现故障时不易找出原因等。

二、液压泵和液压马达

1.液压泵的基本工作原理

液压泵的工作原理如图4-3所示。当偏心轮1由电动机带动按图示方向旋转时,柱塞2作往复运动。当柱塞右移时,密封工作腔4的容积逐渐增大,形成局部.真空,油箱中的油液在大气压力作用下,通过止回阀5进入密封工作腔4,这是吸油过程。当柱塞左移时,密封工作腔4的容积逐渐减小,使腔内液体压力升高,打开止回阀6进入系统,这是压油过程。随着偏心轮连续地旋转,泵就不断地吸油和压油。

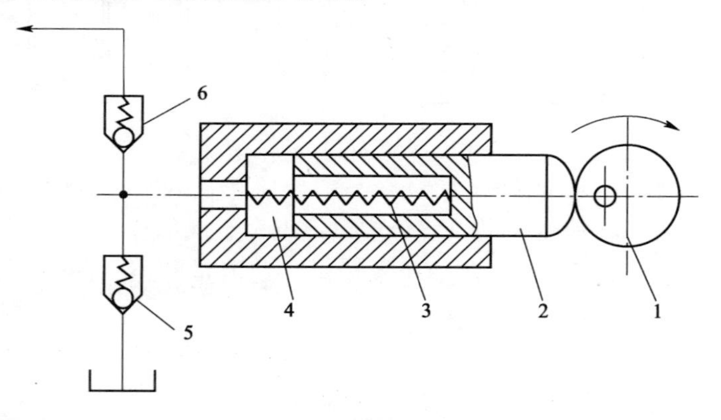

图4-3 液压泵的工作原理

1-偏心轮;2-柱塞;3-弹簧;4-密封工作腔;5、6-止回阀

液压泵是靠密封工作腔的容积变化进行工作的,其输出流量的大小由密封工作容积变化大小来决定,所以这种泵称为容积泵。液压传动系统中使用的液压泵和液压马达都是容积式的。

综上所述,液压泵能完成吸油和压油的泵油过程,必须具备四个条件:具有密封的容积;密封容积的大小能交替变化;在进行吸油和压油时,应有配流装置,保证泵油过程顺利进行;吸油过程中,油箱必须与大气相通。

2. 液压泵的性能参数

(1)输出压力和额定压力:液压泵的输出压力是指其工作时的压力。液压泵在正常工作条件下,按试验的标准规定,能连续运转的最高压力称为额定压力。输出压力超过额定压力则为过载。

(2)排量和流量:液压泵的排量是指泵轴转一圈时,密封容积的变化量。即在无泄漏的情况下,泵轴转一圈所能排出的液体体积。

在液压泵的工作过程中,单位时间内实际排出液体的量为实际流量。由于存在泄漏,泵的实际输出流量小于理论流量,实际流量和理论流量的比值称为容积效率。

在一定范围内,泵的泄漏量随泵的工作压力的增高而线性增大,所以泵的容积效率随着泵的工作压力升高而降低。液压泵的额定流量是指在额定转速和额定压力下输出的流量。

(3)功率和总效率:液压泵是将机械能转换成液压能的能量转换装置,一般用液压泵的输出压力和输出流量的乘积来表示液压泵的输出功率。理想情况下,机械能全部转变为液压能,则输入功率等于输出功率。

3. 液压泵的分类

液压泵的类型很多。按结构形式分为:齿轮泵、叶片泵、柱塞泵等。按泵的流量是否可以改变分为:定量泵和变量泵。汽车上常用的液压泵有外啮合齿轮泵、内啮合齿轮泵、摆线转子泵和叶片泵等定量泵,也有少数车型采用变量叶片泵,液压泵的图形符号如图 4-4 所示。

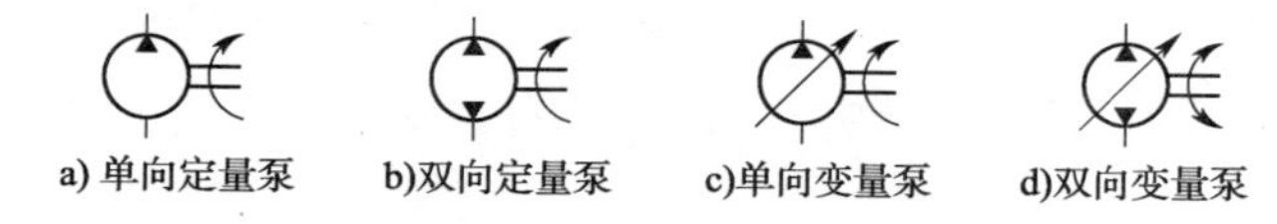

图 4-4 液压泵的图形符号

1)齿轮泵

齿轮泵由于具有结构简单紧凑、体积小、质量轻、工艺性好、价格便宜、自吸能力强、对油液污染不灵敏、维修方便及工作可靠等优点,在汽车上得到了广泛的应用。其缺点是泄漏较大,流量脉动大,噪声较大,径向不平衡力大,所达到的额定压力还不够高。一般齿轮泵的工作压力为 2.5 ~ 17.5MPa,流量为 2.5 ~ 200L/min。但通过结构上的改进后,也可以达到较高的工作压力,目前其最高工作压力可达 30MPa。齿轮泵按结构形式分为外啮合和内啮合两种。

2)叶片泵

叶片泵具有结构紧凑、体积小、流量均匀、运动平稳、噪声小、使用寿命较长、容积效率较高等优点。一般叶片泵的工作压力为 7MPa,流量为 4 ~ 200L/min。叶片泵广泛应用于完成各种中等负荷的工作,由于它流量脉动小,故在金属切削机床液压传动中,尤其是在各种需调速的系统中,更有其优越性。

叶片泵按每转吸、排油次数不同,分为单作用式和双作用式两类。单作用叶片泵,是指转子转一转,吸、排油一次;双作用叶片泵转子转一转,完成两次吸、排油。单作用式的可做成各种变量型,又称为可调节叶片泵或变量泵,但主要零件在工作时要受径向不平衡力的作用,工作条件较差。双作用式的不能变量,又称为不可调节叶片泵或定量叶片泵,但径向力是平衡的,工作情况较好,应用较广。

3)柱塞泵

柱塞泵具有结构紧凑、加工方便、单位功率体积小、容积效率高、工作压力高、易实现变量输出等优点,故可在高压系统中使用,其缺点是结构复杂、造价高、对油液的污染敏感、使用和维修要求严格。这类泵在起重运输车辆、工程机械的液压系统中应用广泛。

柱塞泵分为轴向柱塞泵和径向柱塞泵两类。轴向柱塞泵又分为直轴式(斜盘式)和斜轴式两种,其中直轴式应用较广。

4. 液压马达

液压马达是做旋转运动的执行件。在液压系统中,液压马达把液压能转变为马达轴上的转矩和转速运动输出,即把液流的压力能转变为马达轴上的转矩输出,把输入液压马达的液流流量转变为马达轴的转速运动。

按角速度分类,液压马达有高速和低速两类。一般认为,额定转速高于 500r/min 的属于高速液压马达;额定转速低于 500r/min 属于低速液压马达。

从结构上分,常用的液压马达有齿轮马达、叶片马达和轴向柱塞马达等。若按排量是否可变,液压马达可分为定量马达和变量马达两类,图 4-5 所示为液压马达图形符号。

a)单向定量马达　b)单向变量马达　c)双向定量马达　d)双向变量马达　e)摆动马达

图 4-5　液压马达图形符号

三、液压缸

液压缸是液压系统中常见的执行元件,它是一种把液体的压力能转换成机械能、实现直线往复运动的能量转换装置。液压缸结构简单,工作可靠,在液压系统中广泛使用。

1. 液压缸的类型及其特点

液压缸按结构分为:活塞式液压缸、柱塞式液压缸、伸缩式液压缸和组合式液压缸。液压缸除了单个使用外,还可以组合起来或和其他结构相结合,以实现特殊的功能。

液压缸按作用方式分为:单作用缸和双作用缸,单作用缸只有一个外接油口,利用液压力推动活塞向着一个方向运动,而反向运动则依靠重力或弹簧力等实现。双作用式液压缸有两个外接油口,液压作用力能够双向驱动。液压缸的活塞杆只从缸体的一端伸出时,称为单杆活塞杆液压缸;活塞杆从缸体两端伸出时,称为双活塞杆液压缸。此外,当活塞的长径比 L/d 大于 3 时称为柱塞,活塞的长径比 L/d 小于 3 时称为活塞。柱塞式液压缸大都是单作用的。

2. 单活塞杆液压缸

单活塞杆液压缸结构如图 4-6a)所示,图 4-6b)是它的图形符号。

这种液压缸主要由缸筒 10、活塞 5、活塞杆 16、缸底 1 和缸盖 13 等组成。无缝钢管制成的缸筒与缸底焊接在一起,另一端缸盖与缸筒则用螺纹连接,以便拆装检修。两端进出油口 A 和 B 都可以通压力油或回油,以实现双向运动。活塞和缸筒间采用密封圈进行密封,防止压力油泄漏。此种液压缸所占的空间范围较小，其移动范围为缸体长度的两倍，故常用于大、中型设备。

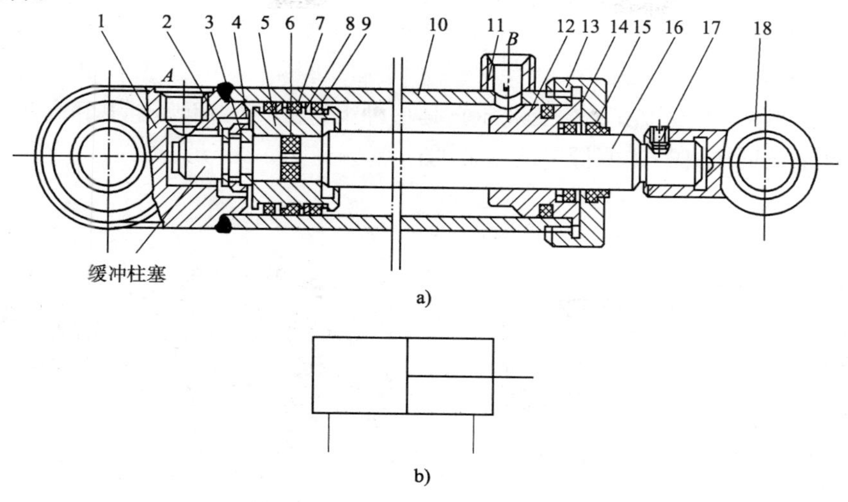

图 4-6 单活塞杆液压缸结构

1-缸底；2-弹簧挡圈；3-套环；4-卡环；5-活塞；6-O 形密封圈；7-支承环；8-挡圈；9-Y 形密封圈；10-缸筒；11-管接头；12-导向套；13-缸盖；14-密封圈；15-防尘圈；16-活塞杆；17-定位螺钉；18-耳环

3. 双活塞杆液压缸

双活塞杆液压缸结构如图 4-7 所示，由于活塞两端的有效工作面积都是 A，故其两个方向的液压推力相等，速度相等。

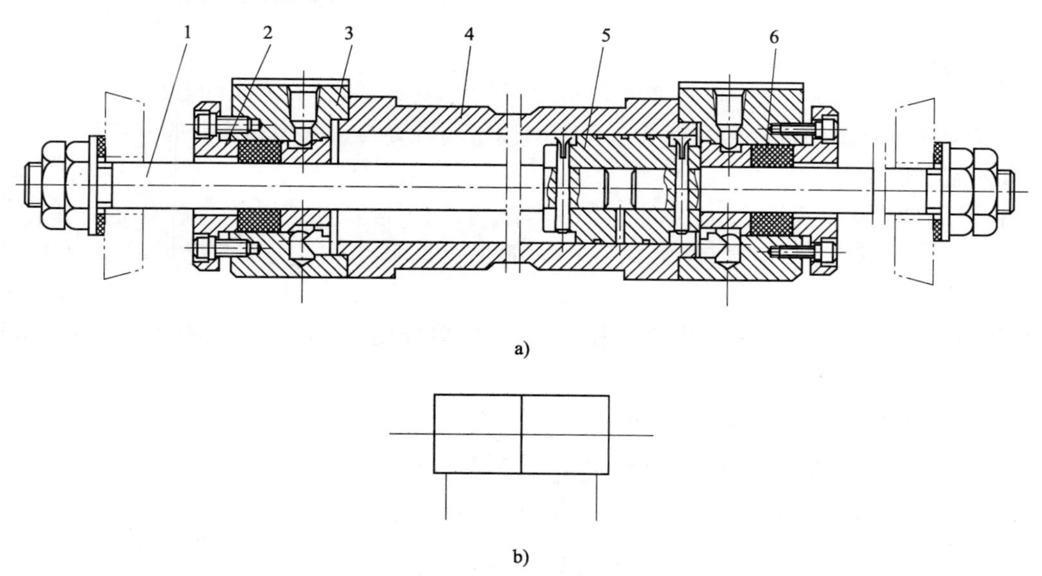

图 4-7 双活塞杆液压缸结构

1-活塞杆；2-压盖；3-缸盖；4-缸筒；5-活塞；6-密封圈

4. 柱塞式液压缸

图 4-8 所示为柱塞式液压缸结构图，它只能实现一个方向的运动，反向运动要靠外力来

推动。为能实现双向运动,通常成对反向布置使用。这种液压缸中的柱塞和缸筒不接触,运动时由缸盖上的导向套来导向,因此缸筒的内壁不需要精加工。其特别适合用于行程较长的场合。

5. 增压液压缸

图4-9所示为增压液压缸。增压液压缸是一种组合缸,它由低压缸1和高压缸3组合而成(2为密封圈),低压缸的活塞杆是高压缸的柱塞。

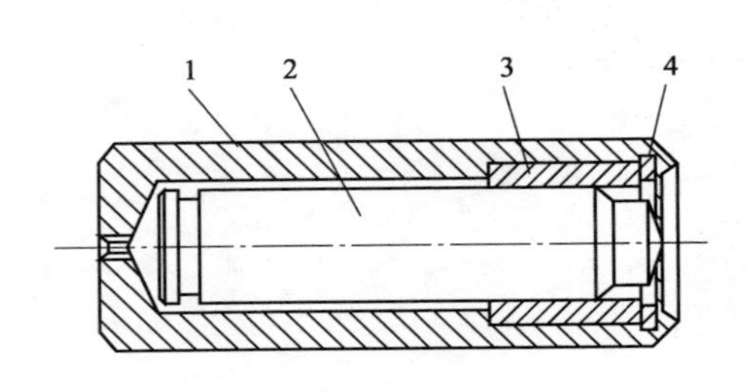

图4-8 柱塞式液压缸

1-缸筒;2-柱塞;3-导向套;4-弹簧圈

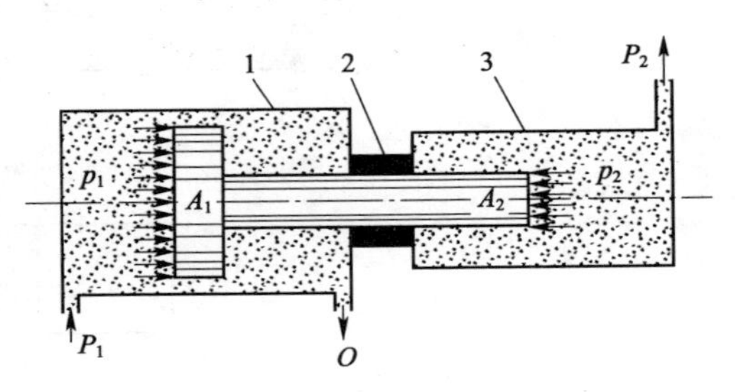

图4-9 增压液压缸

1-低压缸;2-密封圈;3-高压缸

四、液压控制元件

在液压系统中,为了保证执行机构能按设计要求安全可靠地工作,必须对液压系统中的油液在方向、流量和压力上进行控制,这些实施控制的元件称为液压控制阀。按其用途不同分为方向控制阀、流量控制阀和压力控制阀三大类。

1. 方向控制阀

方向控制阀是利用阀芯和阀体间相对位置的改变来实现阀内部某些油路的接通和断开,以满足液压系统中各换向功能要求。方向控制阀可分为止回阀和换向阀两类。

1)止回阀

止回阀的功能是只允许油液向一个方向流动,而不能反向流动。这种阀也称单向阀,对止回阀的主要性能要求是:油液向一个方向通过时压力损失要小;反向不通时密封性要好。

普通止回阀结构如图4-10所示,由阀芯(锥阀或球阀)2、阀体1和弹簧3等基本件组

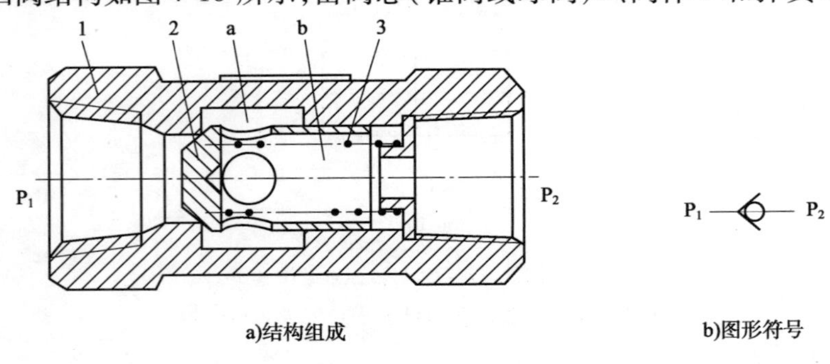

图4-10 普通止回阀

1-阀体;2-阀芯;3-弹簧

成。当压力油由 P_1 口进入时,克服弹簧力推动阀芯而使油路接通,压力油从 P_2 口流出;而当压力油从 P_2 口进入时,油液压力和弹簧力将阀芯压紧在阀座上,油液不能通过。止回阀均采用座阀式结构,这有利于保证良好的反向密封性能。止回阀开启压力一般为 0.035 ~ 0.05MPa,所以止回阀中的弹簧 3 很软。止回阀也可以用作背压阀。将软弹簧 3 更换成合适的硬弹簧,就成为压力阀。这种阀常安装在液压系统的回油路上,用以产生 0.2 ~ 0.6MPa 的背压力。

2)换向阀

换向阀是利用阀芯相对于阀体的运动,达到特定的工作位置,使不同的油路接通、关闭,从而变换液压油流动的方向,改变执行元件的运动方向。

滑阀式换向阀在液压系统中应用广泛,其主要结构形式见表 4-1。

滑阀式换向阀的结构形式 表 4-1

<table>
<tr><th>名称</th><th>结构原理图</th><th>图形符号</th><th colspan="3">使用场合</th></tr>
<tr><td>二位二通阀</td><td>A P</td><td>A
P</td><td colspan="3">控制油路的接通与断开(相当于一个开关)</td></tr>
<tr><td>二位三通阀</td><td>A P B</td><td>A B
P</td><td colspan="3">控制液流方向(从一个方向换成另一个方向)</td></tr>
<tr><td>二位四通阀</td><td>A P B T</td><td>AB
P T</td><td rowspan="4">控制执行元件换向</td><td>不能使执行元件在任一位置上停止运动</td><td rowspan="2">执行元件正反向运动时回油方式相同</td></tr>
<tr><td>三位四通阀</td><td>A P B T</td><td>AB
PT</td><td>能使执行元件在任一位置上停止运动</td></tr>
<tr><td>二位五通阀</td><td>T_1 A P B T_2</td><td>A B
T_1 P T_2</td><td>不能使执行元件在任一位置上停止运动</td><td rowspan="2">执行元件正反向运动时回油方式不同</td></tr>
<tr><td>三位五通阀</td><td>T_1 A P B T_2</td><td>A B
T_1 P T_2</td><td>能使执行元件在任一位置上停止运动</td></tr>
</table>

2. 压力控制阀

在液压系统中,用来控制液压油压力和利用液压油压力来控制其他液压元件动作的阀统称为压力控制阀。此类阀的工作是利用液压力和弹簧力相平衡的原理,按其功能和用途不同可分为溢流阀、减压阀、顺序阀和压力继电器等。

3. 流量控制阀

流量控制阀是依靠改变阀口通流面积的大小和通流通道的长短来改变液流的阻力,控制通过阀的流量，达到调节执行元件运动速度的目的。常用的流量控制阀有节流阀、调速阀等。液压系统中所使用的流量控制阀应具有以下基本性能：足够的调节范围、稳定的最小流量、温度和压力变化对流量的影响小、调节方便等。

下面以节流阀为例进行介绍。

节流阀是借助改变阀口通流面积或通道长度来改变对液流的阻力，对通过的流量起到限制作用，进而调节流量。节流阀的结构如图 4-11 所示。液压油从进油口 P_1 流入，经节流口 1 从 P_2 流出。节流口的形式为轴向三角槽式。调节手轮 4 可使阀芯 2 轴向移动，改变节流口的通流截面面积，达到调节流量的目的。

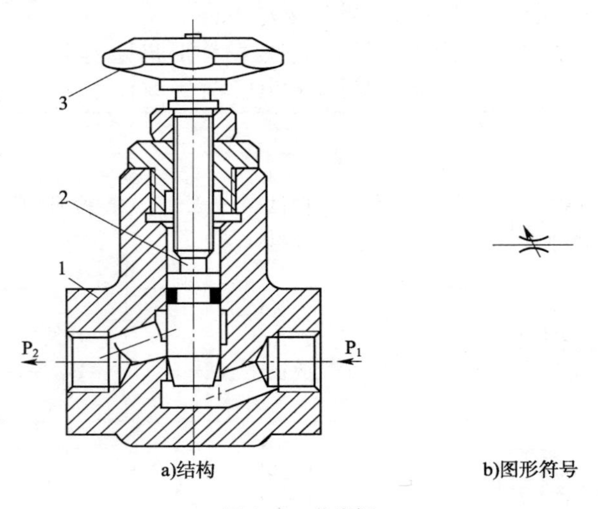

a)结构　　b)图形符号

图 4-11　节流阀

1-节流口；2-阀芯；3-顶盖

五、液压辅助元件

液压系统中的辅助装置包括蓄能器、油箱、滤油器、管件、密封件、压力表和压力表开关等。其结构、图形符号及作用见表 4-2。

液压辅助元件的结构、图形符号及作用　　表 4-2

名　　称	结构与图形符号	作　　用
蓄能器	压缩空气 液压油	液压能的油储存起来，并在系统需要时再将其释放出来的储能装置。 (1)短期大量供油； (2)维持系统压力； (3)缓和冲击，吸收脉动压力

续上表

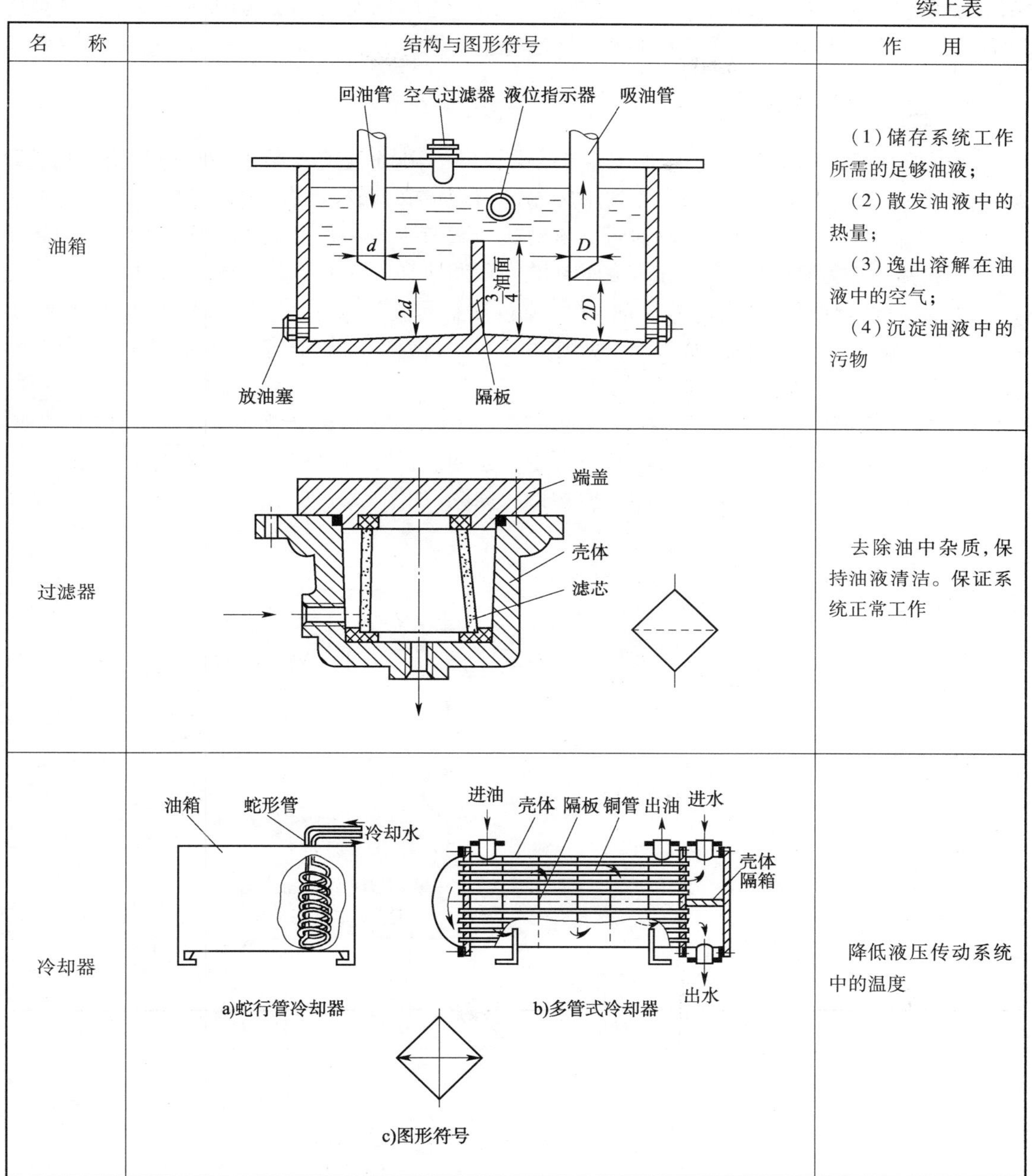

名　　称	结构与图形符号	作　　用
油箱		(1)储存系统工作所需的足够油液； (2)散发油液中的热量； (3)逸出溶解在油液中的空气； (4)沉淀油液中的污物
过滤器		去除油中杂质，保持油液清洁。保证系统正常工作
冷却器	a)蛇行管冷却器　b)多管式冷却器　c)图形符号	降低液压传动系统中的温度

第二节　液压基本回路

了解液压基本回路的知识。

任何液压系统都是由一个或多个液压基本回路所组成的。液压基本回路是指由一定的液压元件构成的用来完成特定功能的液压回路;液压基本回路按功能可分为速度控制回路、压力控制回路、方向控制回路和其他液压回路等。

一、速度控制回路

速度控制回路是调节和变换执行元件运动速度的回路,它包括调速回路和速度切换回路,其中调速回路是液压系统用来传递动力的,它在基本回路中占有重要地位。

1. 调速回路

调速回路有定量泵的节流调速、变量泵的容积调速和容积节流复合调速三种。

(1)节流调速回路:用定量泵供油,采用流量控制阀调节执行元件的流量,以实现速度调节。这种回路结构简单可靠、成本低、使用维护方便,但效率低,在小功率系统中得到广泛应用。

(2)容积调速回路:通过改变变量泵的供油流量和(或)改变变量马达的排量,以实现速度调节。容积调速回路通常有三种形式,即变量泵和定量马达容积调速回路、定量泵和变量马达容积调速回路、变量泵和变量马达容积调速回路,如图 4-12 所示。

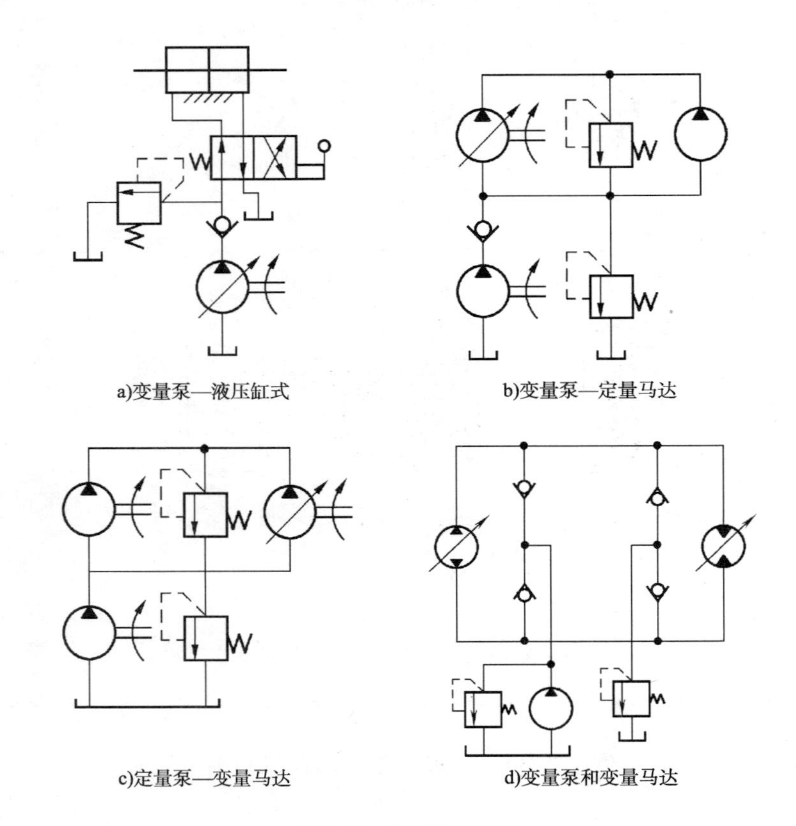

图 4-12　容积调速回路

(3)容积节流复合调速回路:容积节流调速回路采用变量泵和流量控制阀相配合的调速方法,又称联合调速。这种回路的特点是效率高、发热小(与节流调速回路比),速度稳定性好(与容积调速回路比)。它常用在调速范围大的中、小功率场合。

2. 速度切换回路

系统中常要求某一执行元件完成一定的自动工作循环。如对机床刀架，常要求其先带着刀具以快速接近工件，随后以第一种工作进给速度对工件进行加工，接着又以第二种工作进给速度进行加工，最后快速退回。这些动作如用液压系统完成，就需要使用速度切换回路。常采用行程阀或行程开关切换执行元件的速度和方向，用工作压力的变化切换速度和用调速阀串联或并联进行速度的切换。

快速与慢速的切换回路如图 4-13 所示。这种回路可能实现快进—工进—快退—停止的工作循环。当电磁铁 lYA、3YA 通电时，液压泵的压力油经二位三通阀全部进入液压缸中，工作部件实现快速运动。当 3YA 断电，切换油路，则液压泵的压力油经调速阀进入液压缸，将快进切换为工作进给。当工进结束后，运动部件碰到止挡块即停留，液压缸工作腔压力升高，压力继电器发信号，使 1YA 断电，2YA、3YA 通电，工作部件快速退回。

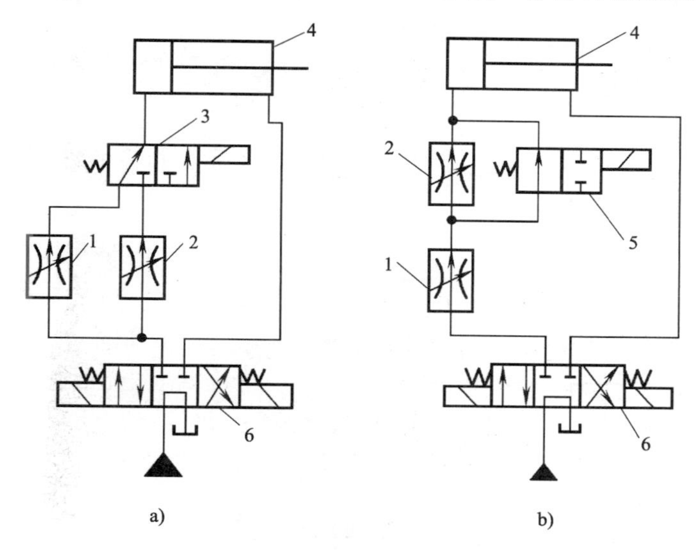

图 4-13　快速与慢速的切换回路

二、压力控制回路

压力控制回路是控制液压系统整体或某部分的压力，以使执行元件获得所需的力或力矩或保持受力状态的回路。这类回路主要包括调压、减压、平衡、卸荷等多种。

1. 调压回路

在定量泵系统中，液压泵的供油压力可以通过溢流阀来调节。在变量泵系统中，用安全阀来限定系统的最高压力，防止系统过载。常见的单级调压回路如图 4-14 所示，定量泵输出的流量大于进入液压缸的流量，而多余油液便从溢流阀流回油箱。调节溢流阀便可调节泵的供油压力，溢流阀的调定压力必须大于液压缸最大工作压力和油路上各种压力损失的总和。

2. 减压回路

减压回路的功用是使系统中的某一部分油路具有较低的稳定压力。最常见的减压回路通过减压阀与主油路相连，如图 4-15 所示。主油路压力降低(低于减压阀 1 的调整压力)

时，回路中的止回阀可以防止油液倒流，起到短时保压作用。减压回路中也可以采用比例减压阀来实现无级减压。

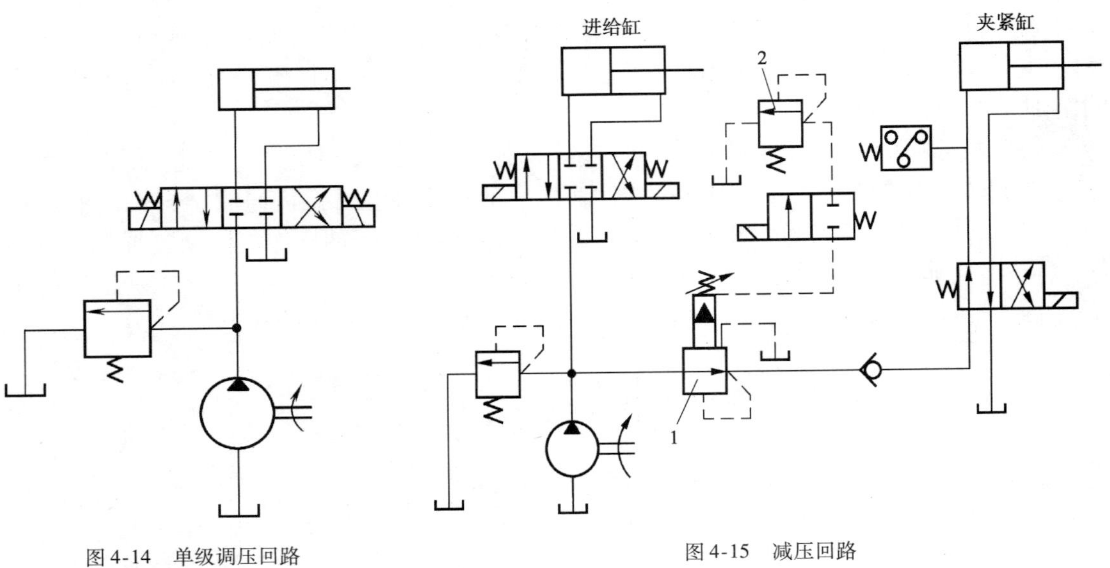

图 4-14 单级调压回路

图 4-15 减压回路
1-减压阀；2-溢流阀

3. 卸荷回路

卸荷回路的功用是在液压泵驱动电动机不需要频繁启闭的情况下，使液压泵在零压或很低压力下运转，以减少功率损耗，降低系统发热，延长液压泵和电动机的使用寿命。如图 4-16 所示是以 H 型三位四通电磁阀的中位实现泵卸荷。这种卸荷方式结构简单，液压泵在极低的压力下运转，但切换时只适用于低压、小流量的系统。

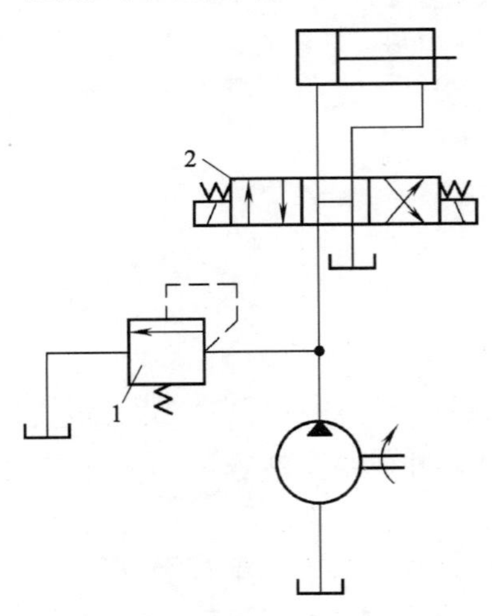

图 4-16 卸荷回路
1-溢流阀；2-三位四通电磁阀

三、方向控制回路

常用的方向控制回路有：执行元件的启动、停止（包括锁紧）和换向回路。

1. 启停回路

在执行元件需要频繁地启动或停止的液压系统中，一般不采用启动或停止液压泵电动机的方法来使执行元件启停，因为这对液压泵、电动机和电网都是不利的。因此，在液压系统中经常采用启停回路来实现这一要求。

2. 换向回路

采用二位四通阀或三位四通阀就可使执行元件换向。

（1）电磁阀换向回路：用二位（或三位）四通电磁阀换向最为方便。但电磁阀动作快，换向有冲击。另外，交流电磁阀一般不宜作频繁的切换。采用电液换向阀时，虽然其中液动阀的移动速度可调节，换向冲击较小，但仍不能解决频繁切换问题。

（2）机—液换向阀换向回路：用机动阀换向时，可以通过工作机构的挡块和杠杆，直接使阀换向,这样就省去了使电磁换向阀换向的行程开关、继电器和电磁铁等中间环节,且换向频率不会受到电磁阀的限制。

第三节 液压传动在汽车上的应用

学习目标

1. 了解液压传动在自动变速器上的应用。
2. 了解液压传动在液压制动系统上的应用。
3. 了解液压传动在液压动力转向系统上的应用。

一、液力自动变速器

1. 自动变速器液压控制系统的组成

自动变速器的自动控制是靠液压控制系统来完成的。汽车自动变速器可分为电控液力自动变速器(automatic transmission,AT)、电控机械自动变速器(automated mechanical transmission,AMT)和无级变速器(continuously variable transmission,CVT)三种类型。电控液力自动变速器(AT)是普遍应用的一种自动变速器,主要由液力变矩器、行星齿轮变速器和电子液压换挡控制系统三大部分组成。

液力变矩器泵轮驱动的液压泵做动力源,它除了向控制机构、执行机构供给压力油以实现换挡外,还给液力变矩器提供冷却补偿油、向行星齿轮变速器供应润滑油。执行机构包括各挡位离合器、制动器的液压缸。液压控制系统包括主油路调压阀、手动阀、换挡阀和锁止离合器控制阀等,如图 4-17 所示。

2. 自动变速器液压控制系统工作原理

油泵将自动变速器油从自动变速器油底壳中泵出来、加压,并经过主调压阀的调压,形成一定的压力,一般称为主油压(或管道压力)。主油压作用在节气门阀和速控阀上,分别产生与节气门开度和车速成正比的节气门油压和速控油压。节气门油压和速控油压作用在换挡阀上,以控制换挡阀的动作。节气门油压和速控油压还要反馈给主调压阀,以根据节气门的开度和车速调节主油压。主油压经过手动阀后作用在各换挡阀上,换挡阀的动作切换油道,使经过手动阀的主油压作用到不同的换挡执行元件(离合器、制动器)以得到不同的挡位。主油压还作用到副调压阀上,并把 ATF 分别送到油冷却器进行冷却、送到机械变速器相应元件处进行润滑和送到液力变矩器作为液力变矩器的工作介质。

二、液压制动系统

制动系统在车辆行车和驻车的安全方面始终扮演着至关重要的角色,本节只从防抱死制动系统(ABS)进行介绍。

ABS(anti - lock brake system)即防抱死制动系统,其主要功用是在汽车制动时防止车轮抱死。目前 ABS 都是在常规制动系统的基础上,增设了一套电子控制系统而构成的,控制过程也是在常规制动过程的基础上进行的。其主要功用是在汽车制动过程中不断调整制动油压,在制动过程中实时判定车轮的滑移率,自动调节作用在车轮上的制动器制动力,防止车轮抱死,从而获得最佳制动效能。

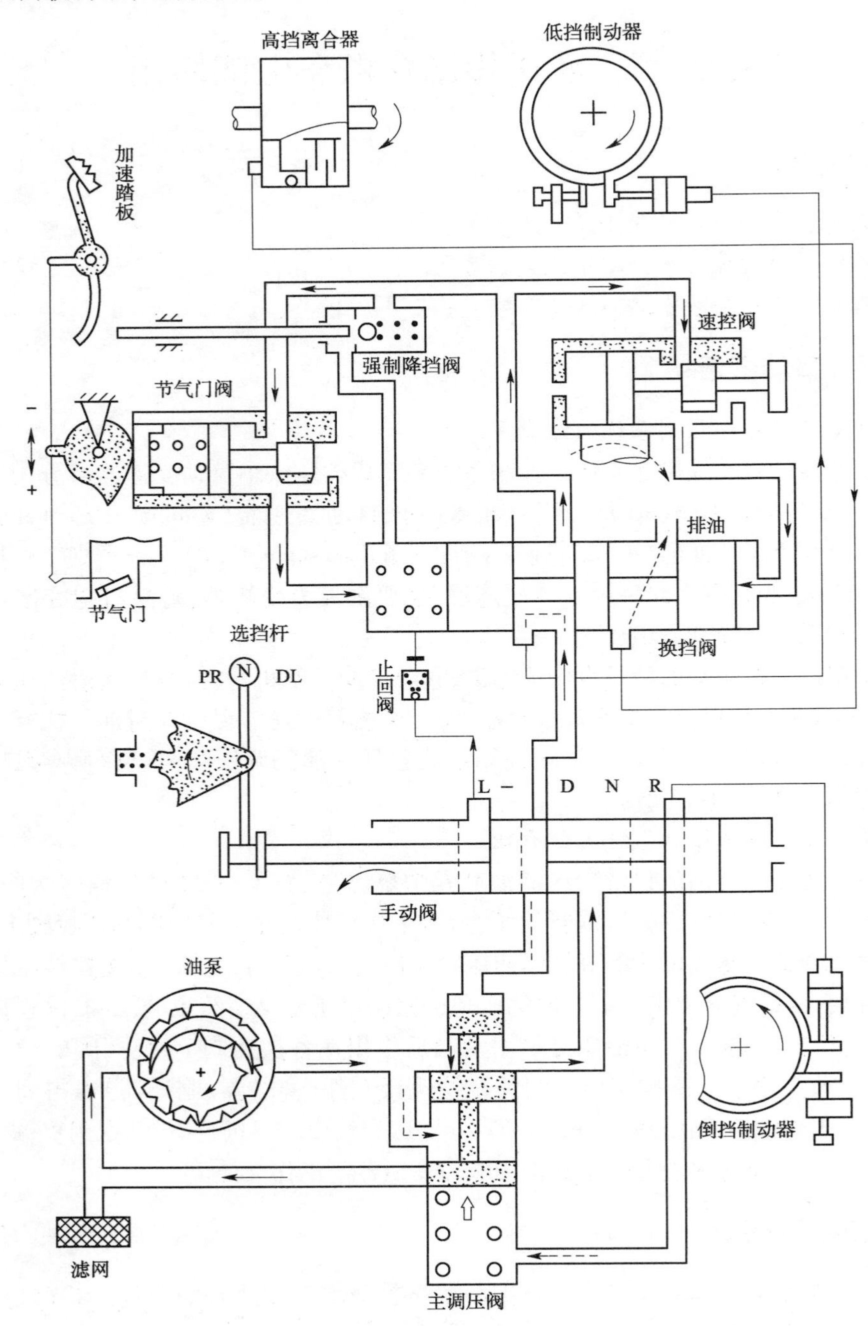

图 4-17 液压控制系统的组成

ABS 工作时有四种不同的压力调节模式:普通制动、保压制动、减压制动和增压制动。这四种调节模式由 ABS 压力调节装置实现,如图 4-18 所示。紧急制动时,一旦发现某个车轮抱死，计算机立即使该轮的制动轮缸减压，使车轮恢复转动；待制动力低到一定程度又迅速恢复制动，其反应及动作速度极快。

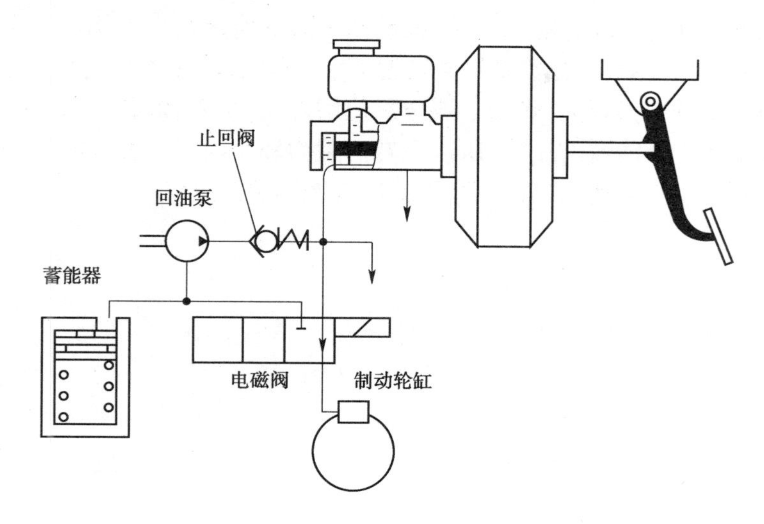

图4-18　ABS压力调节装置

普通制动时，电磁阀使其到制动主缸和制动轮缸通道接通，回油泵不工作，这样，来自制动主缸的制动液经电磁阀进入制动轮缸，制动轮缸内的制动压力随着制动主缸内压力的变化而变化。

减压制动时，电磁阀关闭通向制动主缸的通道，将制动轮缸和回油通道接通，这样制动轮缸内的制动液经电磁阀流回蓄能器，从而减小该车轮上的制动压力。同时，回油泵工作，将蓄能器内的制动液泵送到制动主缸。

保压制动时，电磁阀处于中间位置，电磁阀将所有通道关闭，同时切断回油泵电动机电源使回油泵停止工作，从而使制动轮缸内的制动压力保持现有状态。

增压制动时，回油泵停止工作，电磁阀回到普通制动模式的工作位置，来自制动主缸的制动液经电磁阀进入制动轮缸，以增大该车轮的制动压力。

三、液压动力转向系统

液压式动力转向系统按液流的形式一般可以分为常流式和常压式两种。

1. 常流式液压式动力转向系统

常流式是指汽车在行驶中转向盘保持不动，控制阀中的滑阀在中间位置时油路保持畅通，即油液从油罐吸入液压泵，又被液压泵排出，经控制阀回到油罐，一直处于常流状态。液压泵空转时，动力缸的两腔都与回油路相通，只有当驾驶人转动转向盘时，控制阀中的滑阀才移动。关闭了常流油路，液压泵排出的油液经控制阀进入动力缸的一腔，在地面转向阻力的作用下产生压力，推动动力缸活塞起助力作用。这种形式的动力转向系统机构相对简单，液压泵常处在不工作状态。所以它的寿命较长、消耗的功率也小，在国内外的应用比较广泛。

2. 常压式液压式动力转向系统

常压式是指汽车行驶中，无论转向盘转动或不转动，整个液压系统一直保持高压。通常

用蓄能器保持压力，控制阀是常闭的。平时液压泵工作以提高蓄能器的压力，达到最大工作压力后，液压泵自动卸载而空转。当驾驶人转动转向盘通过转向摇臂带动控制阀中的滑阀移动时，高压油便立即进入动力缸的一腔，推动动力缸活塞起加力作用。与常流式相比，常压式液压元件多，结构复杂；蓄能器是用氮气做工作介质的，增加了充氮的工序；对系统的密封要求更高；液压泵的磨损较大，降低了液压泵使用寿命；由于转向时不论转向阻力大还是小，使用压力总是等于蓄能器的压力，所以在转向阻力较小时，消耗的功率也较大。由于这些问题的存在，限制了它的使用，目前常压式转向系统应用较少。

第五章　汽车维修工量具、仪表和设备基础知识

第一节　汽车常用手动工具的基础知识

学习目标

掌握汽车常用手动工具的基础知识。

一、扳手

扳手用于拆装有棱角的螺栓和螺母。汽车修理常用的有开口扳手、梅花扳手、套筒扳手、活动扳手、扭力扳手、管子扳手和特种(棘轮)扳手。

1. 开口扳手

开口扳手的规格以两端开口的宽度 S(mm)来表示的,如 8～10、12～14 等。通常是成套装备,有 8 件一套、10 件一套等。常用 45、50 钢锻造,并经热处理。适用于拆装标准规格的螺栓和螺母,如图 5-1 所示。

2. 梅花扳手

梅花扳手的两端是环状的,环的内孔由两个正六边形互相同心错转 30°而成。其规格是以闭口尺寸 S(mm)来表示,如 8～10、12～14 等;通常是成套装备,有 8 件一套、10 件一套等;通常用 45 钢或 40Cr 锻造,并经热处理。梅花扳手两端似套筒,能将螺栓或螺母的头部套住,工作时不易滑脱。有些螺栓和螺母受周围条件的限制,梅花扳手尤为适用,如图 5-2 所示。

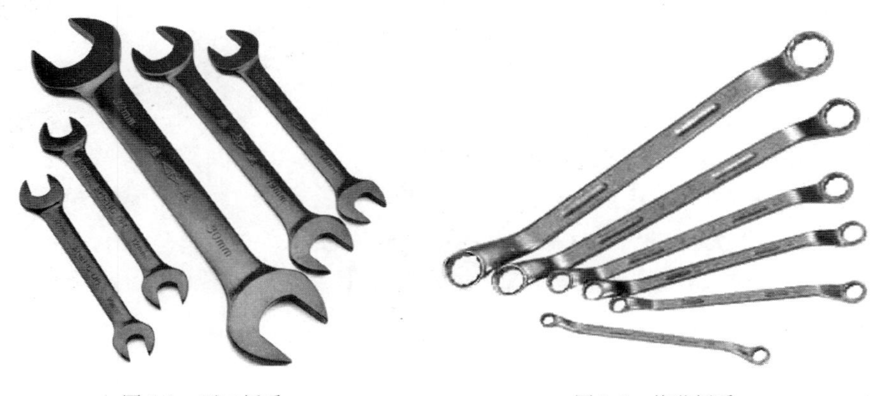

图 5-1　开口扳手　　　图 5-2　梅花扳手

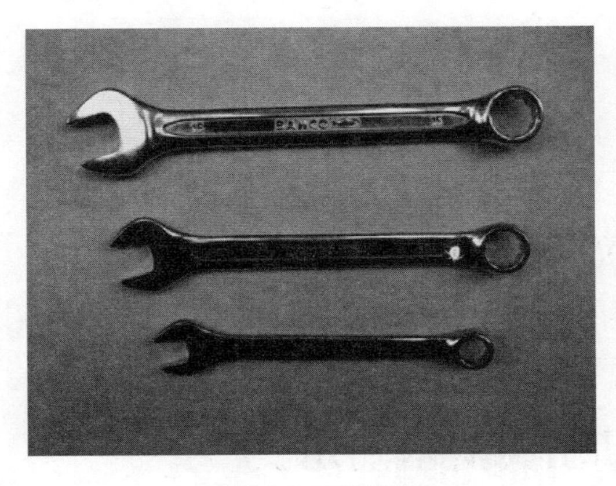

图 5-3　两用扳手

还有一种两用扳手,两头分别是开口扳手和梅花扳手,两端拧转相同规格的螺栓或螺母。适用条件范围较广,使用便携,如图 5-3 所示。

3. 套筒扳手

套筒扳手每套有 13 件、17 件、24 件三种。适用于拆装某些螺栓和螺母由于位置所限,普通扳手不能工作的地方。拆装螺栓或螺母时,可根据需要选用不同的套筒和手柄。

一般套筒扳手是指带有套筒的扳手,例如:T 型套筒扳手、L 型穿孔扳手、三叉扳手、十字轮胎扳手等,均称为套筒扳手,在无须其他辅助配件的情况下亦可使用,如图 5-4 所示。

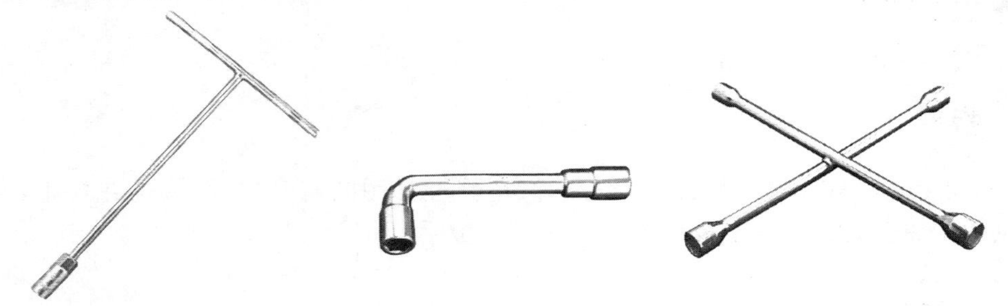
图 5-4　套筒扳手

4. 活动扳手

活动扳手开口尺寸能在一定的范围内任意调整,使用场合与开口扳手相同,适用于不规则螺栓或螺母。但活动扳手操作起来不太灵活。其规格是以最大开口宽度(mm)来表示的,常用有 150mm、300mm 等,通常是由碳素钢(T)或铬钢(Cr)制成的。

使用时,应将钳口调整到与螺栓或螺母的对边距离同宽,并使其贴紧,让扳手可动钳口承受推力,固定钳口承受拉力。

扳手长度有 100mm、150mm、200mm、250mm、300mm、375mm、450mm、600mm 几种,如图 5-5 所示。

图 5-5　活动扳手

5. 扭力扳手

扭力扳手用以配合套筒拧紧螺栓或螺母。是一种可读出所施力矩大小的专用工具。其规格是以最大可测力矩来划分的,常用的有 294N·m、490N·m 两种。

扭力扳手除用来控制螺纹件旋紧力矩外,还可以用来测量旋转件的起动转矩,以检查配合、装配情况,如图 5-6 所示。

6. 特种扳手

特种扳手或称棘轮扳手,应配合套筒扳手使用。一般用于螺栓或螺母在狭窄的地方拧

紧或拆卸,它可以不变更扳手角度就能拆卸或装配螺栓或螺母,如图5-7所示。

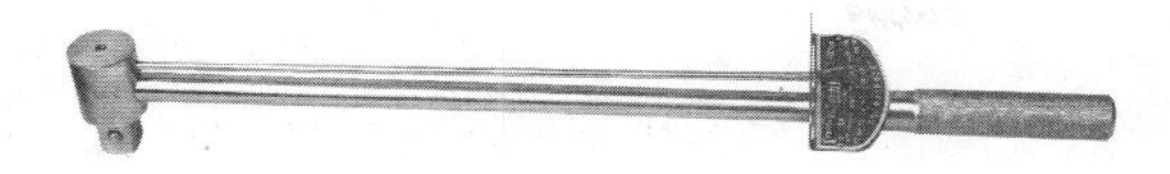

图5-6　扭力扳手

图5-7　特种(棘轮)扳手

二、套筒套件

当用于螺母端或螺栓端完全低于被连接面,且凹孔的直径不能用于开口扳手或活动扳手及梅花扳手,就用套筒扳手,另外就是螺栓件空间限制,也只能用套筒扳手。

在实际使用中一般也将棘轮扳手、L型扳手、F杆等与套筒套件合称为套筒扳手,顾名思义套筒与扳手的结合。一般用户在使用的过程中,套筒与扳手必须结合使用,两种缺一不可,在市场上综合性套筒组套流动得比较多,因此套筒扳手成了套筒与扳手的代称。

一般根据套筒的规格形状而定,顾名思义为套住螺栓使用的。一般分为6角和12角,也有少数不常规件为8角和4角。套筒扳手规格多数根据器械螺栓的形状规格而定。市场上一般比较常规的就是6角和12角的,在市场上流通最多的也就是内六角套筒和内12角套筒,如图5-8所示。

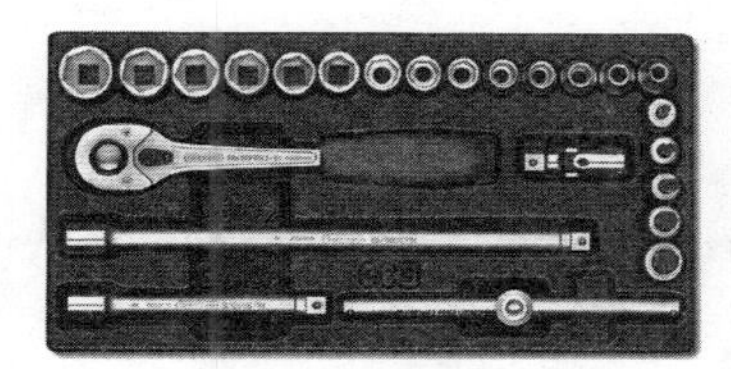

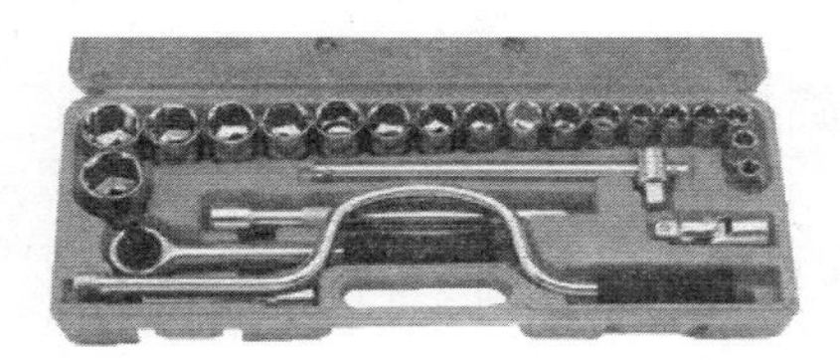

图5-8　套筒组件

三、锤子

锤子也称榔头或手锤,属于捶击类工具。主要用于捶击錾子、冲子等工具或用来敲击工件,使工件变形、产生位移、振动,从而达到校正、整形等目的。由锤头和手柄组成。锤头质量有0.25kg、0.5kg、0.75kg、1kg等。手柄用硬杂木制成,长一般为320~350mm,如图5-9所示。

图5-9　锤子

锤子按锤头形状不同可分为圆头锤、方锤、钣金锤等,按锤头材料不同可分为铁锤、软面锤(木槌、橡胶锤、塑料锤)等。

1. 铁锤

铁锤锤头的材料多由碳素工具钢锻制而成,在汽车维修中经常用到的铁锤有圆头锤、方锤、钣金锤等。圆头锤是最常用的一种锤子,它一头为平头,另一头为圆头。平头用来锤击冲子和錾子等工具,而圆头用来铆接和锤击垫片,如图 5-10 所示。

2. 软面锤(软头锤)

软面锤主要用来击打不允许留下痕迹或易损坏的部位。主要应用在汽车装配过程中,用于敲击零部件,从而使零件之间形成更好的配合,如图 5-11 所示。根据软面锤头部使用材料的不同,可分为橡胶锤、塑料锤和木槌。

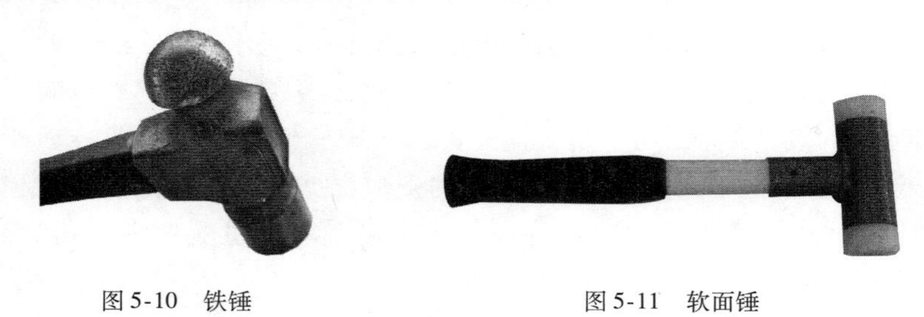

图 5-10　铁锤　　图 5-11　软面锤

四、旋具

旋具又称螺丝刀、起子等,是用来拧紧或旋松带槽螺钉的工具。按其头部形状可分为一字形和十字形两种,如图 5-12 所示。

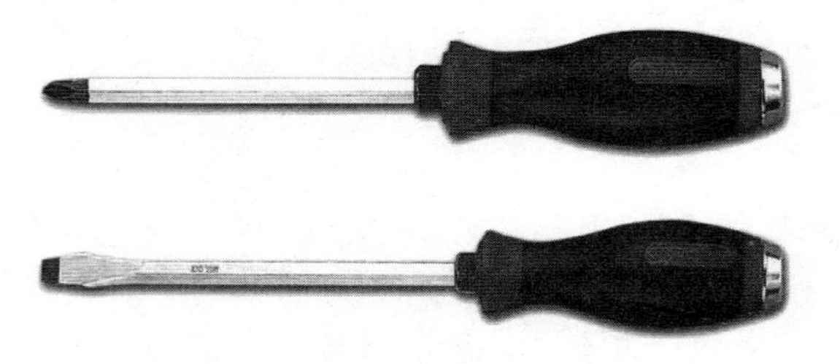

图 5-12　旋具

使用时,手握持旋具,手心抵住旋具柄端,让旋具口端与螺钉槽口处于垂直吻合状态。当开始拧松或最后拧紧时,应用力将旋具压紧后再用手腕力扭转旋具。当螺钉松动后,即可使手心轻压住旋具柄,用拇指、中指和食指快速扭转。使用较长的螺钉旋具时,可用右手压紧和转动旋具柄,左手握在旋具柄中部,防止旋具滑脱,以保证安全工作。使用完毕,应将旋具擦拭干净。

五、钳子

钳子是一种用于夹持、固定加工工件或者扭转、弯曲、剪断金属丝线的手工工具。钳子种类很多,汽车修理常用锂鱼钳和尖嘴钳两种。鲤鱼钳,用手夹持扁的或圆柱形零件,带刃口的可以切断金属,如图 5-13 所示。尖嘴钳,用于在狭小地方夹持零件,如图 5-14 所示。

图 5-13　鲤鱼钳

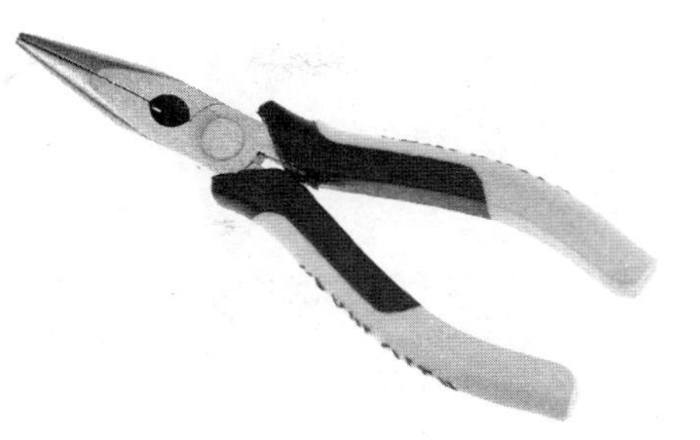
图 5-14　尖嘴钳

六、其他手动工具

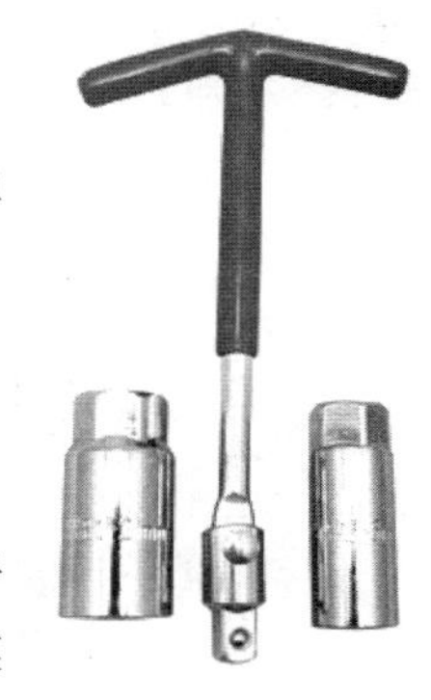
图 5-15　火花塞套筒

汽车修理常用的其他手动工具有火花塞套筒、活塞环装卸钳、气门弹簧装卸钳等。

1. 火花塞套筒

火花塞套筒用于拆装发动机火花塞,如图 5-15 所示。

2. 活塞环装卸钳

活塞环装卸钳用于装卸发动机活塞环,避免活塞环受力不均匀而折断。使用时,将活塞环装卸钳卡住活塞环开口,轻握手柄,慢慢收缩,活塞环就慢慢张开,将活塞环装入或拆出活塞环槽,如图 5-16 所示。

3. 气门弹簧装卸钳

气门弹簧装卸钳用于装卸气门弹簧。使用时,将钳口收缩到最小位置,插入气门弹簧座下,然后旋转手柄。左手掌向前压牢,使钳口贴紧弹簧座,装卸好气门锁(销)片后,反方向旋转气门弹簧装卸手柄,取出装卸钳,如图 5-17 所示。

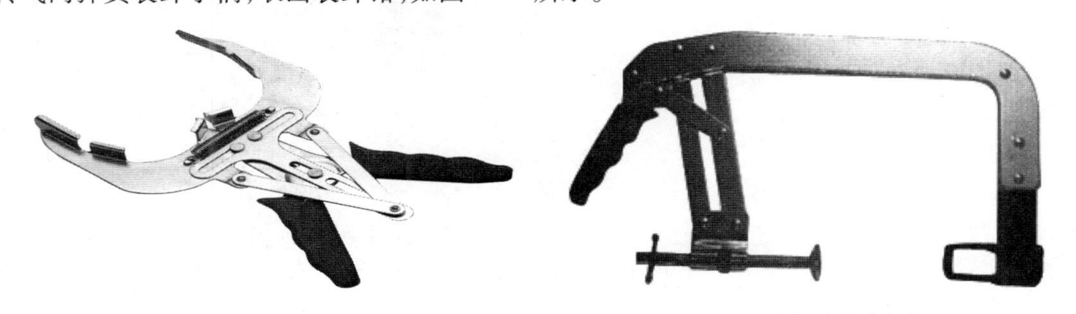
图 5-16　活塞环装卸钳

图 5-17　气门弹簧装卸钳

第二节　气动工具和电动工具的基础知识

学习目标

掌握气动工具和电动工具的基础知识。

在汽车维修工作中,仅靠手工工具是不够的,这就会用到很多电动工具及气动工具。汽车维修中常见的电动工具及气动工具有手电钻、砂轮机、气动扳手、气动棘轮扳手等。

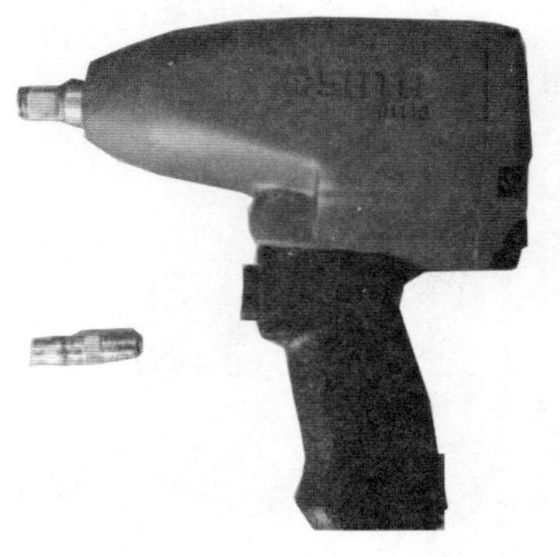

图 5-18　气动扳手

一、气动扳手

气动扳手是一种用于快速拆装螺栓或螺母的操作工具。根据所拆卸的螺栓力矩大小不同,所采用的气动工具也不相同。常见的气动工具有气动扳手和气动棘轮扳手两种,如图 5-18 所示。

使用气动扳手时,一定要握紧,并站在一个安全舒适且容易施力的位置,用手按动气源开关,在气压的作用下,使套筒带动螺栓、螺母自动旋拧。

大多数气动扳手都设有高低挡之分,使用中一定要注意力矩的大小,如果力矩过大,可能会拧断螺栓。

使用气动扳手拧紧螺栓后,要使用专用扭力扳手进行复查,以确保达到正常力矩。气动工具在使用完毕后,应及时关闭空气源,并分离气动工具及空气源,收起供气管路。

二、砂轮机

砂轮机主要用于磨削金属、工件等。常见的砂轮机有台式砂轮机和手持式砂轮机两种,台式砂轮机如图 5-19 所示。另外,根据所采用的材料不同,砂轮可分为粗粒砂轮和细粒砂轮。

图 5-19　砂轮机

电动砂轮机的尺寸和转速各不相同。砂轮机的尺寸是指它所能带动的最大砂轮的直径。砂轮上标有最大安全转速。

磨削前,要先让砂轮以一定的工作速度空转一段时间,使其达到最高转速。打磨工件,不可用力太大,以防损坏砂轮或工件从手中滑脱。磨削时手要适当地靠近砂轮,并把工件放置成正确的角度。磨削小工件时,不能直接用手抓工件,而需用手钳夹住,这样可避免把手磨伤或是砂轮把工件卡住,如图5-20所示。

其次,还要注意使用砂轮磨工件时,不能只使用砂轮的一侧,否则可能导致砂轮损坏。使用砂轮时,人不要站在与砂轮平面同一平面线上,应有一定夹角,防止砂轮破裂飞出伤人。台式砂轮机无法磨削的特殊工件或特殊部件处,就要使用手持式砂轮机。手持式砂轮机使用的砂轮最大直径为 125mm,如图 5-21 所示。

手持式砂轮机的砂轮圆面起切削作用,如果不能使用钢锯,也可使用专用的砂轮来切断金属,这时起磨削作用的是砂轮边缘。

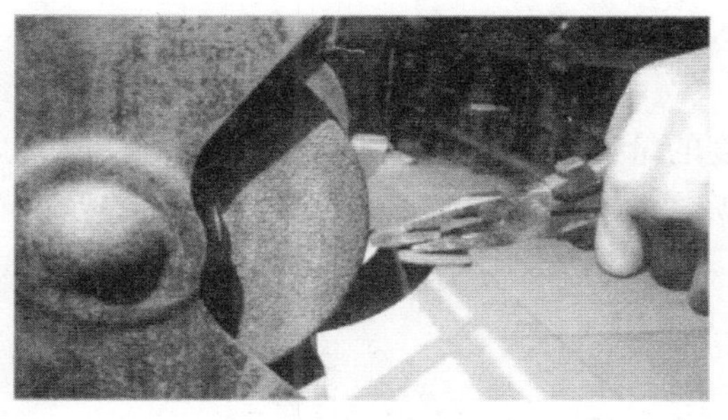

图 5-20　砂轮机使用

图 5-21　手持式砂轮机

三、电钻

常见的电钻有台式钻床(简称台钻)和手电钻两种,主要用于金属钻孔作业。手电钻便于携带但加工精度不高,台式钻床易于控制,钻孔精度高,但移动困难。手电钻在汽车维修中使用得更加广泛。

手电钻有手提式和手枪式两种,手电钻内部由电动机和两级减速齿轮组成,如图 5-22 所示。

手电钻有用外电源驱动和内置电池驱动两种形式,其最高转速和能使用的最大钻头都标在手电钻的铭牌上面。

使用手电钻必须注意安全,操作时要戴上绝缘手套。使用时要用体力压紧,且用力不得过猛,发现手电钻转速降低时,应立即减轻压力,否则会造成刃口退火或损坏手电钻,如图 5-23 所示。

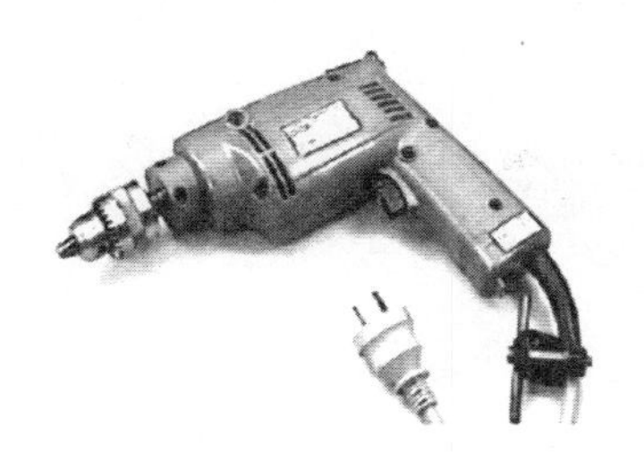

图 5-22　手电钻

图 5-23　手电钻不规范使用图例

使用手电钻时,工件松动或手电钻把持不稳等因素都会造成钻头折断,所以,钻孔时要保持钻头与工件相对固定,并控制好走刀量。

第三节　量具和仪表的基础知识

学习目标

1. 掌握量具的基础知识。
2. 掌握仪表的基础知识。

一、游标量具

游标卡尺是一种用来测量长度、内外径、深度的量具。常见的游标卡尺可分为普通游标卡尺、带表游标卡尺和数显游标卡尺(又称电子游标卡尺);带表游标卡尺用百分表取代了游标尺,数显游标卡尺用数字显示屏取代了游标尺。各类游标卡尺如图5-24所示。

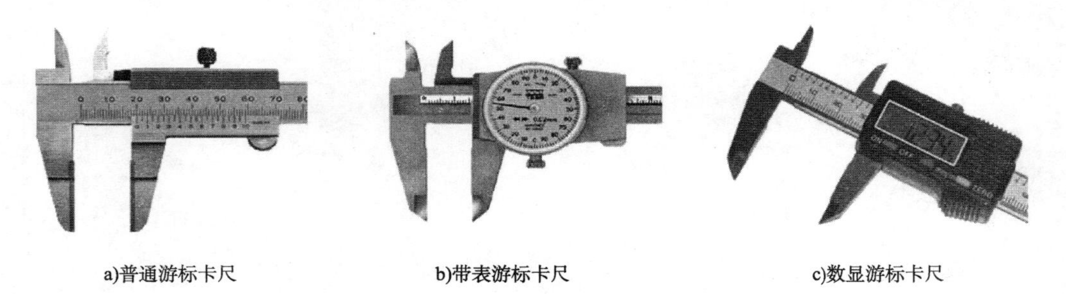

图5-24　游标卡尺

1. 游标卡尺的结构

游标卡尺由主尺(尺身)和附在主尺上能滑动的游标两部分构成。游标卡尺的主尺和游标上有两副活动量爪,分别是内测量爪和外测量爪,内测量爪通常用来测量内径,外测量爪通常用来测量长度和外径。深度尺与游标连在一起,可以测量槽和筒的深度。主尺上刻有主刻度线,滑动爪上刻有游标刻度。游标卡尺结构见图5-25所示。

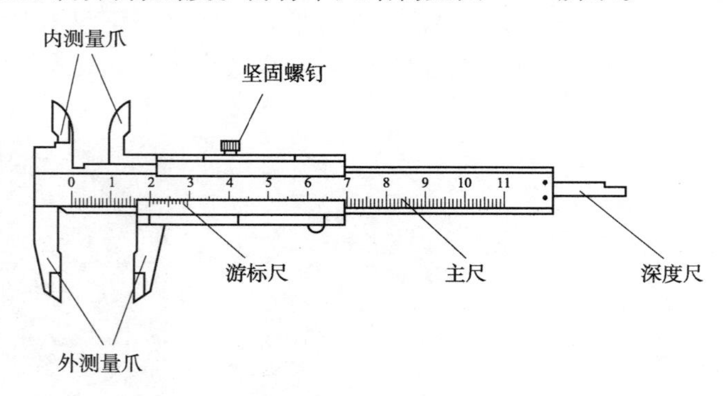

图5-25　游标卡尺结构

2. 游标卡尺的读数

在汽车维修工作中,0.02mm精度的游标卡尺使用最多。主刻度尺是以毫米来划分刻度的,将1cm平均分为10个刻度,在厘米刻度线上标有数字1、2、3等,表示为1cm、2cm、3cm等。主刻度尺每个刻度为1mm,游标刻度尺每个刻度为49mm/50 = 0.98mm,所以主刻度尺和游标刻度尺每一刻度尺差为0.02mm 。这就是此游标刻度尺的测量精度。

游标卡尺的读数与卡尺的主尺、副尺和精度有关,游标卡尺的读数 = 主尺读数 + 副尺读数 × 精度。读数时,首先读出游标零线左边与主刻度尺身相邻的第一条刻线的整毫米数,即测得尺寸的整数值。再读出游标尺上与主刻度尺刻度线对齐的那一条刻度线所表示的数值,即为测量值的小数。把从主尺上读得的整毫米数和从游标尺上读得的毫米小数加起来即为测得的实际尺寸,如图5-26所示。

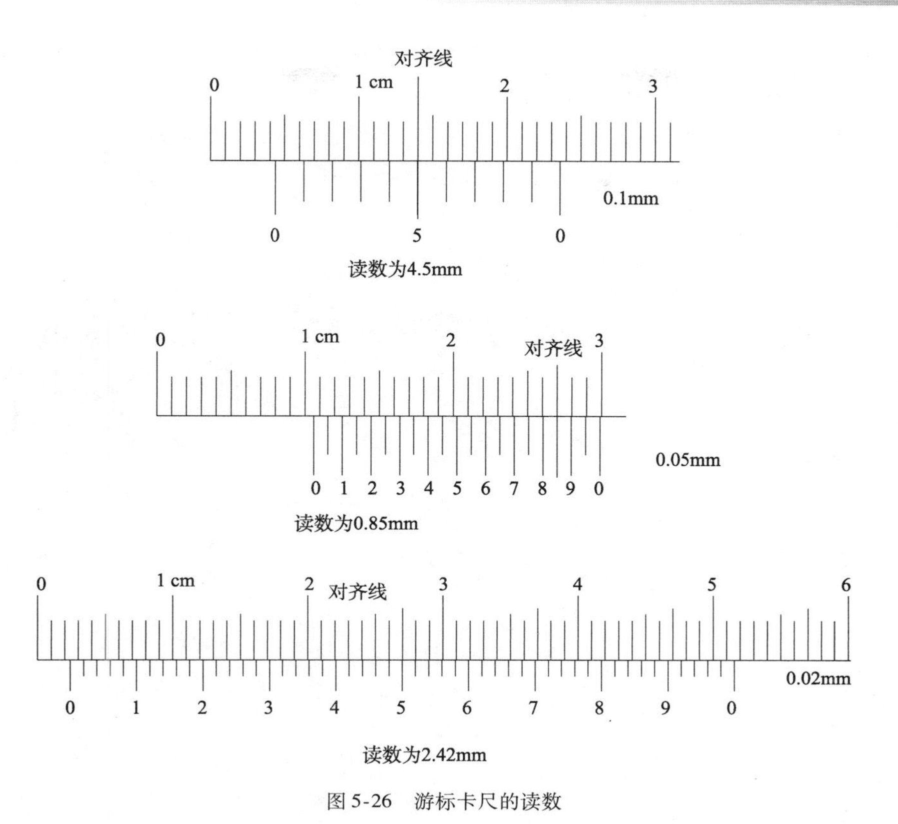

图 5-26　游标卡尺的读数

二、千分尺

千分尺也称为螺旋测微器，它是利用螺纹节距来测量长度的精密测量仪器，是一种用于测量加工精度要求较高的零部件，汽车维修工作中一般使用可以测至 1/100mm 的千分尺，其测量精度可达到 0.01mm。常见的千分尺如图 5-27 所示。

图 5-27　千分尺

外径千分尺是用于外径宽度测量的千分尺，测量范围一般为 0 ~ 25mm。根据所测零部件外径粗细,可选用测量范围为0～25mm、25～50mm、50～75mm、75～100mm等多种规格的千分尺。

1. 千分尺的结构

外径千分尺的构造如图5-28所示,主要由测砧、测微螺杆、尺架、固定套筒、套管、棘轮旋钮及锁紧装置等部件组成。

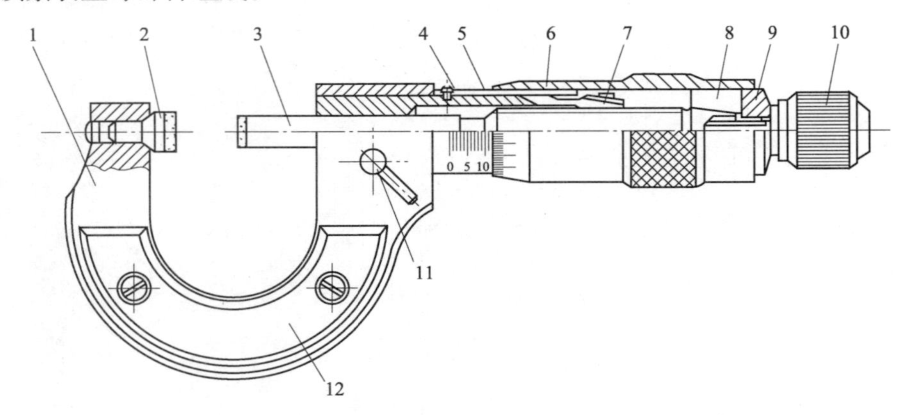

图5-28　0～25mm外径千分尺结构

1-尺架;2-固定测砧;3-测微螺杆;4-螺纹轴套;5-固定刻度套筒;6-微分筒;7-调节螺母;8-接头;9-垫片;10-棘轮旋钮;11-锁紧螺钉;12-绝热板

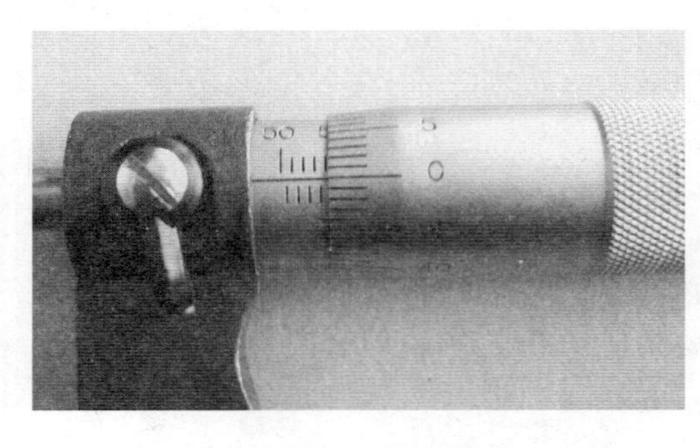

图5-29　千分尺刻度

2. 外径千分尺的读数

固定套筒上刻有刻度,测轴每转动一周即可沿轴方向前进或后退0.5mm。活动套管的外圆上刻有50等份的刻度,在读数时每等份为0.01mm,它是旋转运动的,如图5-29所示。棘轮旋钮的作用是保证测轴的测定压力,当测定压力达到一定值时,限荷棘轮即会空转。如果测定压力不固定则无法测得正确尺寸。

套筒刻度可以精确到0.5mm(可以读至0.5mm),由此以下的刻度则要根据套筒基准线和套管刻度的对齐线来读取读数。如图5-30a)所示,套筒上的读数为55mm,套管上的0.01mm的刻度线对齐基准线,因此读数是:55mm+0.01mm=55.01mm。

又如图5-30b)所示,套筒上的读数为55.5mm,套管上的0.45mm的刻度线对齐基准线,因此读数是:55.5mm+0.45mm=55.95mm。

三、百分表、量缸表

百分表利用指针和刻度将心轴移动量放大来表示测量尺寸,主要用于测量工件的尺寸误差以及配合间隙,如图5-31所示。

量缸表又称内径百分表,是一种借助于百分表为读数机构,配备杠杆传动系统或楔形传动系统的杆部组合而成的。是一种比较性测量仪器,在汽车维修中主要用于测量发动机汽

缸和轴承座孔的圆度误差、圆柱度误差或零件磨损情况，其测量精度为0.01mm。主要包括百分表、表杆、替换杆件和替换杆件紧固螺钉等，如图5-32所示。

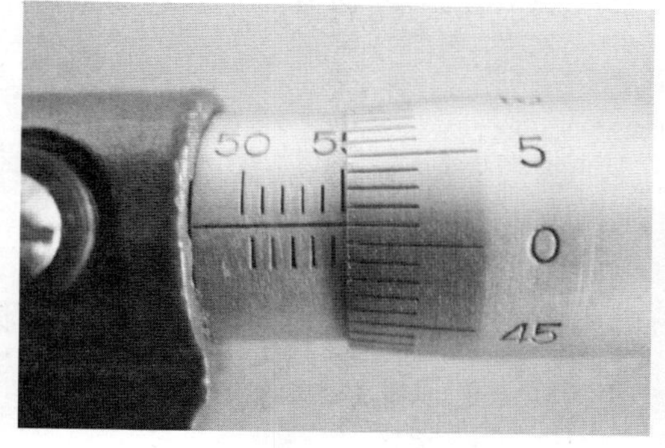

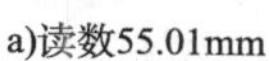
a)读数55.01mm

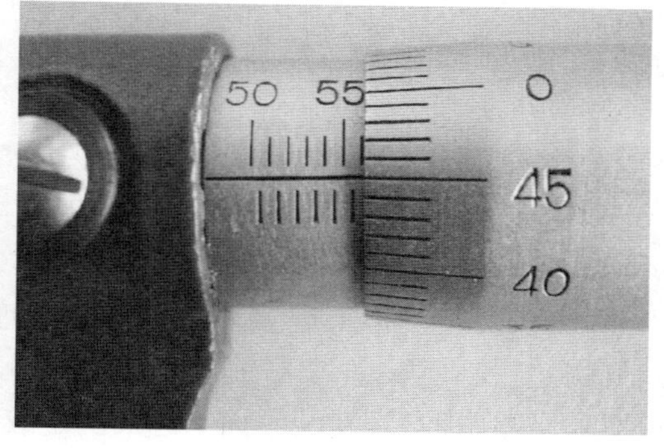

b)读数55.95mm

图5-30　千分尺读数

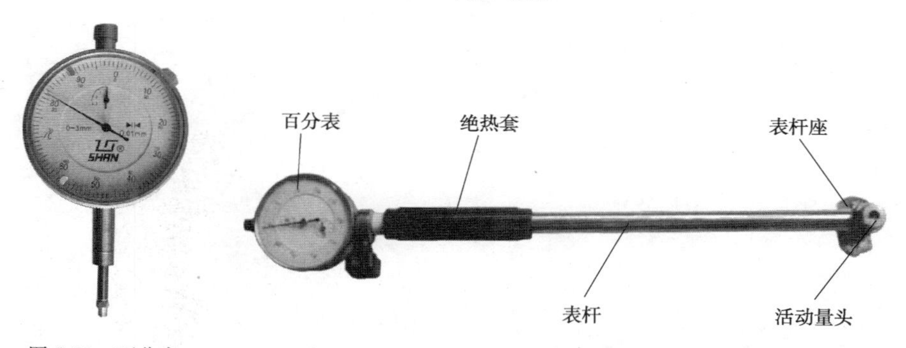

图5-31　百分表　　　图5-32　量缸表

1.百分表的结构、原理

百分表是利用齿条齿轮或杠杆齿轮传动，将测杆的直线位移变为指针的角位移的计量器具。百分表主要是由齿条和小齿轮装配而成的，其工作原理是：利用齿条和小齿轮将心轴的移动量放大，再由指针的转动来读取测定数值。图5-33所示为百分表的内部结构及原理示意图。

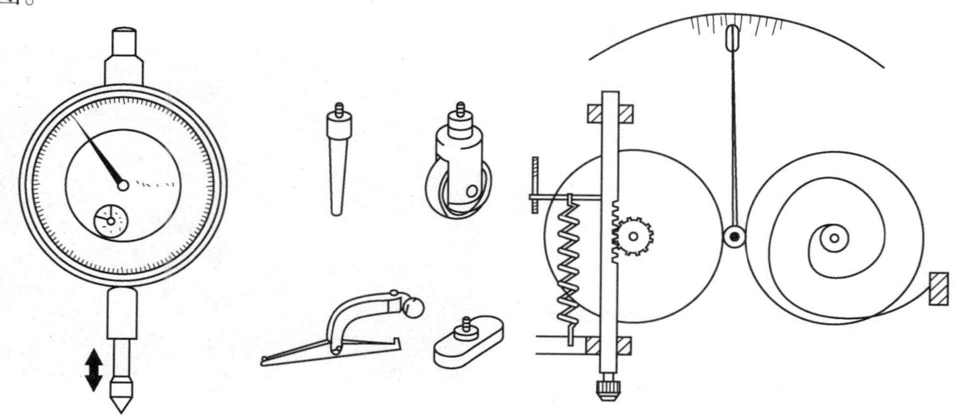

图5-33　百分表的内部结构及原理示意图

测量头和心轴的移动量带动第一小齿轮转动，再利用同轴上的从动齿轮传递给第二小齿轮转动，于是装置在第二小齿轮上的指针即能放大心轴的移动量显示在刻度盘上。而由于长针每一个回转相当于1mm的移动量，将刻度盘分刻100等份，所以测定的移动量可精确到1/100mm。

2. 百分表的读数

百分表表盘刻度分为100格，当量头每移动0.01mm时，大指针偏转1格；当量头每移动1.0mm时，大指针偏转1周。小指针偏转1格相当于1mm，如图5-34所示。

3. 百分表、量缸表的使用

百分表要装设在支座上才能使用，在支座内部设有磁铁，旋转支座上的旋钮使表座吸附在工具台上，因而又称磁性表座。此外，百分表还可以和夹具、V形槽、检测平板和顶心台合并使用，从事弯曲、振动及平面状态的测定或检查，如图5-35所示。

图5-34　百分表读数

图5-35　百分表磁性表座

量缸表需要经过装配才能使用。首先根据所测缸径的公称尺寸选用合适的替换杆件和调整垫圈，使量杆长度比缸径大0.5～1.0mm。量缸表的杆件除垫片调整式，还有螺旋杆调整式。无论哪种类型，只要将杆件的总长度调整至比所测缸径大0.5～1.0mm即可，如图5-36所示。将百分表插入表杆上部，预先压紧0.5～1.0mm后固定，如图5-37所示。将外径

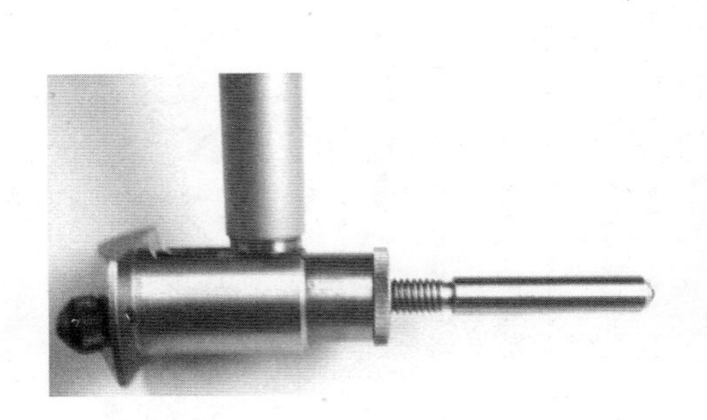

图5-36　选用合适的替换杆件

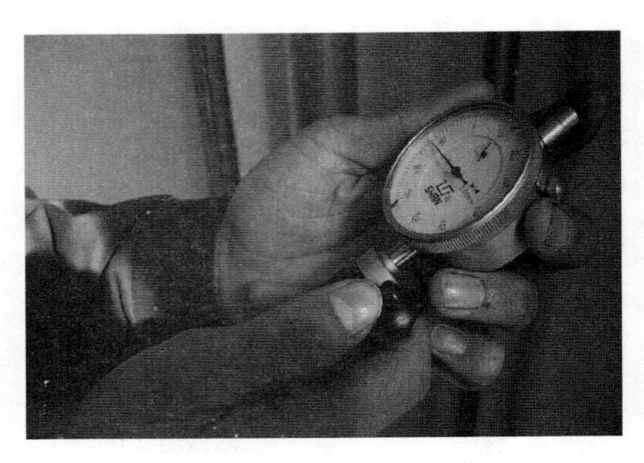

图5-37　装上表头

千分尺调至所测缸径尺寸，并将千分尺固定在专用固定夹上，如图 5-38 所示。对量缸表进行校零。当大表针逆时针转动到最大值时，旋转百分表表盘使表盘上的零刻度线与其对齐，如图 5-39 所示。测量时慢慢地将导向板端（活动端）倾斜，使其先进入汽缸内，而后再使替换杆件端进入，如图 5-40 所示。在测定位置维持导向板不动，而使替换杆件的前端做上下移动并观测指针的移动量，当量缸表的读数最小且量缸表和汽缸成真正直角时，再读取数据，如图 5-41 所示。

图 5-38　将千分尺固定在专用固定夹上

图 5-39　校零

图 5-40　测量汽缸内径

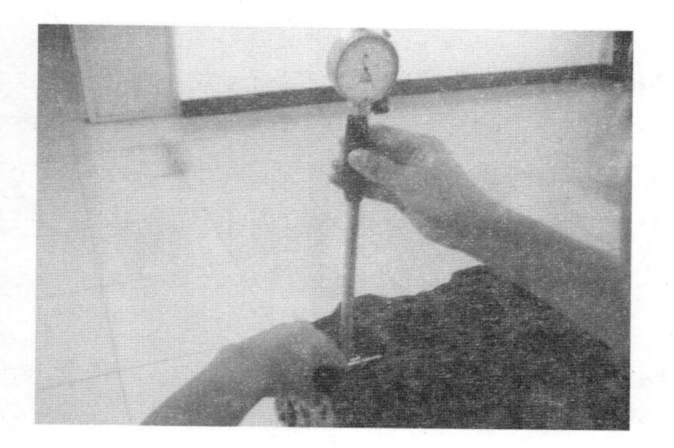

图 5-41　读数

四、塞尺（厚薄规）

塞尺又称厚薄规或间隙片，是一组淬硬的钢条或刀片，这些淬硬钢条或刀片被研磨或滚压成为精确的厚度，它们通常都是成套供应。在汽车维修工作中主要用于测量气门间隙、触点间隙和一些接触面的平直度等，如图 5-42 所示。

每条钢片标出了厚度（单位为 mm），它们可以单独使用，也可以将两片或多片组合在一起使用，以便获得所要求的厚度，最薄的一片可以达到 0. 02mm。常用塞尺长度有 50mm、100mm、200mm 三种，如图 5-43 所示。

使用塞尺测量时，应根据间隙的大小，先用较薄片试插，逐步加厚，可以一片或数片重叠在一起插入间隙内，插入深度应在 20mm 左右。

测量时，必须平整插入，松紧适度，所插入的钢片厚度即为间隙尺寸。严禁将钢片用大力强硬插入缝隙测量。由于塞尺很薄，容易弯曲或折断，测量时不能用力太大。测量时应在结合面的全长上多处检查，取其最大值，即为两结合面的最大间隙量。测量后及时将测量片合到夹板中去，以免损伤各金属薄片。

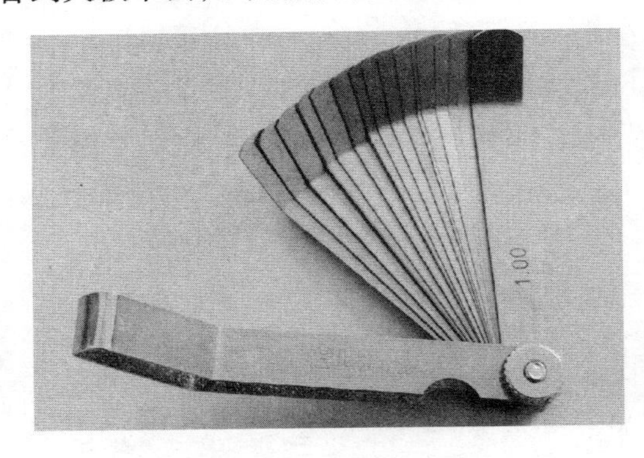

图 5-42　塞尺

图 5-43　塞尺厚度

五、真空表和压力表

1. 真空表

真空表分为压力真空表和真空压力表。

(1)真空压力表：以大气压力为基准，用于测量小于大气压力的仪表。

(2)压力真空表：以大气压力为基准，用于测量大于和小于大气压力的仪表。

压力有两种表示方法：一种是以绝对真空作为基准所表示的压力，称为绝对压力；另一种是以大气压力作为基准所表示的压力，称为相对压力。由于大多数测压仪表所测得的压力都是相对压力，故相对压力也称表压力。当绝对压力小于大气压力时，可用容器内的绝对压力不足一个大气压的数值来表示，称为“真空度”。

它们的关系如下：绝对压力 = 大气压力 + 相对压力；真空度 = 大气压力 - 绝对压力；我国法定的压力单位为 Pa(N/m^2)，称为帕斯卡，简称帕。由于此单位太小，因此常采用它的 10^6 倍单位 MPa(兆帕)。

真空表是由测量系统(包括接头、弹簧管、齿轮传动机构)、指示部分(包括指针、度盘)、表壳部分组成，如图 5-44 所示。其工作原理是基于弹性元件——弹簧管变形。当被测介质由接头进入弹簧管自同端产生位移，此位移借助连杆经齿轮传动机构的压力传递和放大、使指针在度盘上指示出压力。

2. 压力表

压力表是指以弹性元件为敏感元件，测量并指示高于环境压力的仪表。压力表通过表内的敏感元件(波登管、膜盒、波纹管)的弹性形变，再由表内机芯的转换机构将压力形变传导至指针，引起指针转动来显示压力，如图 5-45 所示。

汽缸压力表是一种汽车常用气体压力表，由表头、导管、止回阀和接头等组成。接头有两种形式。一种为螺纹接头，可以拧紧在火花塞上或喷油器螺纹孔中；另一种为锥形或阶梯形的橡胶接头，可以压紧在火花塞或喷油器的孔上，接头通过导管与压力表相通。导管也有两种：一种为软导管，用于螺纹管接头与压力表的连接；另一种为金属硬导管，用于橡胶接头与表头的连接。

图 5-44　真空表

六、万用表

图 5-45　压力表

万用表是用于测量电阻、电压、电流等参数的仪器。

1. 分类

万用表分普通型和汽车专用型两种。

1）普通数字式万用表

测量精度高、测量范围广，应用广泛。在汽车维修中使用最多的是数字式万用表。数字式万用表工作可靠，它最大的优点是可以直接显示测量数据，而指针式万用表的读数则不能直接显示，需要根据量程及指针摆度进行计算。指针式万用表不能用于汽车电子元件的测试，否则会因检测电流过大而烧坏电控元件或 ECU。

2）汽车万用表

可以测量电阻、电压、电流外，还能测量转速、频率、温度、电容、闭合角、占空比等项目，并具有自动断电、自动变换量程、数据锁定、波形显示等功能，如图 5-46 所示。

图 5-46　汽车万用表

2. 万用表操作界面介绍

1）开关介绍

电源开关，一般会在面板左上部显示屏下方字母“POWER”（电源）的旁边，“OFF”表示关，“ON” 表示开，如图 5-47 所示。

2）功能介绍

汽车万用表有很多功能，如图 5-48 所示。

3）插孔介绍

HFE 插口是测量晶体管直流放大倍数的，上面标有 B、C、E 字母，使用时将晶体管的 B、C、E 管脚插入相应的插口内，如图 5-49 所示。输入插口在面板的下部，标有“COM”“V · Ω”“m A”和“10 A”。使用时，黑表笔插入“COM”插孔，红表笔根据被测量的种类和大小插入“V·Ω”“m A”或“10A”的插孔中，如图5-49所示。

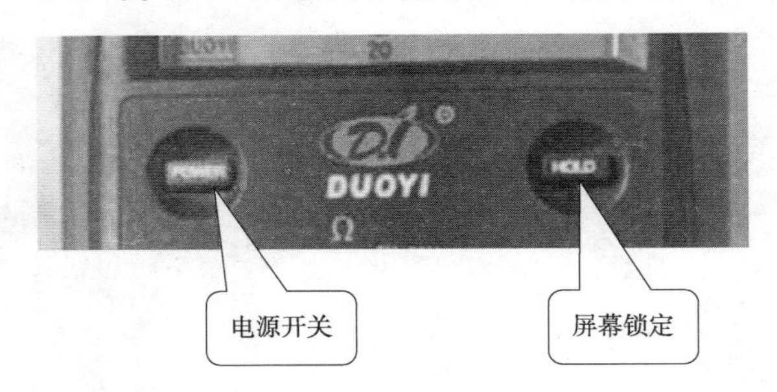

图5-47　万用表开关

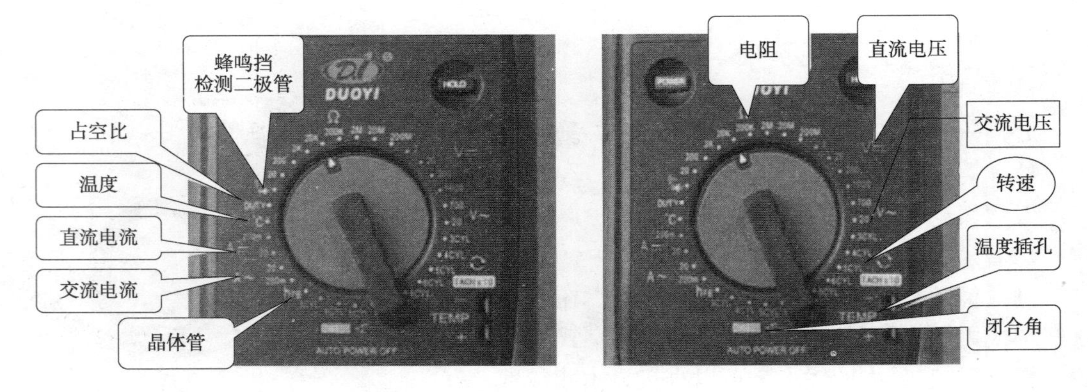

图5-48　汽车万用表功能

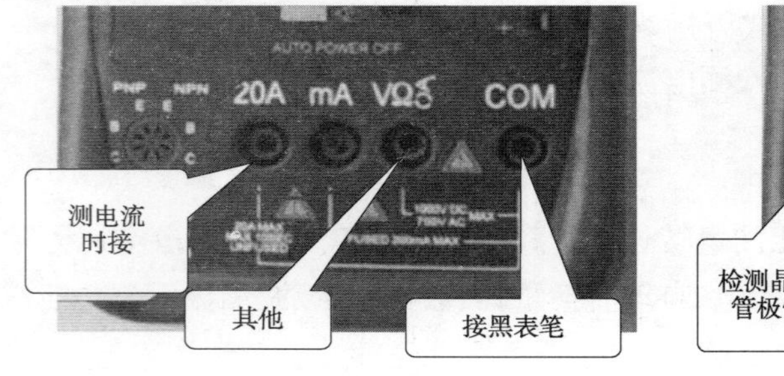

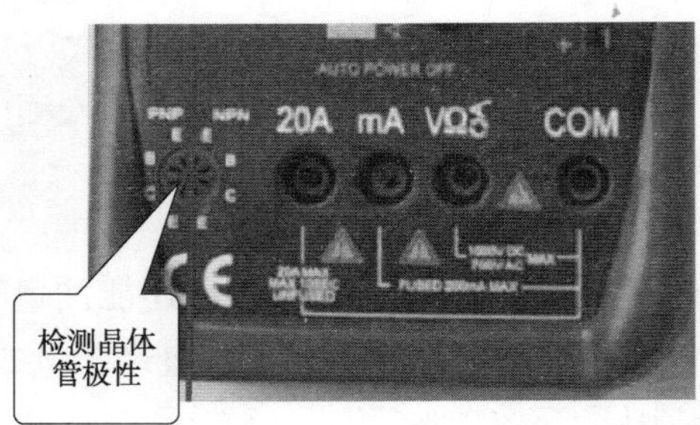

图5-49　汽车万用表插孔功能

3. 万用表使用操作

1）测量直流电压

直流电压是汽车电气设备维修中最常用到的测量项目。测量时应将红表笔插入“V·Ω”插口，黑表笔插入“COM”插口，将量程开关拨至“DCV”范围内的适当量程挡，将电源开关打开，将红表笔接正极，黑表笔接负极，并联于电路测试点上，显示器上就出现测量值。测量交流电压方法，类同于直流电压测量，只是要把量程开关拨至“ACV”范围内的适当量程挡，如图5-50所示。

2）测量电阻

测量电阻时，将量程开关拨至“Ω”挡范围内的适当量程。将红色测试导线插入“V·Ω”插口，并将黑色测试导线插入“COM”端子。将测量表笔接触到被测元件的两端，显示屏上

便可显示此元件的电阻值。当把量程开关调至通断挡，若被测元件或导线不超过 50Ω，蜂鸣器则会发出连续报警音，表明短路，如图 5-51 所示。

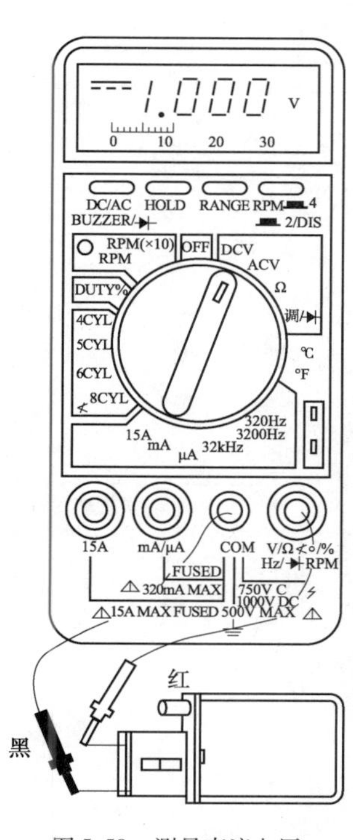

图 5-50　测量直流电压

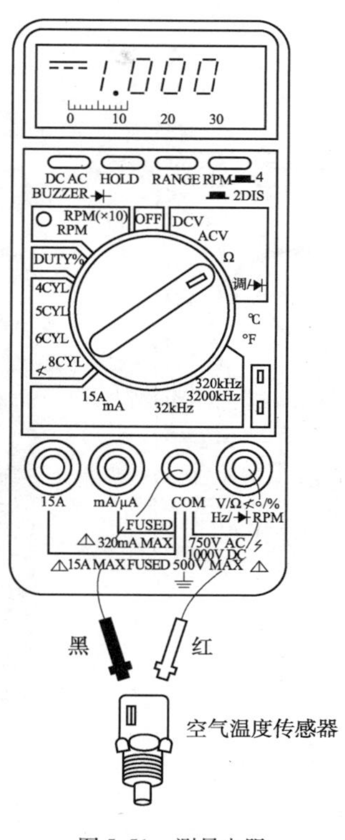

图 5-51　测量电阻

3）测量直流电流

测直流电流时，把红表笔插入“mA”插口，若所测电流大于 200mA 时，需插入“10A” 插口，并将黑色测试导线插入“COM”端子。将量程开关拨到“DCA”范围内的适当量程挡，打开电源开关，将两表笔串联接在测量点上，这样就可在显示屏上读出测量值了。交流电流的测量方法，类同于直流电流的测量，只是要把量程开关拨至“ACA”范围内适当的量程挡，如图 5-52 所示。

4）测量二极管

测量二极管时，将量程开关旋至二极管符号挡，将红色表笔插入“V · Ω”插口，将黑色表笔插入“COM”端子。将红色探针接到待测的二极管的阳极，而黑色探针接到阴极。此时，万用表上显示的是二极管的正向电阻。若将测试表笔的极性与二极管的电极反接，则显示屏读出来的是“1”或“0”。通过这样的测量，可以区分二极管的阳极和阴极，并可判断二极管的好坏，如图 5-53 所示。

七、正时灯

汽车点火正时灯是用来动态测量汽油发动机点火提前角的专用仪器。常用的两种：

（1）无电位计（图 5-54）：需从发动机上读取点火提前角的值。

(2)有电位计(图5-55):可直接从正时灯上读取点火提前角的值。

点火正时灯一般由点火传感器、闪光灯触发电路、闪光灯或者添加开关电路、延迟电路和测量仪表等几部分组成。

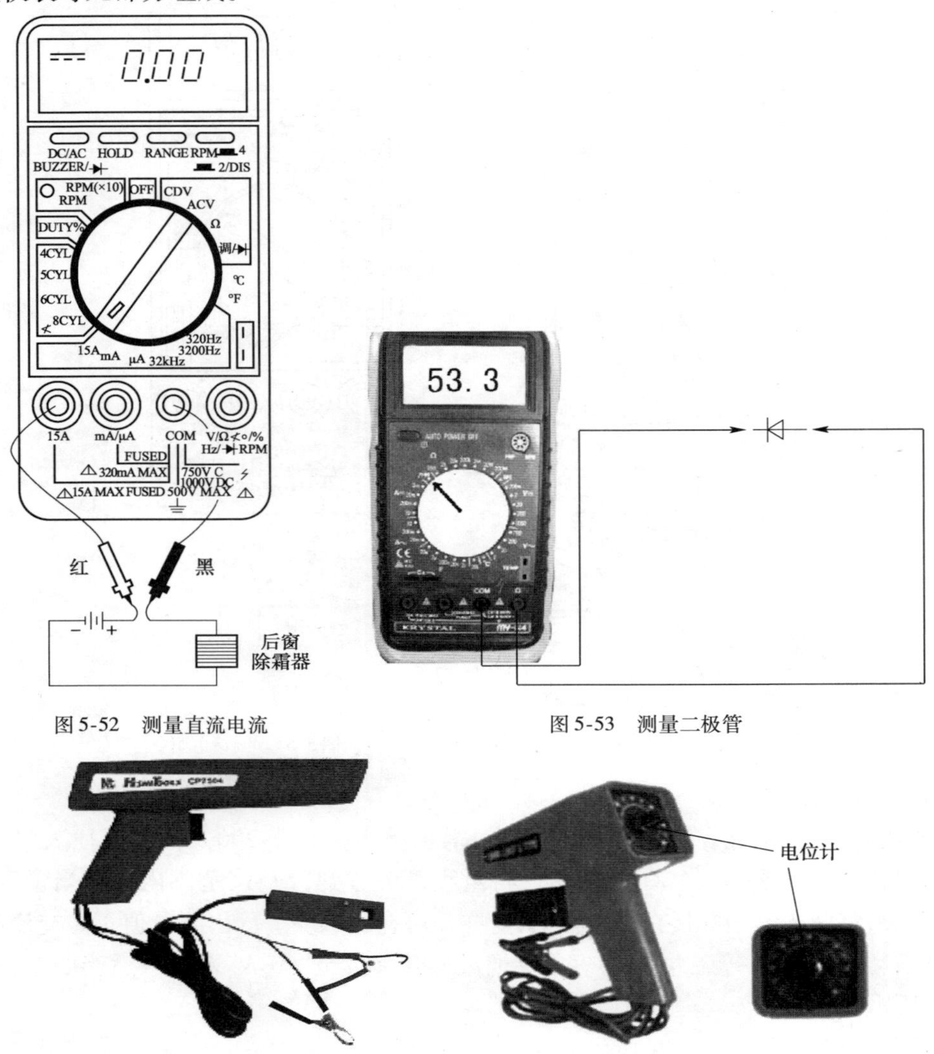

图5-52　测量直流电流

图5-53　测量二极管

图5-54　无电位计正时灯

图5-55　有电位计正时灯

1. 使用无电位计的正时灯

闪光灯对准发动机一缸压缩终了上止点标记,可以看到运转中的发动机在闪光灯的照耀下,其正时活动标记(飞轮或曲轴传动带盘)上的标记还未到达固定标记(发动机机体上),即一缸的活塞还未到达压缩终了上止点,此时通过发动机机体上的正时刻度读取活动标记和固定标记的夹角值即为点火提前角,如图5-56所示。

2. 使用有电位计的正时灯

闪光灯对准发动机一缸压缩终了上止点的固定标记,可以看到运转中的发动机在闪光灯的照耀下,其正时活动标记(飞轮或曲轴传动带盘)上的标记还未到达固定标记(发动机

机体上)，即一缸的活塞还未到达压缩终了上止点，调整电位计(电位计的作用:使得在闪光灯的闪亮时间滞后于一缸的跳火开始的时间)，调整到当活动标记与固定标记对齐时闪光灯闪亮，则此时正时灯的电位计刻度即为点火提前角。

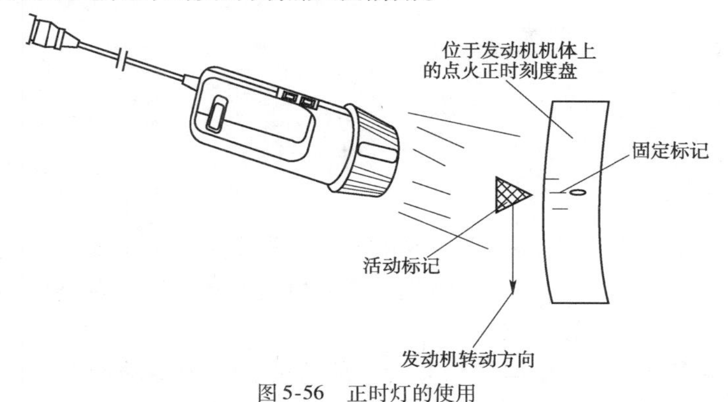

图5-56　正时灯的使用

八、故障诊断仪

1. 功能

故障诊断仪又称电脑解码器。有以下功能：

(1)读取或清除故障码。

(2)对发动机控制系统进行动态测试，显示瞬时信息，为诊断提供依据。

(3)向电控系统各执行元件发出动作指令，以便检查执行元件的工作状况。

(4)在车辆允许或路试时监测并记录数据流。

(5)具有示波器功能、万用表功能和打印功能。

(6)有的还能显示系统控制电路图和维修指导，以供诊断和检修时参考。

(7)能对发动机ECU进行某些数据的重新输入和更改。

2. 分类

分专用型和通用型两种。

(1)专用型:是汽车制造公司为自己生产的汽车而专门设计制造的。一般只适合在特约维修站配备，如图5-57所示。

(2)通用型:为适应诊断检测多种车型而设计制造的，一般配有不同车系的测试卡和适合各种车型的检测连接电缆连接器。适合综合性维修企业使用，如图5-58所示。

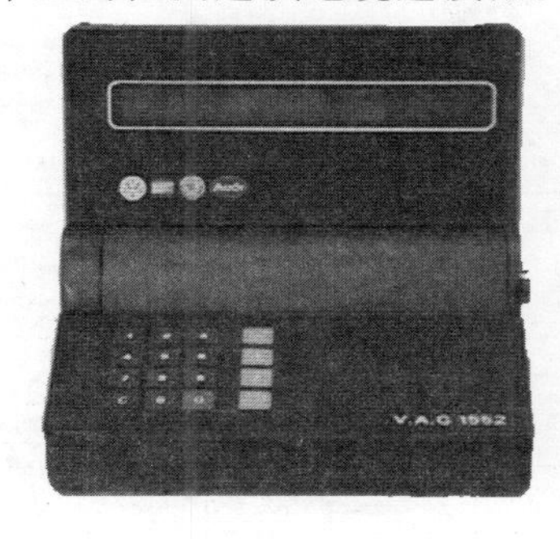

图5-57　大众专用:VAG1552

图5-58　通用:元征X-431

第四节　汽车维修常用设备的基础知识

学习目标

掌握汽车维修常用设备的基础知识。

一、举升机

汽车举升机根据维修工况，将需要维修的汽车可靠安全地从地面举升至另一合适高度，以便于工人进行维修工作的设备。因此，汽车举升机具有至关重要及难以替代的作用，是汽车维修行业中最基本的维修设备之一。

汽车举升机有多种类型，根据传动方式一般可分为机械传动和液压传动，其主要性能对比见表5-1。其中机械传动举升机由于其结构特点容易发生丝杠或工作螺母滑扣，导致所举汽车跌落或丝杠卡死等故障，存在很大的安全隐患。液压传动举升机由于其性能优势逐渐成为主流的举升机产品类型。

根据传动方式分类　　表5-1

种类名称	优　点	缺　点
机械传动举升机	结构简单，价格便宜	机械磨损大，易发生汽车跌落
液压传动举升机	安全性能好、运行平稳、维护简单以及工作效率高	成本高

根据结构类型来分，有双柱式（图5-59）、四柱式（图5-60）和剪式举升机（图5-61），其主要性能对比见表5-2。

图5-59　双柱式举升机

根据结构类型分类　　表5-2

种类名称	优　点	缺　点
双柱式举升机	同步性好，占地面积较小	机械式机械磨损较大；液压式成本高
四柱式举升机	适合四轮定位结构的使用	占地面积较大
剪式举升机	安全性高，操作简单；空间利用率高	精度要求较高，易发生举升平台不平衡，单边升降

图 5-60　四柱式举升机

图 5-61　剪式举升机

二、液压千斤顶

千斤顶是一种可用较小力就能把重物顶高、降低和移动的简单而方便的起重设备，一般汽车常用液压千斤顶，如图 5-62 所示。它具有起重量大，操作省力，上升平稳，安全可靠等优点，但是上升速度比较慢，一般不能在水平方向操作使用，举升力为 3×10^4N、5×10^4N、8×10^4N 等。

在松软路面上使用时，应在千斤顶底下加垫木。举升时，千斤顶应与重物垂直对正。千斤顶未支牢前及回落时，禁止在车下工作。使用千斤顶时，先把开关拧紧，放好千斤顶，对正被顶部位，压动手柄，就将重物顶起。当落下千斤顶时，将开关慢慢旋开，重物就逐渐下降。

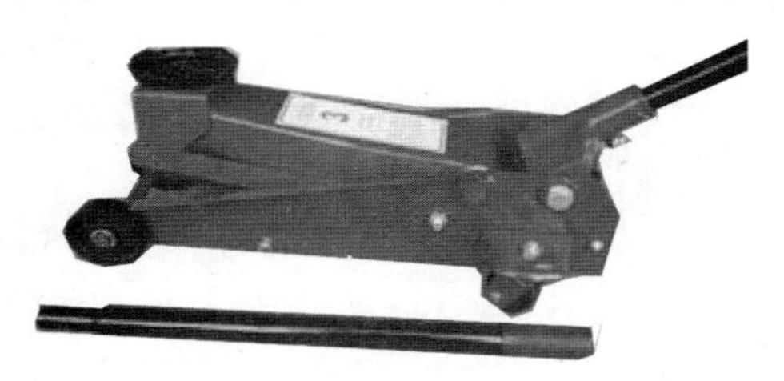

图 5-62　液压千斤顶

三、四轮定位仪

汽车四轮定位仪是用于检测汽车车轮定位参数，并与原厂设计参数进行对比的精密测量仪器，保证车轮定位准确，使汽车保持稳定的直线行驶和转向轻便，并减少汽车在行驶中轮胎和转向机件的磨损。其主要结构由带微处理器的主机柜及彩色监视器、键盘、打印机、红外电子测量仪（用来检测轮距）、红外遥控器、标准转盘或电子转盘、自定心卡盘、车轮传感器、接线盒、电缆、传感器拉线、转向盘锁定杆和车轮制动杆等组成，如图 5-63 所示。

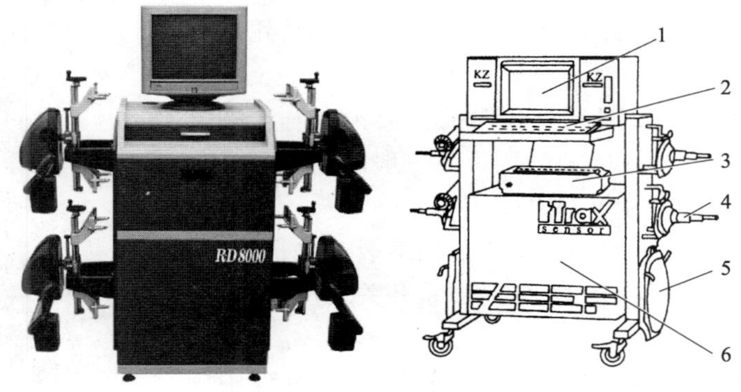

图 5-63　四轮定位仪

1-彩色监视器；2-键盘；3-打印机；4-自定心卡盘；5-转盘；6-主机柜

图 5-64　车轮动平衡机

汽车四轮定位仪检测汽车转向轮的定位值包括转向轮外倾角、主销后倾角、主销内倾角、转向轮前束四个参数。

四、车轮动平衡机

汽车的车轮是由轮胎、轮毂组成的一个整体。由于制造或使用的原因,使这个整体各部分的质量分布不可能非常均匀。当汽车车轮高速旋转起来后,就会形成动不平衡状态,造成车辆在行驶中车轮抖动、转向盘振动的现象。为了避免这种现象或是消除已经发生的这种现象,就要使车轮在动态情况下通过增加配重的方法,使车轮校正各边缘部分的平衡。这个校正的过程就是人们常说的动平衡。车轮动平衡机是车轮动平衡的测量设备。

车轮动平衡机如图 5-64 所示,主要由以下部分组成:

(1)测量尺:用于测量车轮的安装距离(简称轮距)和轮毂直径(简称轮径)和粘贴式平衡块精确位置的粘贴。

(2)操作面板:有多个功能键及 LED 显示屏,实现人机对话。

(3)挂柄:悬挂锥套、轮宽尺等备件。

(4)平衡块槽:用于分类盛装配重铅块。

(5)平衡轴:装配待平衡车轮。

(6)轮罩:安全保护用。

五、扒胎机

扒胎机又称轮胎拆装机,是用于安装和卸载汽车轮胎的设备。可以为汽车、摩托车等不同类型的车辆换轮胎。它可以改变一个坏掉的轮胎或轮胎泄气。

轮胎拆装机如图 5-65 所示,主要由以下部分组成:

(1)主机工作台:轮胎主要是在这个工作台上被拆的,主要起到放置轮胎、旋转等作用。

(2)分离臂:在轮胎拆装机的一侧,主要是用来将轮胎与轮辋分离,使拆胎顺利进行。

(3)充放气装置:主要起到将轮胎的气放掉以利于充气或拆装,另外还有测量气压的气压表。一般的轮胎都是在 2.2 个大气压左右,约为 0.2MPa。

(4)脚踏板:在拆胎机的下面有 3 个脚踏板开关,分别作用为:顺时针逆时针旋转开关,分离加紧开关,分离轮辋和轮胎开关。

(5)润滑液:利于轮胎的拆装,减少轮胎拆装过程中损害,使轮胎拆装工作更好地完成。

图 5-65　轮胎拆装机

六、发动机综合检测仪

发动机综合检测仪又称发动机综合性能检验仪，它能对发动机进行不解体综合测试，并配备有标准的数据及专家分析系统，可通过对测试结果与标准数据比较，判断发动机整机或部分系统工作好坏，如图 5-66 所示。

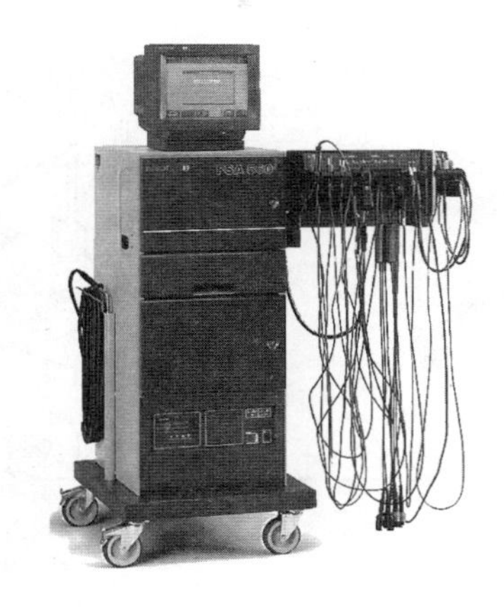

图 5-66　发动机综合检测仪

七、废气分析仪

1. 汽油机尾气排放废气检测

汽油机废气分析仪是用于测量机动车汽油发动机排放废气中的 HC、CO、CO_2、NO_x、O_2浓度的检测设备。其中 CO、CO_2、HC 通过不分光红外线不同波长能量吸收不同的原理来测定，可获得足够的测试精度。而 NO_x与 O_2的浓度通常采用电化学的原理来测定，排气中含氧量的浓度通过在测试通道中设置氧传感器即可测定。其结构如图 5-67 所示。使用时把取样探头和取样导管安装到气体分析仪上，将取样探头插入排气管中 400mm 深处采集尾气，如图 5-68 所示。

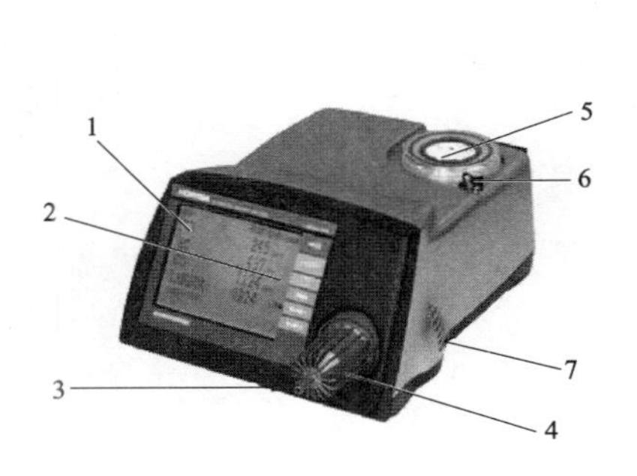

图 5-67　汽油机废气分析仪

1-显示器；2-操作键；3-采样进口；4-脱水器；5-灰尘过滤器；6-标准气体进口；7-通风口/过滤器

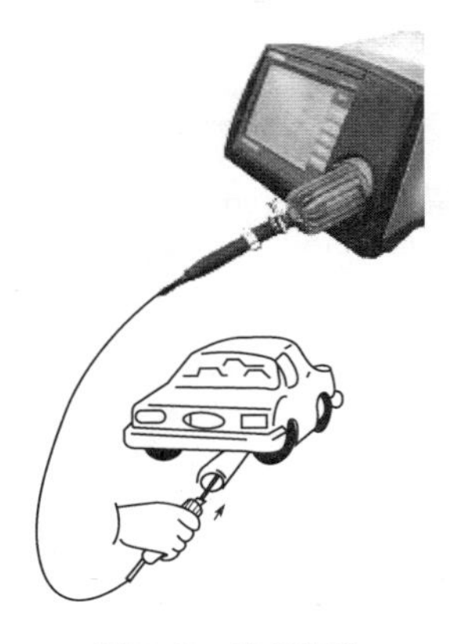

图 5-68　取样探头

2. 柴油机尾气排放检测

柴油机排放的污染物以颗粒状烟雾(主要成分为炭烟)为主,测量柴油机排烟的设备主要是烟度计。

滤纸式烟度计是一种非直接测量的计量仪器,其结构如图5-69所示,主要由取样系统(即抽气装置)、走纸机构、光电检测系统和控制系统四部分组成。

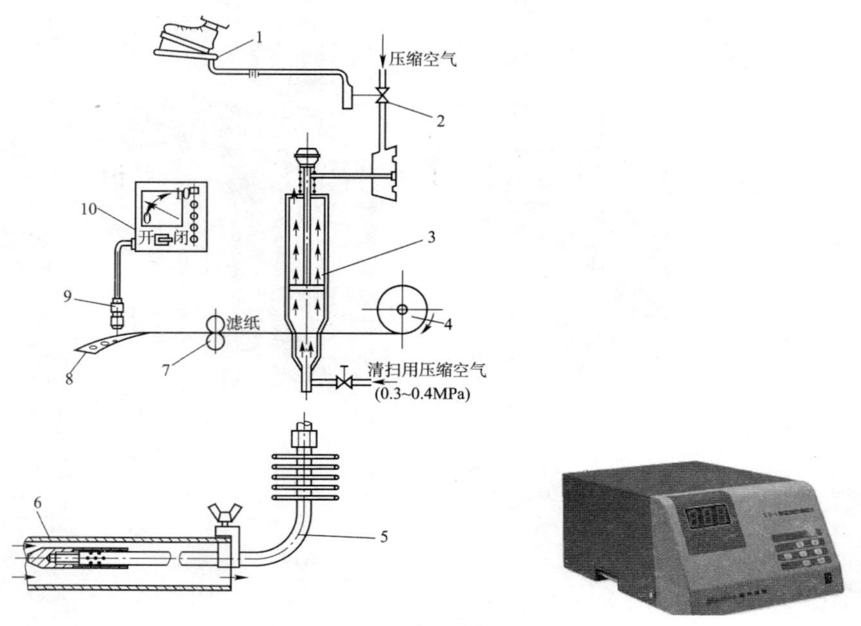

图5-69　滤纸式烟度计

1-脚踏开关;2-电磁阀;3-抽气泵;4-滤纸卷;5-取样探头;6-排气管;7-进给机构;8-染黑的滤纸;9-光电传感器;10-指示仪表

滤纸式烟度计利用活塞式抽气泵,从柴油机排气管中抽取一定容积的废气,并使这部分废气通过一定面积的滤纸,使废气中的炭烟粒子吸附在滤纸上,使滤纸变黑,然后用一定的光线照射滤纸,并用光电池反射光,再根据光电产生的电流使仪表指针偏转,把烟度用污染度百分比的形式显示出来。

第六章　汽车构造基础知识

第一节　汽车的基本组成及工作原理

学习目标

1. 了解汽车的基本组成。
2. 了解汽车的工作原理。

一、汽车的基本组成

汽车是由上万个零件组成的结构复杂的机动交通工具。其结构都由发动机、底盘、车身和电气或电子设备四大部分所组成，总体构造如图 6-1 所示。

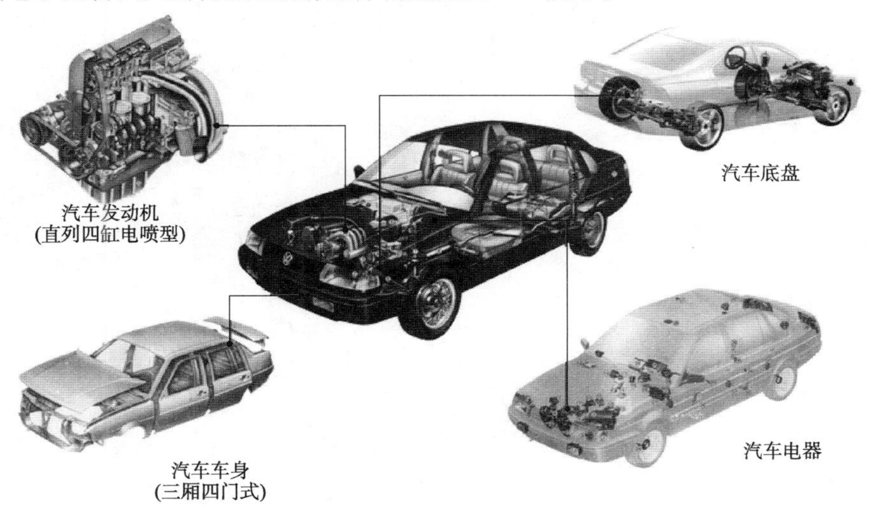

图 6-1　汽车总体构造

1. 发动机

发动机是汽车的动力装置。汽油发动机由两大机构和五大系统组成，即曲柄连杆机构、配气机构、燃料供给系统、润滑系统、冷却系统、点火系统和起动系统。柴油发动机则由除点火系统以外的两大机构和四大系统组成，其构造如图 6-2 所示。

2. 底盘

底盘由传动系统、行驶系统、转向系统和制动系统四大部分组成，其构造如图 6-3 所示。

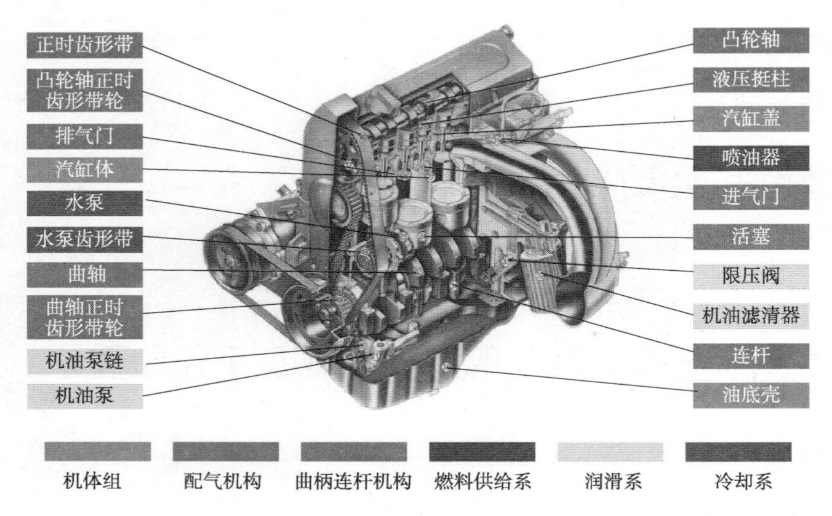

图 6-2　发动机总体构造

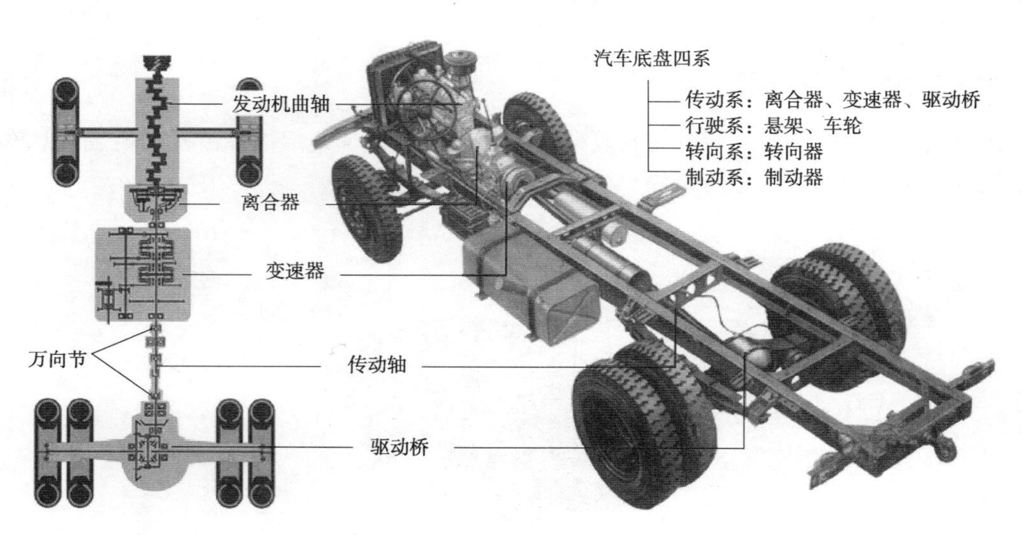

图 6-3　底盘总体构造

3. 车身

车身用来安置驾驶人、乘客和货物等。轿车和客车车身一般有整体壳体、承载式车身和非承载式车身之分。具有承载式车身的轿车和客车，不需再安装车架，它本身就起着承受汽车载荷的作用，并能传递和承受路面作用于车轮的各种力和力矩，如图 6-4 所示。

4. 电气设备与电子设备

汽车电气设备由电源（蓄电池、发电机）、汽油机点火设备、起动机、照明与信号设备、仪表、空调、刮水器、收录机、门窗玻璃电动升降设备等组成。汽车电子设备有：发动机的电控燃油喷射及电控点火、进气、排放、怠速、增压等装置，变速器的电控自动换挡装置，制动器的电子防抱死装置（ABS），车门锁的遥控及自动防盗报警装置等。汽车电气设备组成如图 6-5 所示。

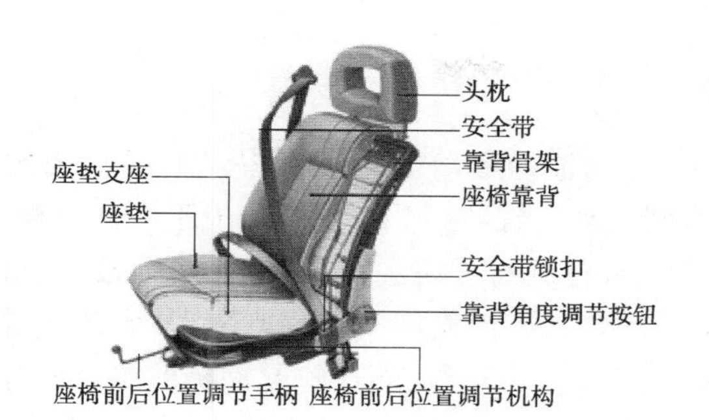

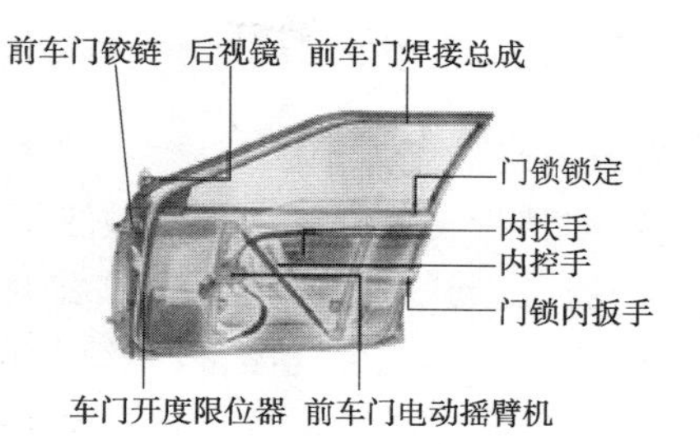

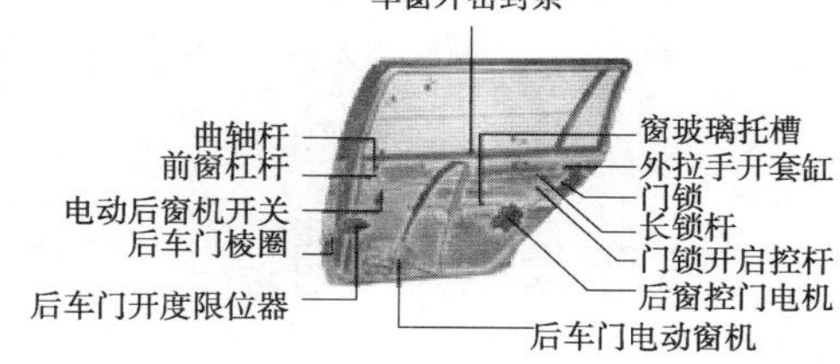

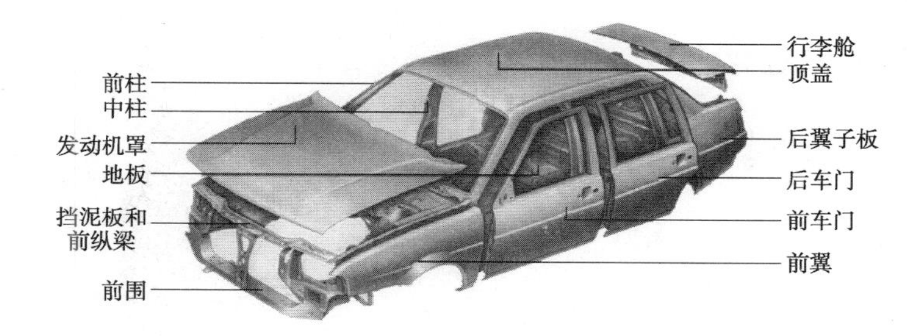

图 6-4　车身构造

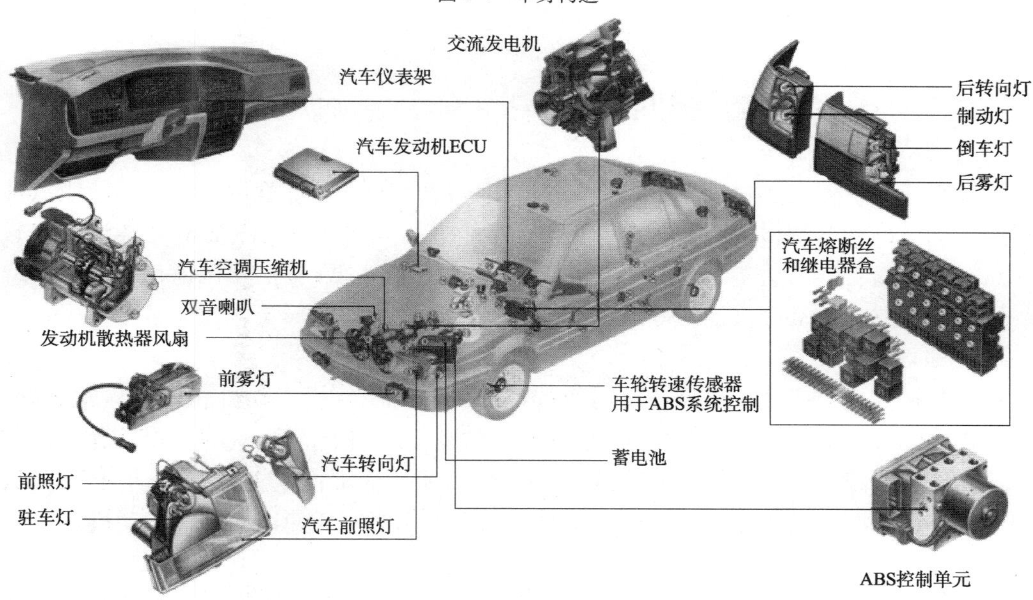

图 6-5　汽车电气设备组成

二、汽车的工作原理

当驾驶人打开点火钥匙，点火开关接通，电流流向起动机，使起动机单向离合器与飞轮啮合旋转，曲轴带动活塞在汽缸内做往复直线运动，当活塞向下运动时，由于汽缸容积增大，形成真空度且进气门打开，将吸入可燃混合气。进气行程终了时，活塞在曲轴带动下，继续向上运动，压缩可燃混合气体，被压缩的可燃混合气体温度和气压急剧增大，火花塞跳火点燃可燃混合气，被点燃的混合气急剧膨胀推动活塞向下运行，而这时起动机的单向离合器也将断开，活塞在惯性的作用下，循环的进行进气、压缩、做功、排气四个行程，活塞向下运动的机械力，转化为曲轴的转矩输出给传动系，经传动系降速增扭并改变动力传递方向传到驱动车轮，使车辆行驶。

第二节　汽车发动机构造和工作原理

1. 掌握发动机的分类和基本组成。
2. 理解发动机的基本术语。
3. 理解发动机的工作原理。

一、发动机的组成

1. 发动机的定义

发动机是汽车的心脏，将化学能转化为机械能，是汽车的动力源，是汽车的基本组成部分之一。

2. 发动机的分类

汽车发动机种类繁多，活塞式内燃机可以按不同特征来加以分类：

1）按照所用燃料分类

发动机按照所使用燃料的不同可以分为汽油机和柴油机，如图6-6所示。使用汽油为燃料的发动机称为汽油机；使用柴油为燃料的发动机称为柴油机。汽油机与柴油机比较各有特点；汽油机转速高，质量小，噪声小，起动容易，制造成本低；柴油机压缩比大，热效率高，经济性能和排放性能都比汽油机好。

2）按照行程分类

发动机按照完成一个工作循环所需的行程数可分为四行程发动机和二行程发动机（图6-7）。把曲轴转两圈（720°），活塞在汽缸内上下往复运动四个行程，完成一个工作循环的发动机称为四冲程发动机；而把曲轴转一圈（360°），活塞在汽缸内上下往复运动两个行程，完成一个工作循环的发动机称为二冲程发动机。汽车发动机广泛使用四冲程发动机。

3）按照冷却方式分类

发动机按照冷却方式不同可以分为水冷发动机和风冷发动机，如图6-8所示。水冷发动机是利用在汽缸体和汽缸盖冷却水套中进行循环的冷却液作为冷却介质进行冷却的；而风冷发动机是利用流动于汽缸体与汽缸盖外表面散热片之间的空气作为冷却介质进行冷却的。水冷发动机冷却均匀,工作可靠,冷却效果好,被广泛地应用于现代车用发动机。

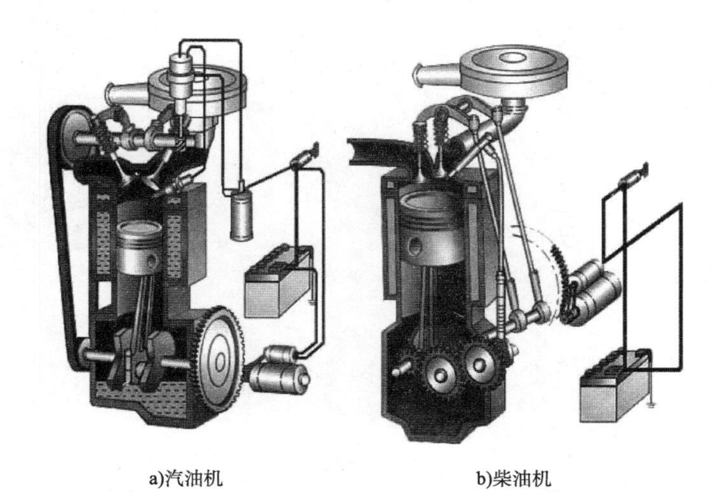

a)汽油机　　b)柴油机

图6-6　汽油机和柴油机示意图

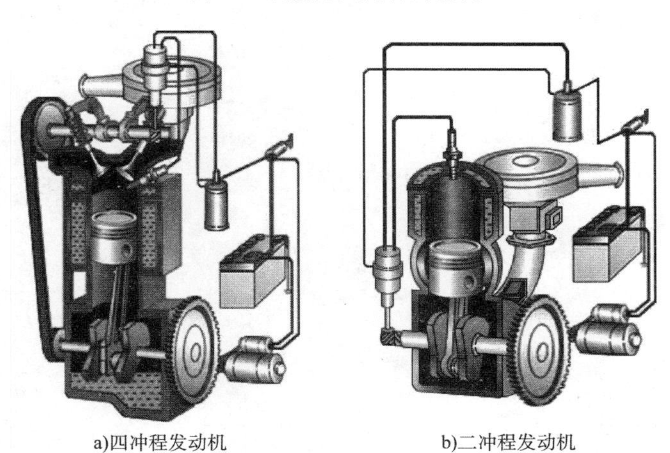

a)四冲程发动机　　b)二冲程发动机

图6-7　四冲程和二冲程发动机示意图

4)按照汽缸数目分类

发动机按照汽缸数目不同可以分为单缸发动机和多缸发动机,如图6-9所示。仅有一个汽缸的发动机称为单缸发动机;有两个以上汽缸的发动机称为多缸发动机。如双缸、三缸、四缸、五缸、六缸、八缸、十二缸等都是多缸发动机。现代车用发动机多采用四缸、六缸、八缸发动机。

5)按照汽缸排列方式分类

发动机按照汽缸排列方式不同可以分为单列式和双列式,如图6-10所示。单列式发动机的各个汽缸排成一列,一般是垂直布置的,但为了降低高度,有时也把汽缸布置成倾斜的甚至水平的;双列式发动机把汽缸排成两列,两列之间的夹角小于180°(一般为90°)称为V形发动机,若两列之间的夹角等于180°称为对置式发动机。

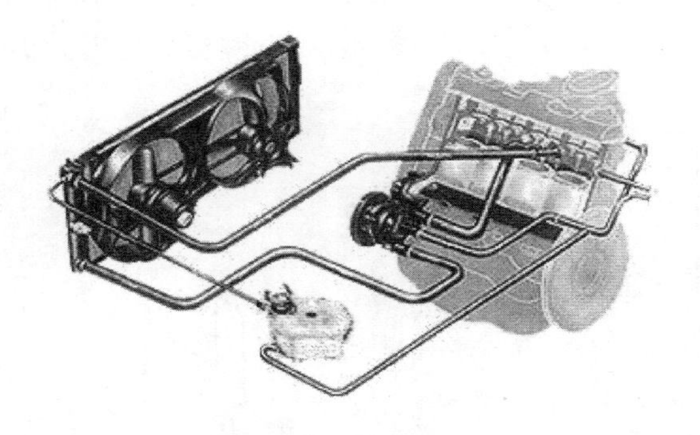

a)水冷

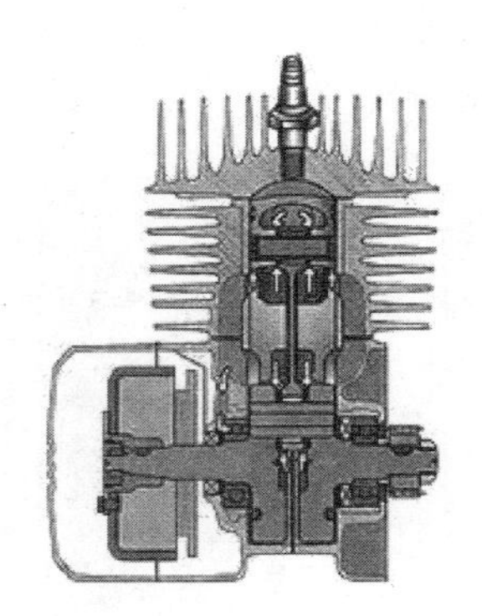

b)风冷

图 6-8　水冷式和风冷式发动机示意图

a)单缸

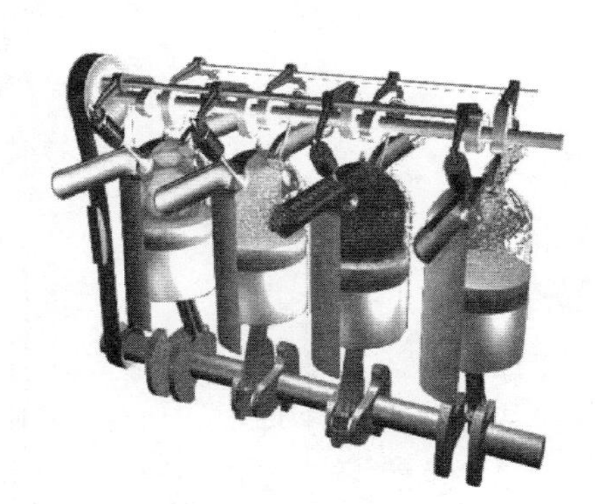

b)多缸

图 6-9　单缸和多缸发动机示意图

a)直列

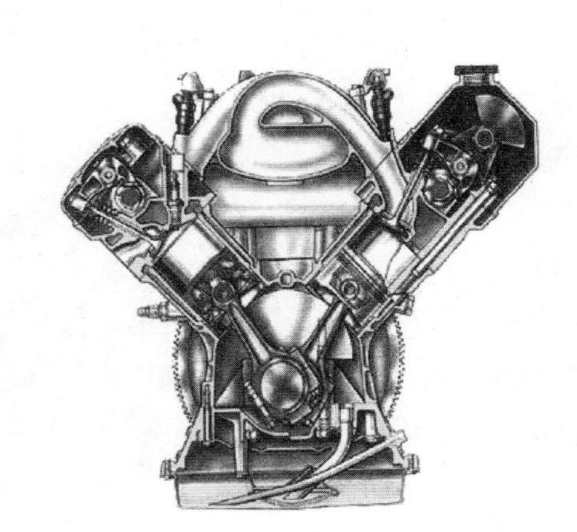

b)V形

图 6-10　单列式和双列式发动机示意图

3. 发动机的基本构造及组成

发动机由许多机构和系统组成，它们协同完成吸气、压缩、燃烧—膨胀做功、排气过程，实现能量的有效转换。虽然发动机类型、结构、性能、用途千差万别,但就其总体构成而言,按功能分曲柄连杆机构、配气机构、燃料供给系统、润滑系统、冷却系统、点火系统、起动系统两大机构和五大系统。

1)曲柄连杆机构

曲柄连杆机构是发动机实现工作循环,完成能量转换的主要运动零件。它由机体组、活塞连杆组和曲轴飞轮组等组成,如图6-11所示。在做功行程中,活塞承受燃气压力在汽缸内做直线运动,通过连杆转换成曲轴的旋转运动,并从曲轴对外输出动力。而在进气、压缩和排气行程中,飞轮释放能量又把曲轴的旋转运动转化成活塞的直线运动。

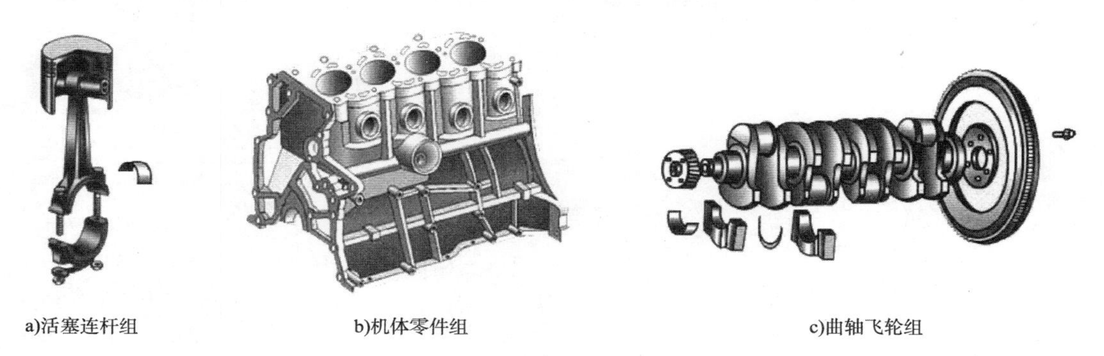

a)活塞连杆组　b)机体零件组　c)曲轴飞轮组

图6-11　曲柄连杆机构组成

2)配气机构

配气机构的功用是根据发动机的工作顺序和工作过程,定时开启和关闭进气门和排气门,使可燃混合气或空气进入汽缸,并使废气从汽缸内排出,实现换气过程。配气机构大多采用顶置气门式配气机构,一般由进气门、排气门、挺柱、推杆、摇臂、凸轮轴、正时齿轮等组成,如图6-12所示。

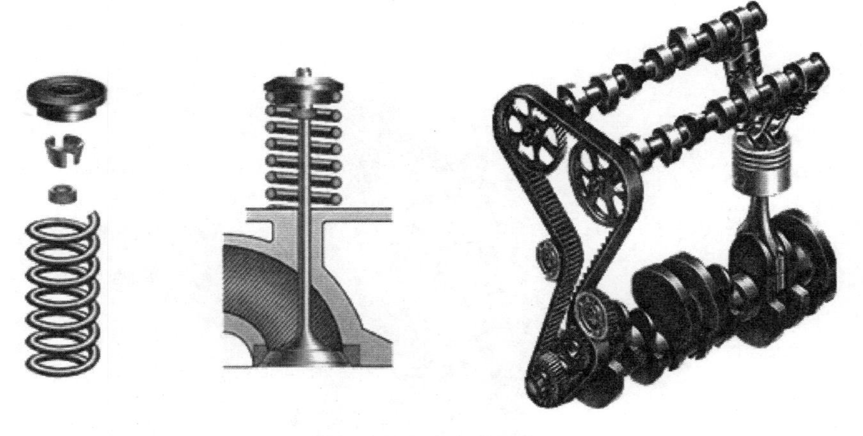

图6-12　配气机构组成

3)燃料供给系统

汽油机燃料供给系统的功用是根据发动机的要求,配制出一定数量和浓度的混合气,供入汽缸,并将燃烧后的废气从汽缸内排出到大气中去;柴油机燃料供给系统的功用是把柴油

和空气分别供入汽缸，在燃烧室内形成混合气并燃烧，最后将燃烧后的废气排出，其组成有燃料供给装置和进、排气装置，构造如图6-13所示。

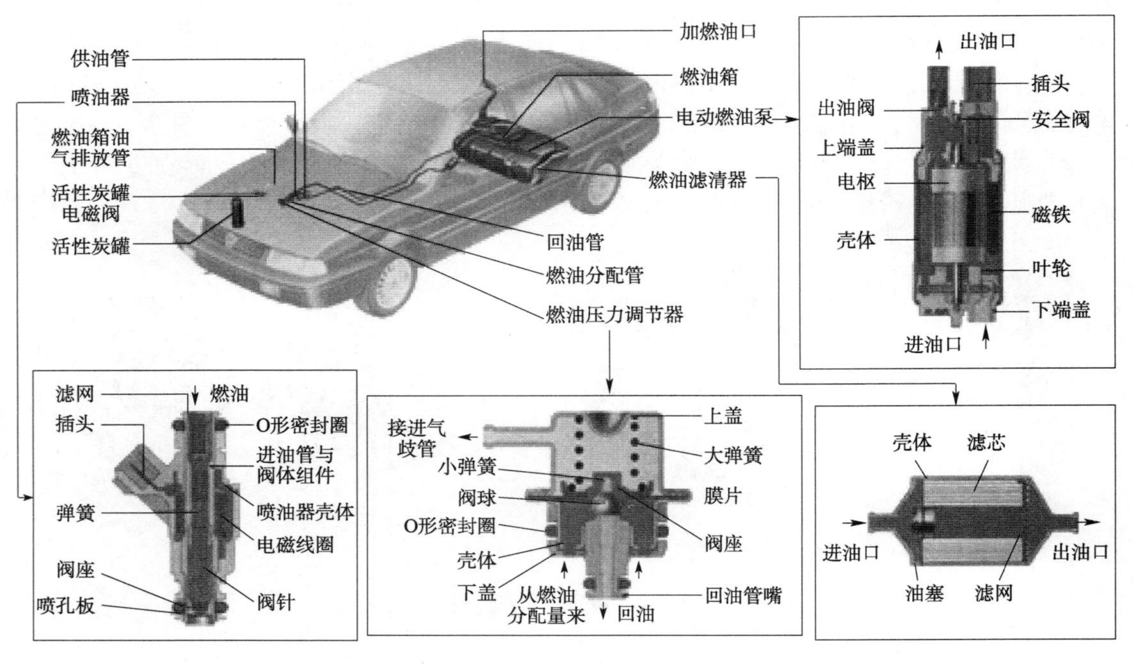

图6-13　发动机燃油供给系统组成

4）润滑系统

润滑系统的功用是向作相对运动的零件表面输送定量的清洁润滑油，以实现液体摩擦，减小摩擦阻力，减轻机件的磨损。并对零件表面进行清洗和冷却。润滑系统通常由润滑油道、机油泵、机油滤清器和一些阀门等组成，如图6-14所示。

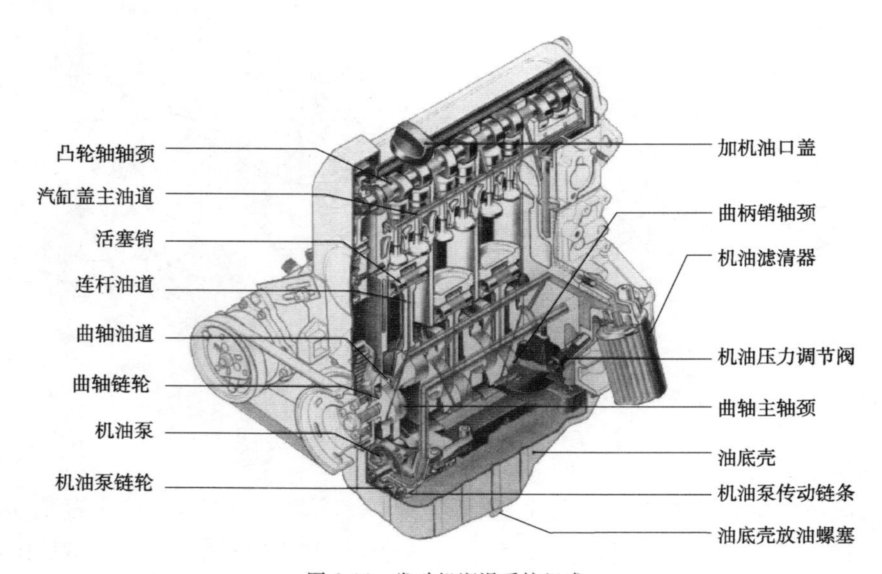

图6-14　发动机润滑系统组成

5)冷却系统

冷却系统的功用是将受热零件吸收的部分热量及时散发出去,保证发动机在最适宜的温度状态下工作。水冷发动机的冷却系统通常由冷却水套、水泵、风扇、散热器、节温器等组成,如图6-15所示。

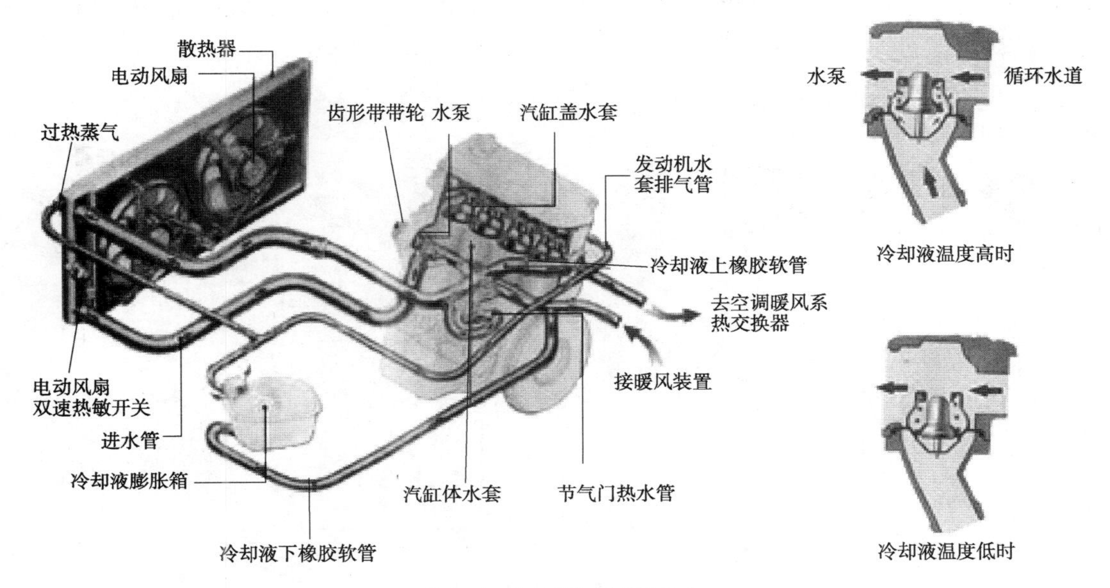

图6-15　发动机冷却系统组成

6)点火系统

在汽油机中,汽缸内的可燃混合气是靠电火花点燃的,为此在汽油机的汽缸盖上装有火花塞,火花塞头部伸入燃烧室内。能够按时在火花塞电极间产生电火花的全部设备称为点火系统,点火系统通常由蓄电池、发电机、分电器、点火线圈和火花塞等组成,如图6-16所示。

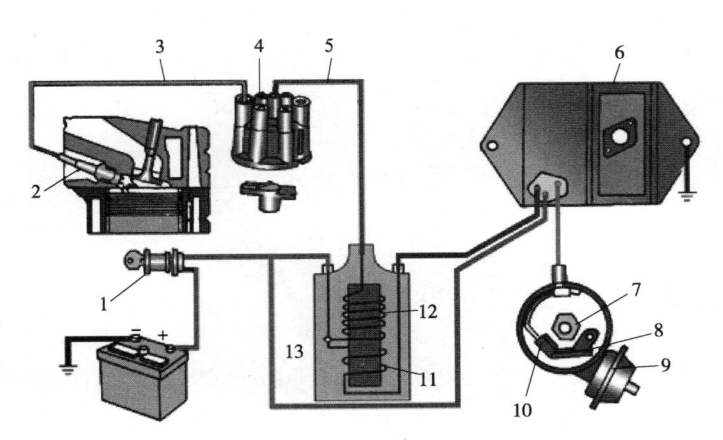

图6-16　发动机点火系统组成

1-点火开关;2-火花塞;3-分高压线;4-分电器盖及分火头;5-中央高压线;6-点火控制器;7-信号盘转子;8-永久磁铁;9-真空调节器;10-信号线圈;11-初级绕组;12-次级绕组;13-点火线圈

7)起动系统

当发动机由静止状态过渡到工作状态,必须先用外力转动发动机的曲轴,使活塞做往复运动,汽缸内的可燃混合气燃烧膨胀做功,推动活塞向下运动使曲轴旋转,发动机才能自行运转,工作循环才能自动进行。因此,曲轴在外力作用下开始转动到发动机开始自动地怠速运转的全过程,称为发动机的起动。完成起动过程所需的装置,称为发动机的起动系统。主要由蓄电池、起动机、起动继电器、点火开关等组成,如图 6-17 所示。

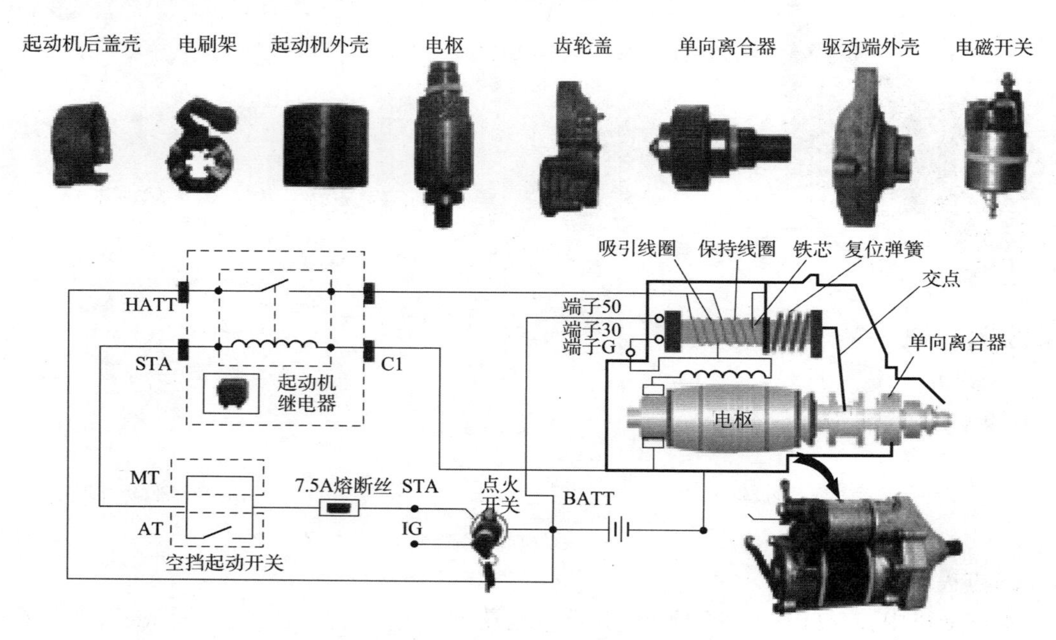

图 6-17 发动机起动系统组成

二、发动机的基本术语

1. 上止点

活塞离曲轴回转中心最远处,一般指活塞上行到最高位置,一般用英文缩写词 TDC 表示,如图 6-18 所示。

2. 下止点

活塞离曲轴回转中心最近处,一般指活塞下行到最低位置,一般用英文缩写词 BDC 表示,如图 6-19 所示。

3. 活塞行程(s)

上、下止点间的距离(mm),如图 6-20 所示。

4. 曲柄半径(R)

与连杆下端(即连杆大头)相连的曲柄销中心到曲轴回转中心的距离(mm),如图 6-21 所示。

显然,$s=2R$。曲轴每转一周,活塞移动两个行程。

5. 汽缸工作容积(V_h)

活塞从上止点到下止点所让出的空间容积(L),如图 6-22 所示。

6. 燃烧室容积(V_c)

活塞在上止点时，活塞上方的空间称为燃烧室，它的容积称为燃烧室容积(L)，如图6-23所示。

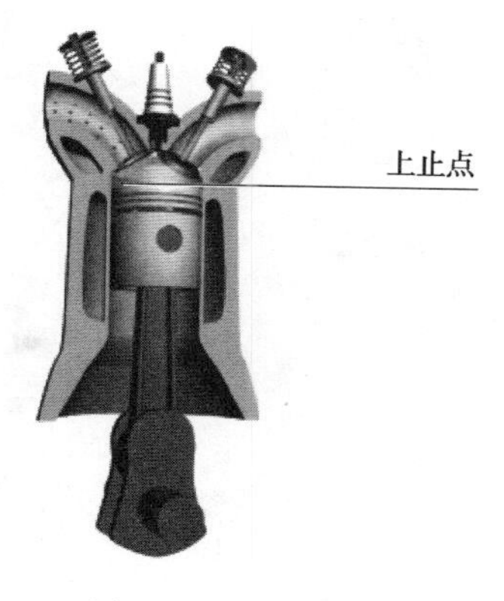

图6-18　上止点示意图

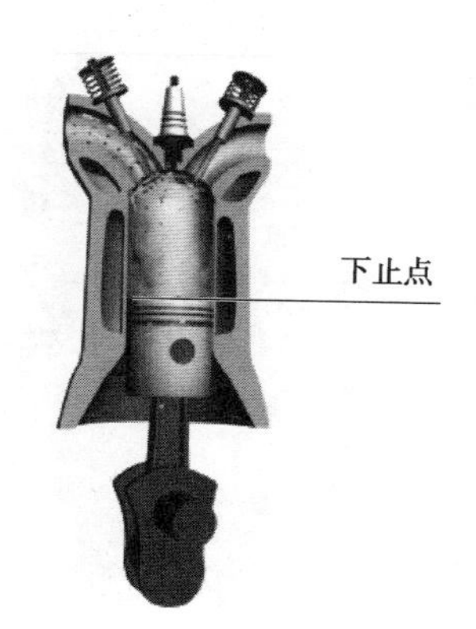

图6-19　下止点示意图

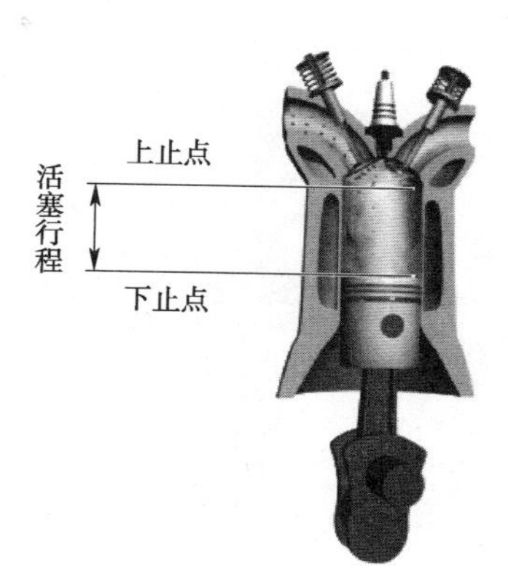

图6-20　活塞行程示意图

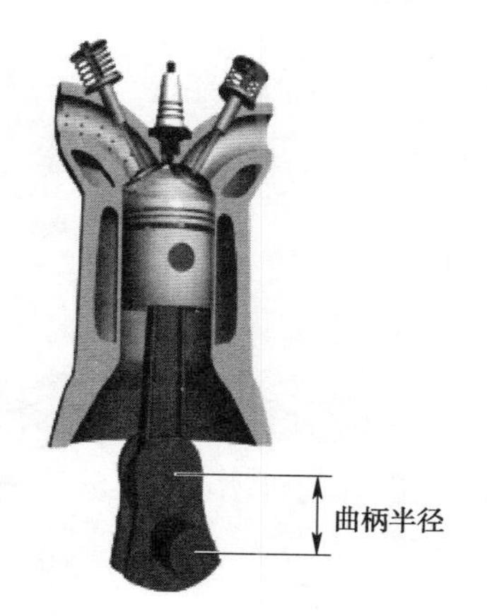

图6-21　曲柄半径示意图

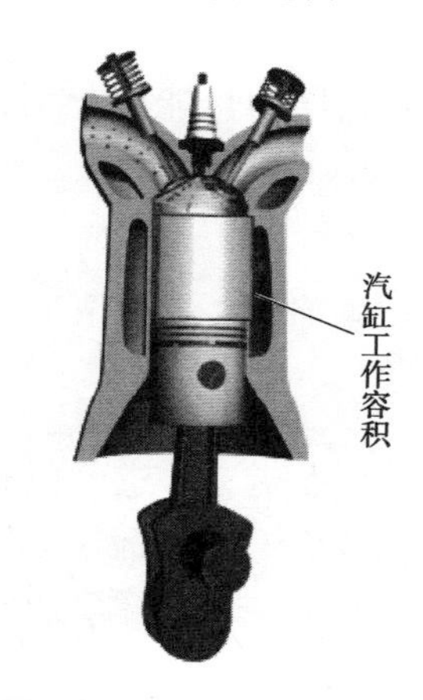

图6-22　汽缸工作容积示意图

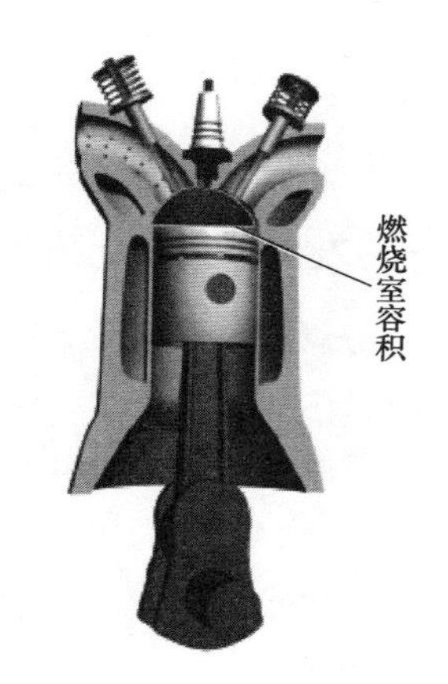

图6-23　燃烧室容积示意图

7. 发动机排量(V_L)

发动机所有汽缸工作容积之和(L)。设发动机的汽缸数为i，则

$$V_L = V_h i$$

8. 汽缸总容积(V_a)

活塞在下止点时，活塞上方的容积称为汽缸总容积(L)，如图6-24所示。它等于汽缸工作容积与燃烧室容积之和，即

$$V_a = V_h + V_c$$

9. 压缩比(ε)

汽缸总容积与燃烧室容积的比值，如图6-25所示，即

$$\varepsilon = V_a/V_c = 1 + V_h/V_c$$

它表示活塞由下止点运动到上止点时，汽缸内气体被压缩的程度。压缩比越大，压缩终了时汽缸内的气体压力和温度就越高。一般车用汽油机的压缩比为7~10，柴油机的压缩比为15~22。

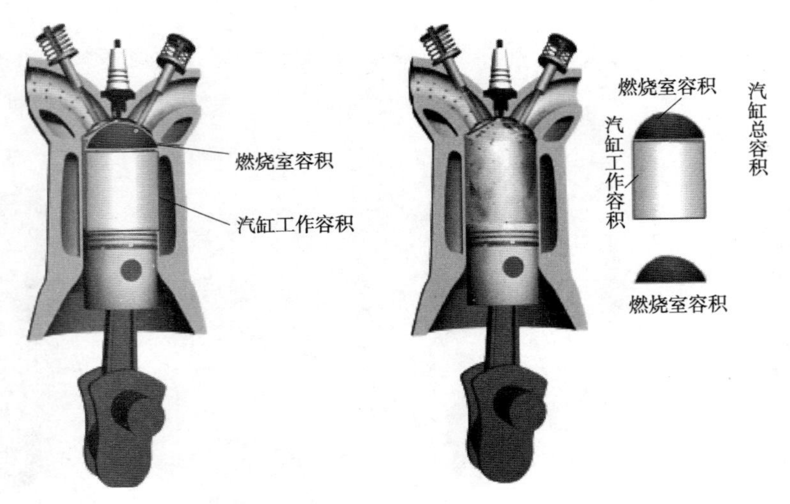

图 6-24　汽缸总容积示意图　　图 6-25　压缩比示意图

10. 发动机的工作循环

在汽缸内进行的每一次将燃料燃烧的热能转化为机械能的一系列连续过程(进气、压缩、做功和排气)称发动机的工作循环。

三、发动机的工作原理

1. 四冲程汽油发动机工作原理

1)进气行程

活塞由曲轴带动从上止点向下止点运动。进气门打开,排气门关闭。活塞上腔容积增大,在真空吸力的作用下,经过滤清的空气与汽油形成混合气,经进气门被吸入汽缸,至活塞运动到下止点时,进气门关闭,停止进气,进气行程结束,如图 6-26a)所示。

2)压缩行程

活塞在曲轴的带动下,从下止点向上止点运动。进、排气门均关闭,活塞上腔容积不断减小,混合气被压缩,至活塞到达上止点时,压缩行程结束。气体压力和温度同时升高,混合气进一步混合,形成可燃混合气。此时,汽缸内压力为 600 ~ 1500kPa,温度为 600 ~ 800K ,远高于汽油的点燃温度,因而很容易点燃,如图 6-26b)所示。

3)做功行程

压缩行程末,火花塞产生电火花,点燃汽缸内的可燃混合气,并迅速着火燃烧,气体产生高温、高压,推动活塞由上止点向下止点运动,再通过连杆驱动曲轴旋转向外输出做功,如图 6-26c)所示。

4)排气行程

在做功行程终了时,排气门被打开,活塞在曲轴的带动下由下止点向上止点运动。废气在自身的剩余压力和活塞的驱赶作用下,自排气门排出汽缸,至活塞运动到上止点时,排气门关闭,排气行程结束,如图 6-26d)所示。

2. 四冲程柴油发动机工作原理

1)进气行程

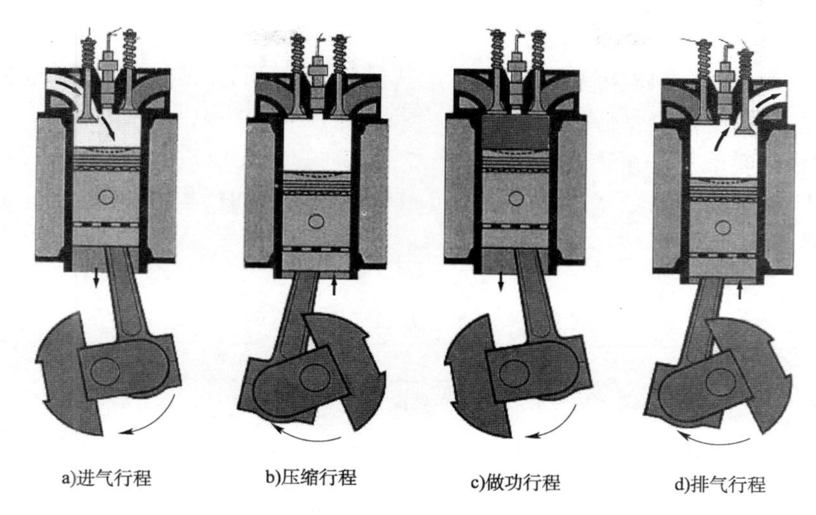

图 6-26 四冲程汽油发动机工作原理

曲轴带动活塞从上止点向下止点运动,进气门开启,排气门关闭,汽缸内活塞上腔容积逐渐增大,形成真空度,在真空吸力作用下,新鲜空气被吸入汽缸,如图 6-27a)所示。

2)压缩行程

曲轴带动活塞从上止点向下止点运动,进气门开启,排气门关闭,汽缸内活塞上腔容积逐渐减小,空气被压缩,压力、温度升高,如图 6-27b)所示。

3)做功行程

压缩行程末,喷油泵将高压柴油经喷油器喷入汽缸内的高压空气中,迅速雾化并与空气形成可燃混合气,柴油自行着火燃烧,汽缸内压力、温度急剧升高,推动活塞由上止点向下止点运动,带动曲轴旋转做功,如图 6-27c)所示。

4)排气行程

在做功终了时,排气门被打开,曲轴带动活塞由下止点向上止点运动,废气在自身的剩余压力和活塞的驱赶作用下,自排气门排出汽缸,如图 6-27d)所示。

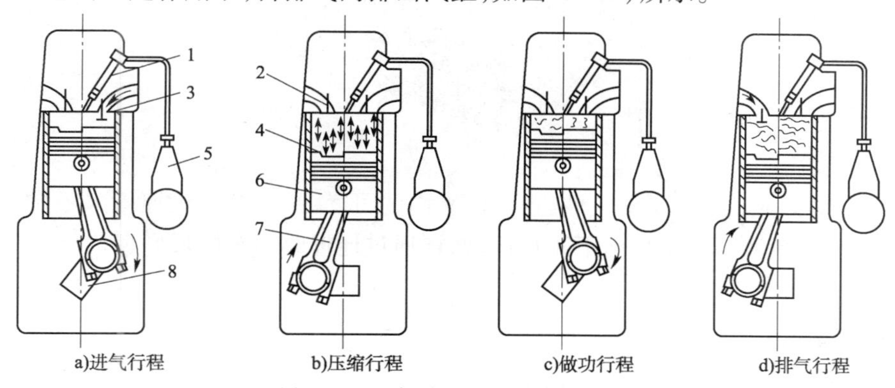

图 6-27 四冲程柴油发动机工作原理

3. 汽油发动机和柴油发动机工作原理比较

1)共同点

(1)每个工作循环曲轴转两转(720°),每一行程曲轴转半转(180°),进气行程是进气门开启，排气行程是排气门开启，其余两个行程进、排气门均关闭。

(2)四个行程中，只有做功行程产生动力，其他三个行程是为做功行程做准备工作的辅助行程，虽然做功行程是主要行程，但其他三个行程也不可缺少。

(3)发动机运转的第一个循环，必须有外力使曲轴旋转完成进气、压缩行程，着火后，完成做功行程，依靠曲轴和飞轮储存的能量便可自行完成以后的行程，以后的工作循环发动机无须外力就可自行完成。

2)不同点(表6-1)

汽油发动机和柴油发动机工作原理不同点 表6-1

序号	汽油发动机	柴油发动机
1	汽油与空气缸外混合，进入可燃混合气	进入汽缸的是纯空气
2	火花塞点燃混合气	混合气自燃
3	有点火系	无点火系

四、典型发动机的构造

典型发动机(丰田4E－FE汽油机)构造如图6-28所示。

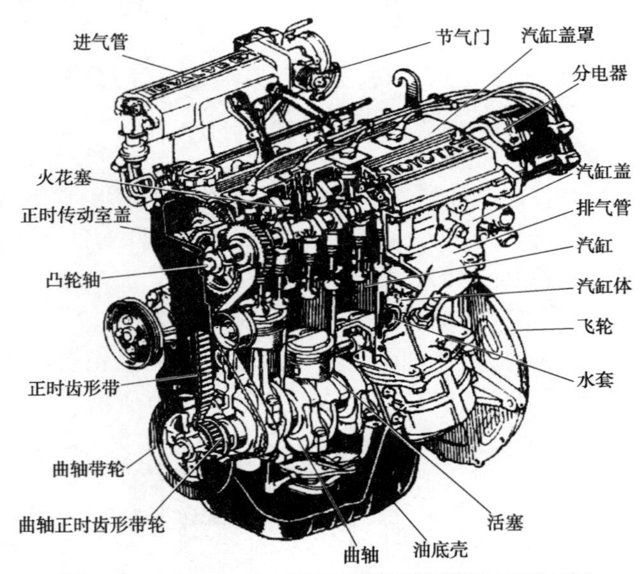

图6-28 丰田4E－FE四气门电控燃油喷射汽油机纵剖图

第三节 汽车底盘构造和工作原理

学习目标

1. 了解传动系组成、构造及工作原理。
2. 了解行驶系组成、构造及工作原理。
3. 了解转向系组成、构造及工作原理。
4. 了解制动系组成、构造及工作原理。

一、传动系的组成、构造及工作原理

传动系是从发动机到驱动车轮之间所有动力传递装置的总称，基本组成如图 6-29 所示，主要由离合器、变速器、万向传动装置、驱动桥等组成。

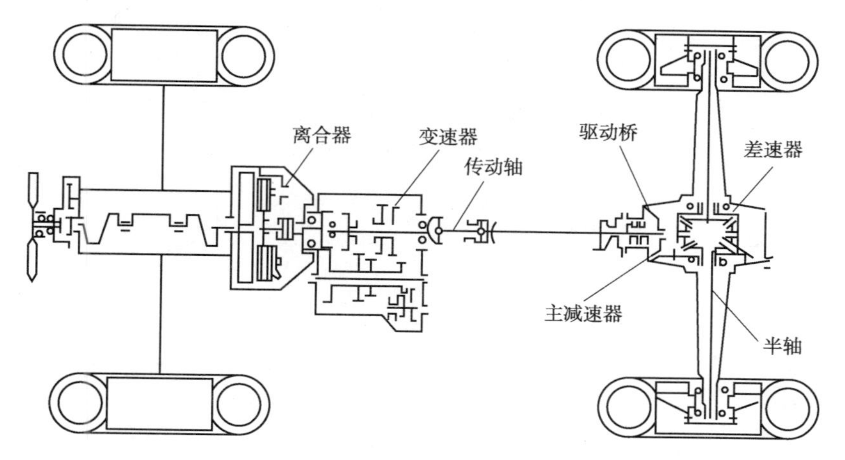

图 6-29 传动系组成示意图

1. 离合器

1）作用

使发动机与传动系逐渐接合，保证汽车平稳起步；暂时切断发动机的动力传动，保证变速器换挡平顺；限制所传递的转矩，防止传动系过载。

2）摩擦离合器的基本构造

摩擦离合器的构造如图 6-30 所示，基本由以下四个部分组成：

（1）主动部分：飞轮、离合器盖、压盘。

（2）从动部分：从动盘、从动轴。

（3）压紧机构：压紧弹簧。

（4）操纵机构：离合器踏板、分离拉杆、分离叉、分离套筒、分离轴承、分离杠杆等。

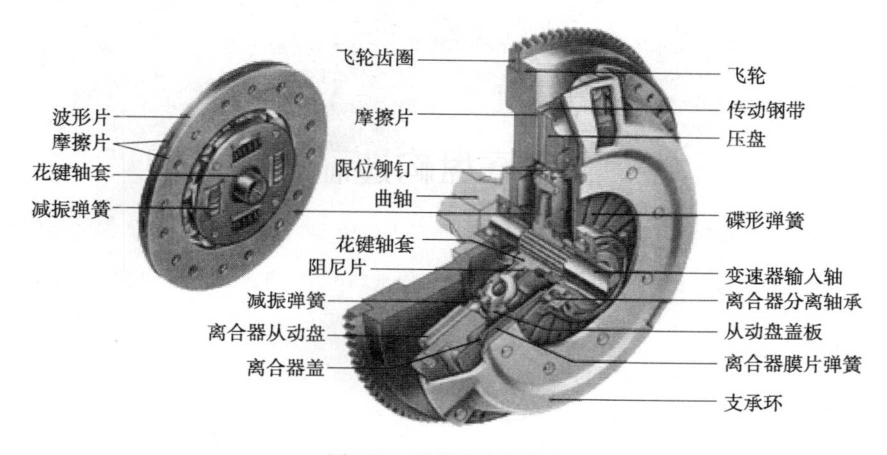

图 6-30 摩擦离合器构造

3）工作原理

（1）接合状态：飞轮、压盘、从动盘三者在压紧弹簧的作用下压紧在一起，发动机的转矩经飞轮、压盘通过摩擦力矩传至从动盘，再经从动轴（变速器的一轴）向变速器传递动力。

（2）分离过程：踩下离合器踏板，分离拉杆右移，分离叉推动分离套筒左移，通过分离轴承使分离杠杆内端左移、外端右移，使压盘克服弹簧力右移，离合器主、从动部分分离，中断动力传动。

（3）接合过程：缓慢抬起踏板，压盘在压紧弹簧的作用下逐渐压紧从动盘，传递的转矩逐渐增加，从动盘开始转动，但仍小于飞轮转速，压力不断增加，二者转速逐渐接近，直至相等，打滑消失，离合器完全接合。

2. 普通齿轮变速器

1）作用

（1）传递动力并改变传动比，扩大驱动轮的转矩和转速的范围，以适应经常变化的行驶工况，使发动机工作在高效区。

（2）实现倒车。

（3）利用空挡，中断动力传递。

2）基本构造和工作原理

普通齿轮变速器由一个外壳、固定的几根轴和若干齿轮组成，构造如图6-31所示。变速传动机构是变速器的主体，如图6-32所示。按工作轴的数量（不包括倒挡轴）可分为两轴式变速器和三轴式变速器。采用齿轮传动，通过更换齿轮啮合，得到具有若干个定值传动比，实现了齿轮传动变速。

图6-31　普通齿轮变速器构造

图6-32　普通齿轮变速器传动机构

3. 万向传动装置

1）作用

把变速器传出的动力传给主减速器，实现有夹角和相对位置经常发生变化的两轴之间的动力传动。

2）基本构造

如图6-33所示，万向传动装置由万向节、传动轴组成，在有些场合还要加装中间支承。

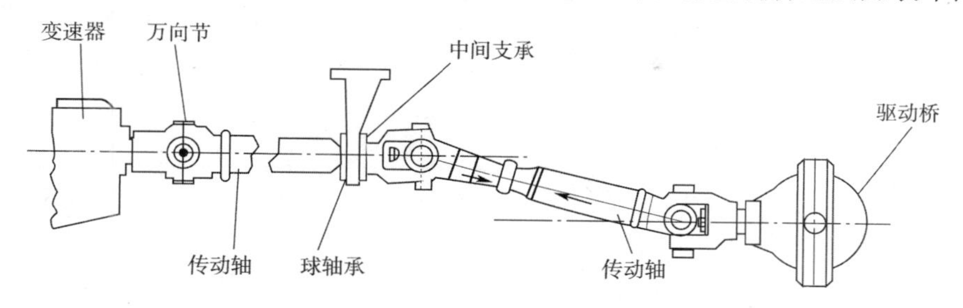

图6-33 万向传动装置构造

4.主减速器

1）作用

将动力传给差速器，并实现降低传动转速增加转矩、改变传动方向。

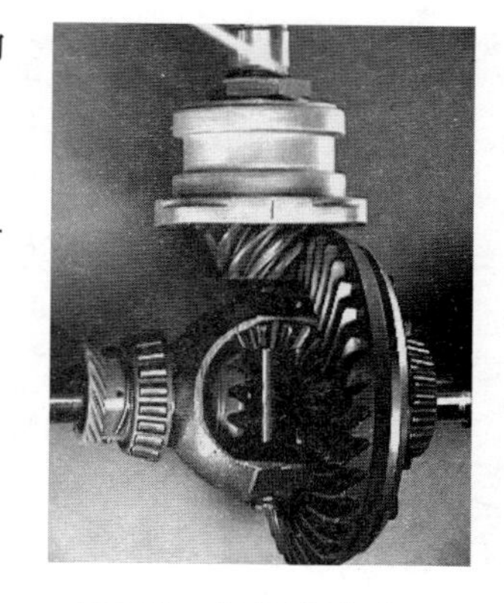

图6-34 主减速器构造

2）基本构造

目前，在轿车上应用较多的是单级主减速器，构造如图6-34所示，主要由主、从动锥齿轮及其支撑调整装置组成。

5.差速器

1）作用

把主减速器的动力传给左右半轴，并允许左右车轮以不同的转速旋转，使左右驱动轮相对地面纯滚动而不是滑动。

2）基本构造

差速器的构造如图6-35所示，由圆锥行星齿轮、十字轴、半轴锥齿轮和差速器壳组成。

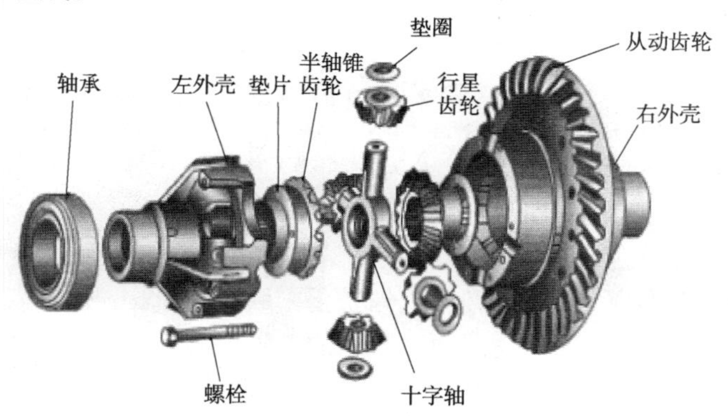

图6-35 差速器构造

二、行驶系的组成、构造及工作原理

1.行驶系的组成

行驶系主要由车架、悬架、车桥和车轮等组成，如图6-36所示。

1）车架

车架是支撑车身的基础构件，一般称为底盘大梁架，汽车的绝大部分部件和总成通过车架固定位置。通常车架由纵梁和横梁组成，一般跨接在前后车桥上，构造如图6-37所示。

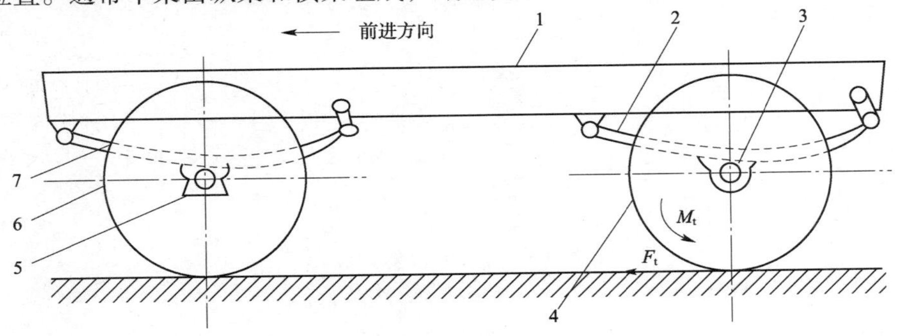

图6-36　行驶系组成示意图

1-车架；2-后悬架；3-驱动桥；4-后轮；5-转向桥；6-前轮；7-前悬架

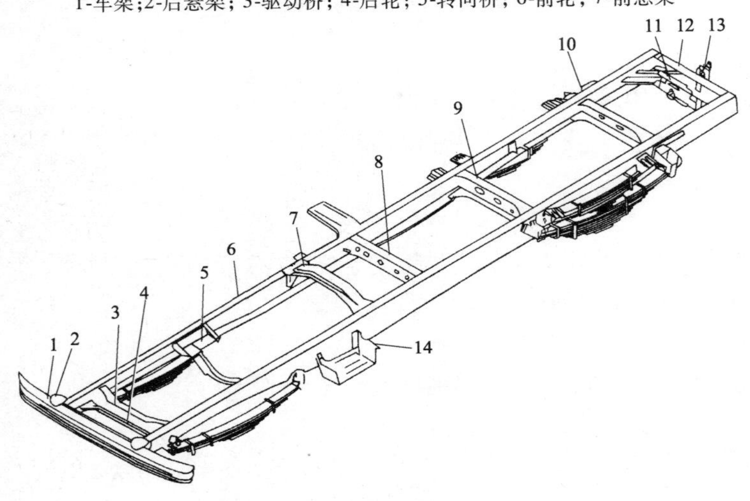

图6-37　车架构造

1-保险杠；2-挂钩；3-前横梁；4-发动机前悬置横梁；5-发动机后悬支架及横梁；6-纵梁；7-驾驶室后悬置横梁；8-第四横梁；9-后钢板弹簧前支架横梁；10-后钢板弹簧后支架横梁；11-角撑横梁组件；12-后横梁；13-拖钩；14-蓄电池托架

2）车桥

车桥是通过悬架和车架相连，两端安装汽车的车轮，可以传递车架与车轮之间的各方向作用力。前桥又称为转向桥，前桥与转向机构是紧密联系的机构，所以它不仅要保证汽车操纵的轻便性和稳定性，而且还要承受路面对车轮的各种反力和这些反力所形成的力矩，对汽车操纵的轻便性、稳定性及轮胎磨损有着很大影响，如图6-38所示。

3）车轮

车轮是介于轮胎和车轴之间承受负荷的旋转组件，它由轮毂、轮辋以及这两元件间的连接部分（称轮辐）所组成，如图6-39所示。

4）悬架

悬架将汽车行驶过程中车轮产生的力和力矩，传递到车架，并通过弹性、阻尼元件、导向杆系衰减汽车的振动，提高车辆的操纵稳定性和平顺性，如图6-40所示。

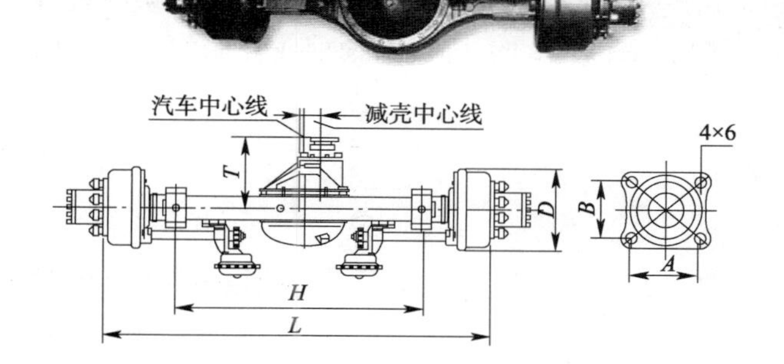

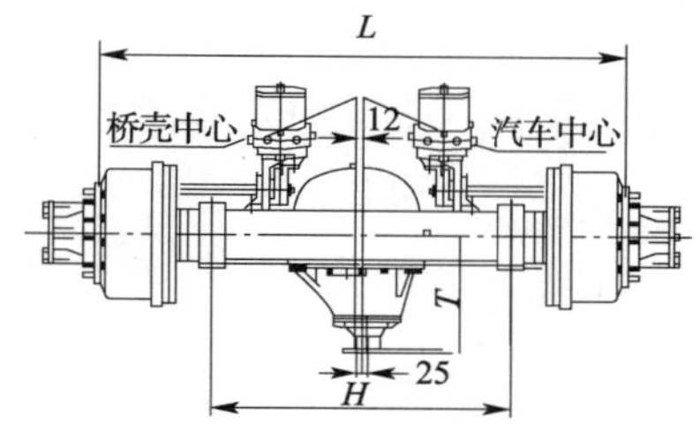

图 6-38　车桥

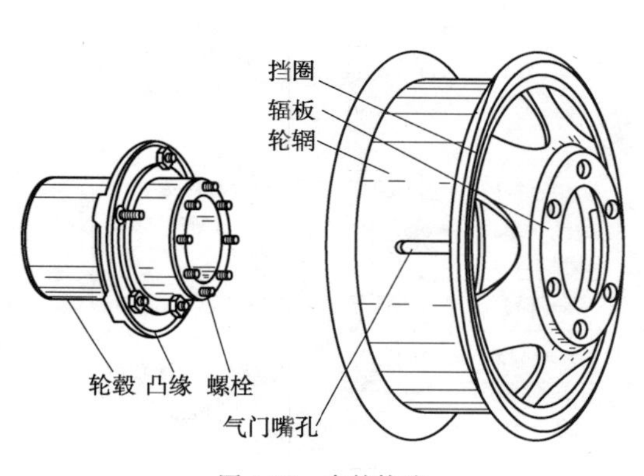

图 6-39　车轮构造

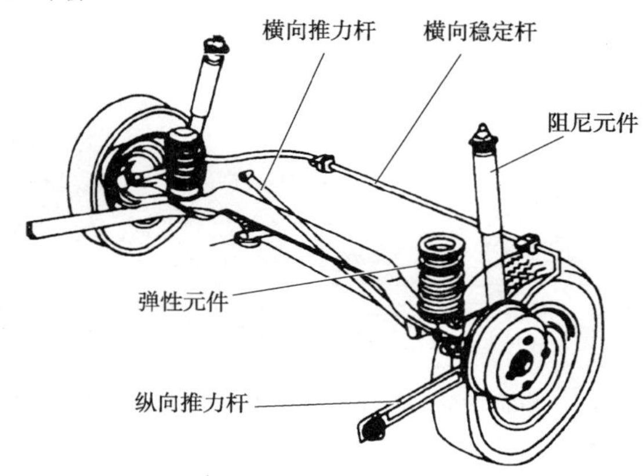

图 6-40　悬架构造

2. 行驶系的工作原理

如图 6-41 所示，汽车的总重力 G 通过前、后车轮传到地面，引起地面分别作用于前轮和后轮上竖直上的反作用力 Z_1 和 Z_2，当驱动桥中半轴将由发动机输出的经传动系的驱动转矩 M_1 传到驱动轮上，使驱动轮对路面产生一纵向作用力 F，从而使路面给驱动轮边缘与汽车行驶方向一致的纵向反作用力 F_t，该力即为汽车驱动力，又称牵引力。

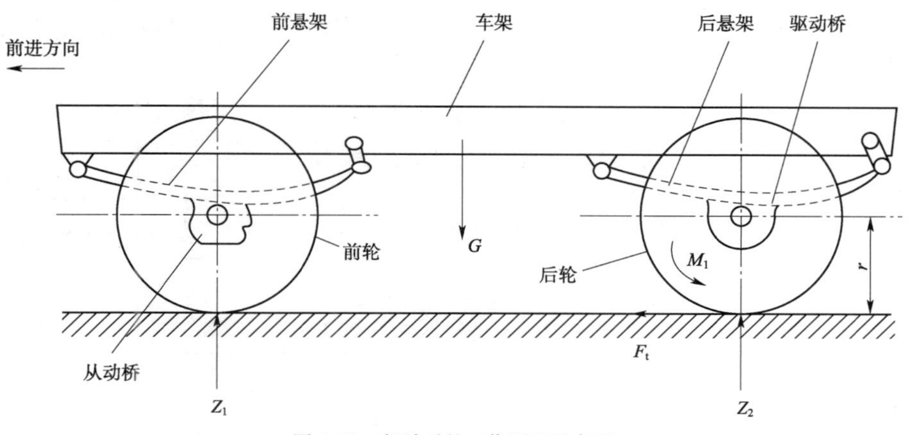

图 6-41　行驶系的工作原理示意图

其中一小部分用以克服驱动轮本身滚动阻力，其余大部分则依次通过驱动桥壳、后悬架传到车架，用来克服作用于汽车上的空气阻力和坡道阻力，还有一部分牵引力由车架经过前悬架传至转向桥，作用于自由支承在转向桥两端转向节上的从动轮，使前轮克服滚动阻力向前滚动。

三、转向系的组成、构造及工作原理

1. 组成

转向系由转向器与操纵机构、转向传动机构、动力转向系统及附属系统组成，如图 6-42 所示。

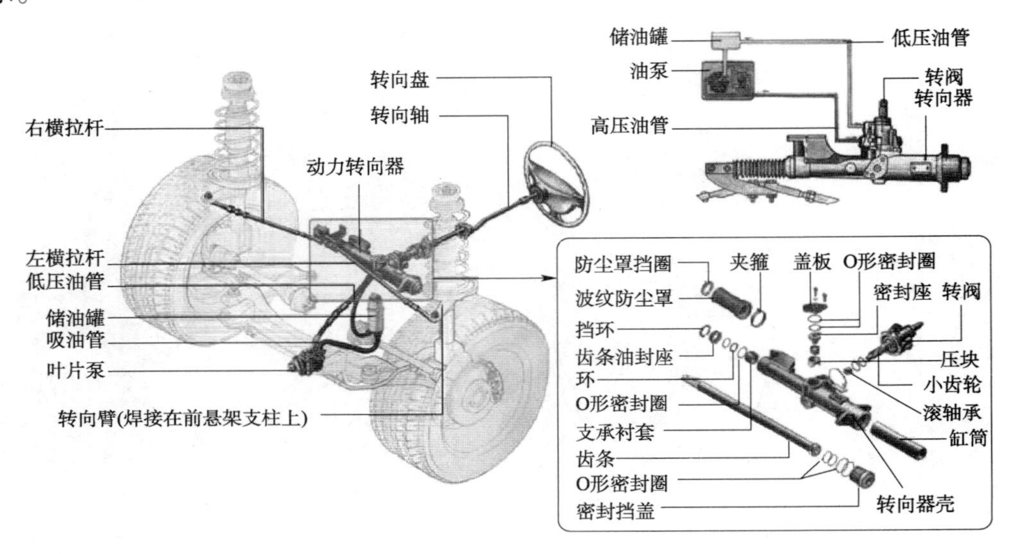

图 6-42　转向系构造

2. 作用

按驾驶人（或其他设备）的要求，改变和恢复车辆的行驶方向，保证良好的可操纵性、安全性和轻便性，并缓和因转向引起的冲击。

3. 机械转向器的构造及工作原理

图 6-43 所示为循环球式转向器，是在汽车上应用比较广泛的结构形式，由螺杆、螺母、齿条、齿扇、外壳等组成。它一般有两级传动副，第一级为螺杆螺母传动，第二级为齿条齿扇传动。当转动转向盘时，转向螺杆也随之转动，通过钢球将作用力传给螺母，螺母即产生轴向移动，同时，由于摩擦力的作用，所有钢球在螺杆与螺母之间滚动，形成“球流”。钢球在螺母内绕行两周后，流出螺母进入导管，再由导管流回螺母，随着螺母沿螺杆做轴向移动，其齿条带动齿扇运动，齿扇带动垂臂轴转动，从而使转向垂臂产生摆动，如图 6-44 所示，通过转向传动机构使转向轮偏转完成汽车转向。

四、制动系的组成、构造及工作原理

1. 组成

制动系总体由以下四大部分组成：供能装置、控制装置、传力装置、制动器，如图 6-45 所示。

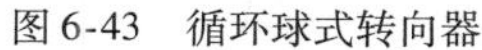
图6-43 循环球式转向器

图6-44 循环球式转向器工作示意图

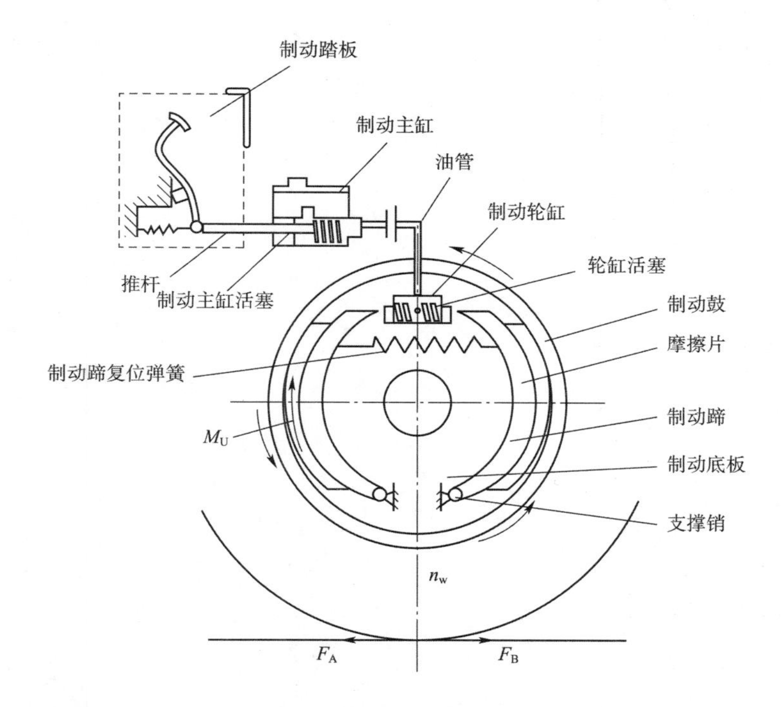

图6-45 制动系组成及工作原理

2. 作用

按驾驶人(或其他设备)的要求,通过操纵在汽车车轮上作用一个与汽车行驶方向或趋势相反的力矩,使行驶中的车辆减速、停车,并达到驻车等功能。

3. 车轮制动器

制动器是用来产生阻碍车辆运动或运动趋势的力的部件。

目前各类汽车所用的摩擦制动器可分为鼓式和盘式两大类。前者的摩擦副中的旋转元件为制动鼓,其工作面为圆柱面,如图6-46 所示;后者的旋转元件为圆盘状的制动盘,其工作面为圆盘端面,如图6-47 所示。

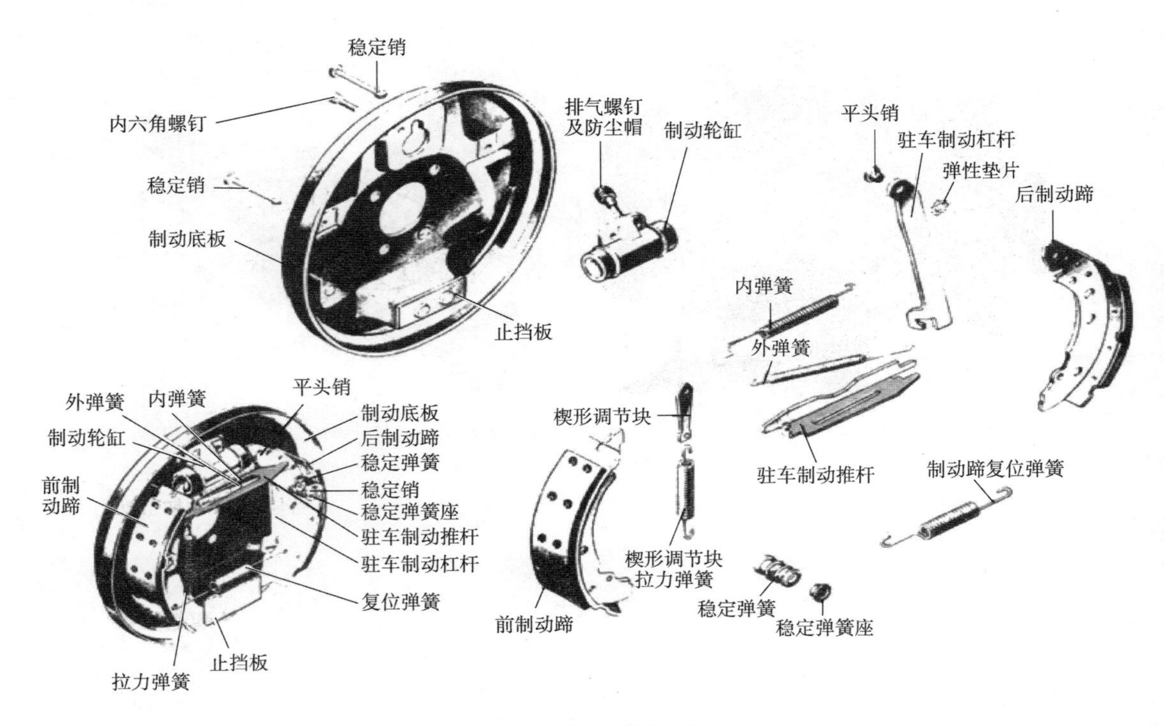

图 6-46　鼓式制动器结构

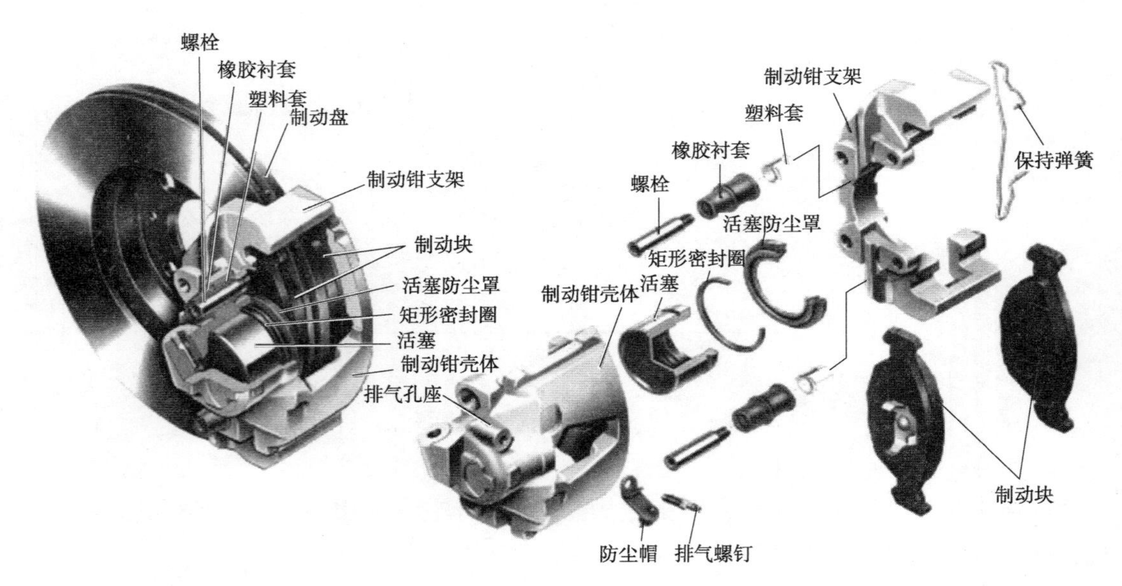

图 6-47　盘式制动器结构

旋转元件固装在车轮或半轴上,即制动力矩分别作用于两侧车轮上的制动器称为车轮制动器。旋转元件固装在传动系的传动轴上,其制动力矩须经过驱动桥再分配到两侧车轮上的制动器称为中央制动器。车轮制动器一般用于行车制动,部分汽车的后轮制动器兼用于驻车制动。中央制动器一般只用于驻车制动。

4. 车轮制动器工作原理

如图 6-45 所示，踩下制动踏板制动时，主缸推杆推动制动主缸内的活塞前移，迫使制动液进入制动轮缸，推动轮缸活塞向外移动，使制动蹄克服复位弹簧的拉力绕支撑销转动张开，消除制动蹄与制动鼓之间的间隙后压紧制动鼓，此时固定元件制动蹄与旋转元件制动鼓之间就产生摩擦力，阻止车轮旋转。

第四节　汽车电气设备构造和工作原理

1. 了解电源系统的组成、构造及工作原理。
2. 了解起动系统的组成、构造及工作原理。
3. 了解点火系统的组成、构造及工作原理。
4. 了解其他电气设备的组成、构造及工作原理。

一、汽车电源系统的组成、构造及工作原理

1. 电源系统组成

汽车电源系统由发电机、电压调节器、蓄电池、电流表等组成。

1）蓄电池

（1）作用：是一种储存、释放电能的装置。

（2）组成：正极板、负极板、隔板、电解液、电池盖、加液孔盖和电池外壳，如图 6-48 所示。

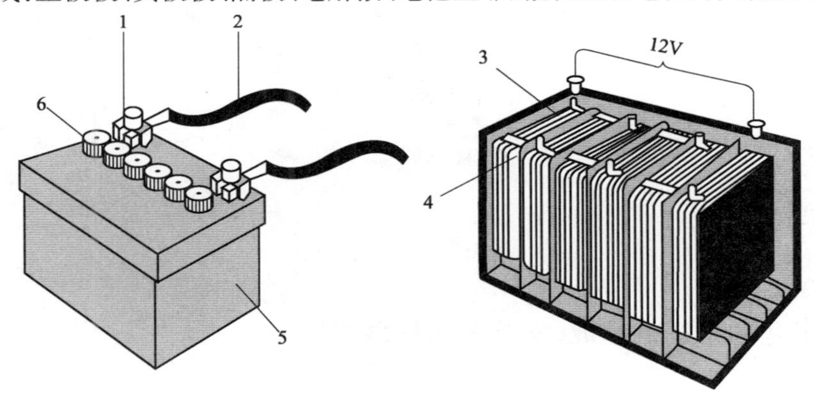

图 6-48　蓄电池构造

1-极桩；2-起动电缆；3-单体电池；4-联条；5-外壳；6-加液孔盖

2）交流发电机

发电机是汽车的主要电源，其功用是在发动机正常运转时（怠速以上），向所有用电设备（起动机除外）供电，同时向蓄电池充电，其构造如图 6-49 所示。

2. 电源系统特点

（1）有两套电源，并联供电，如图 6-50 所示。

（2）发动机正常工作时，发电机向用电设备供电，并对蓄电池充电。

(3)起动发动机时,蓄电池向起动机和点火系统供电。

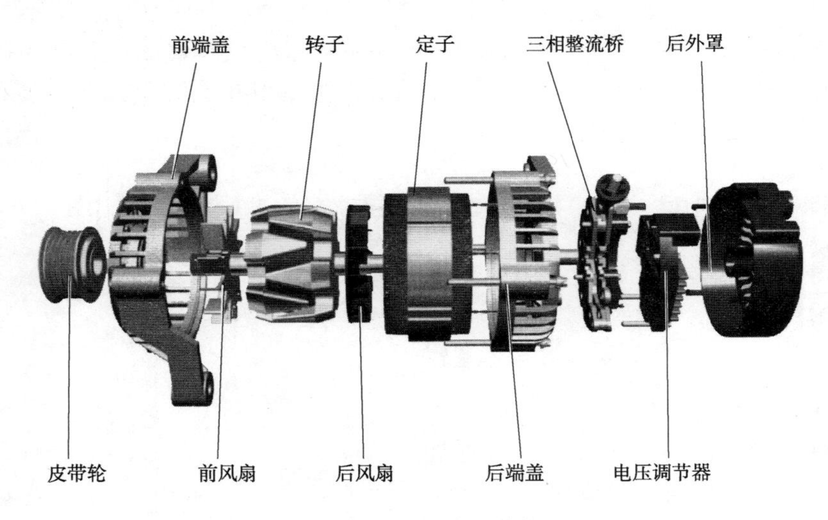

图 6-49　交流发电机结构

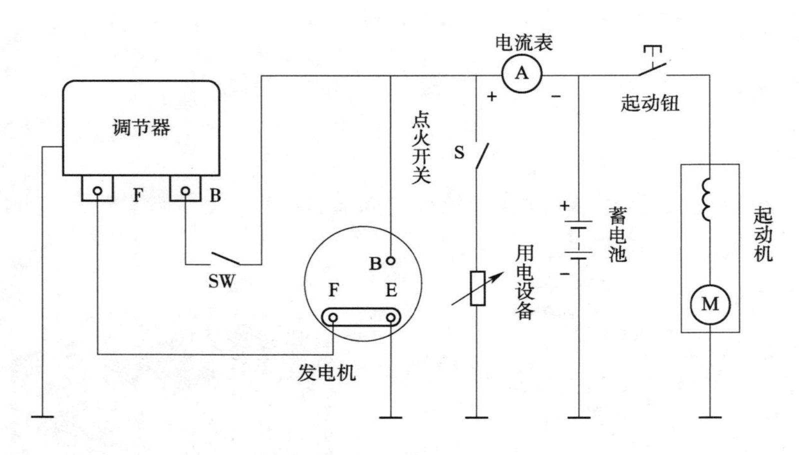

图 6-50　汽车基本电路

二、汽车起动系统的组成、构造及工作原理

1. 组成

起动系统一般由蓄电池、起动机、起动继电器、点火开关等部件组成,如图 6-51 所示。

2. 工作原理及作用

以蓄电池为电源,直流电动机驱动发动机,使发动机曲轴在外力作用下从开始运转到怠速运转,完成起动任务。

3. 起动机

1)起动机的构造

起动机构造如图 6-52 所示。

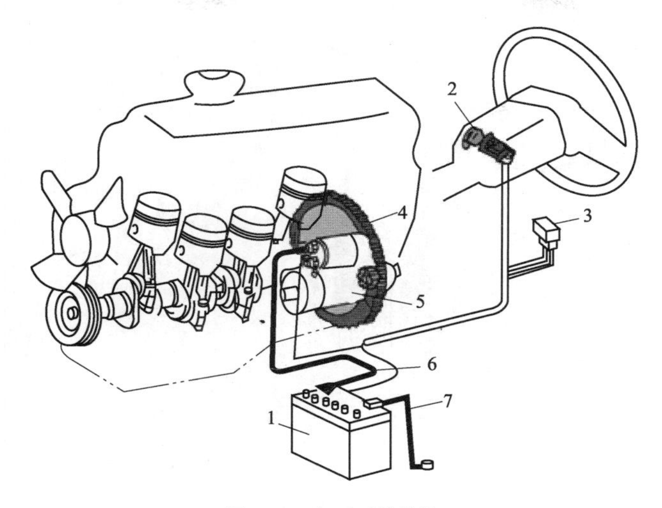

图 6-51 起动系统结构

1-蓄电池;2-点火开关;3-起动继电器;4-飞轮;5-起动机;6-起动机电缆;7-搭铁电缆

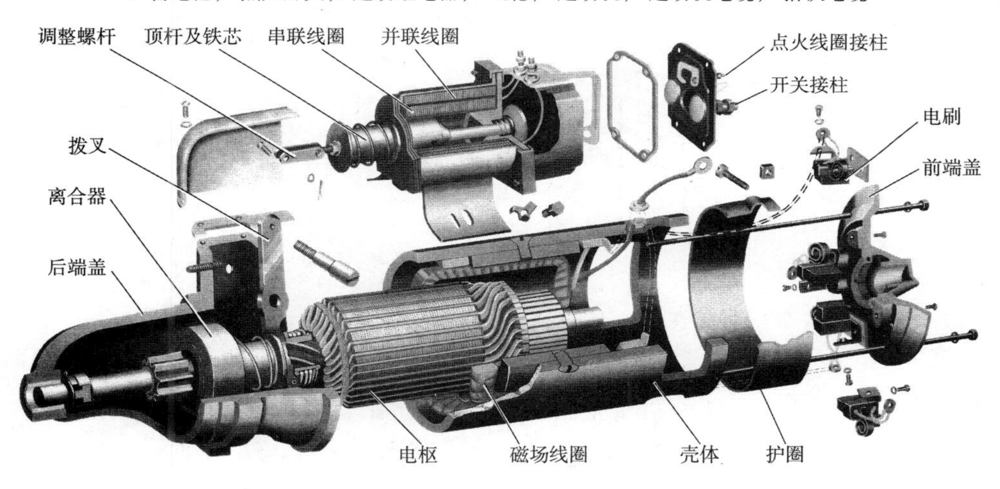

图 6-52 起动机的构造

2)起动机的工作原理及作用

起动机将蓄电池提供的电能转变为机械能,产生转矩驱动发动机起动。

三、汽车点火系统的组成、构造及工作原理

1. 组成

点火系统一般由电源(蓄电池或发电机)、点火开关、点火线圈、分电器、点火控制器、火花塞、高压线等部件组成,如图 6-53 所示。

2. 工作原理及作用

在汽油发动机中,汽缸内的混合气是由高压电火花点燃的,而产生电火花的功能是由点火系统来完成的。点火系统将电源的低电压变成高电压,再按照发动机点火顺序轮流送至

各汽缸，点燃压缩混合气；并能适应发动机工况和使用条件的变化，自动调节点火时刻，实现可靠而准确的点火，如图6-54所示。

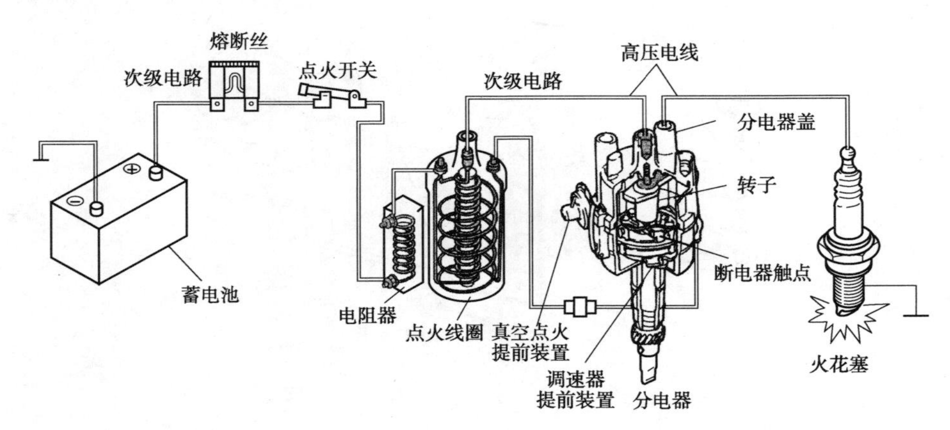

图6-53　点火系统构造

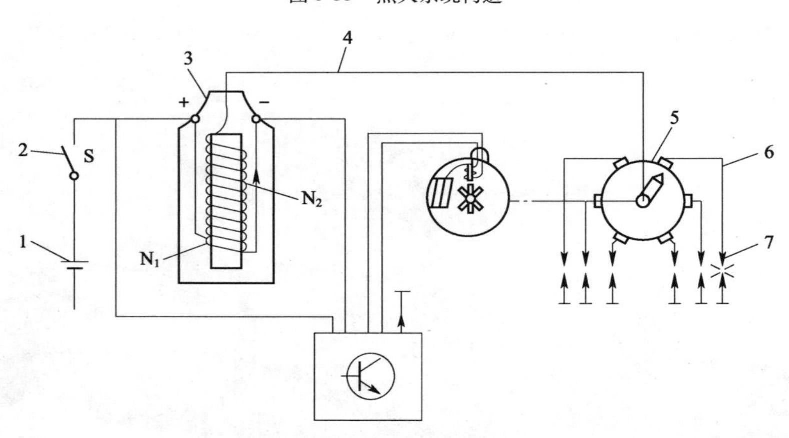

图6-54　点火系统工作原理

1-电源；2-点火开关；3-点火线圈；4-高压线；5-分电器；6-分缸高压线；7-火花塞

四、汽车照明信号系统的组成、构造及工作原理

为了保证车辆夜间行驶的安全和提高汽车夜间的行驶速度。汽车上常安装有各种照明设备和灯光信号系统。

1. 汽车照明系统的构造

目前，汽车照明系统大都采用组合灯具，即把前照灯（俗称大灯）、前转向灯、前小灯等组合在一起，构成前组合灯（图6-55所示为奥迪A6轿车前组合灯的分解图），把倒车灯、制动灯、后转向灯、后小灯、后雾灯等组合在一起，构成后组合灯。如图6-56~图6-58所示为丰田08款花冠EX型轿车前部和后部照明系统的名称。

2. 汽车的信号系统的构造及工作原理

汽车的信号系统主要有转向信号装置、制动信号装置、倒车信号装置及喇叭信号装置等。

1）汽车转向信号灯

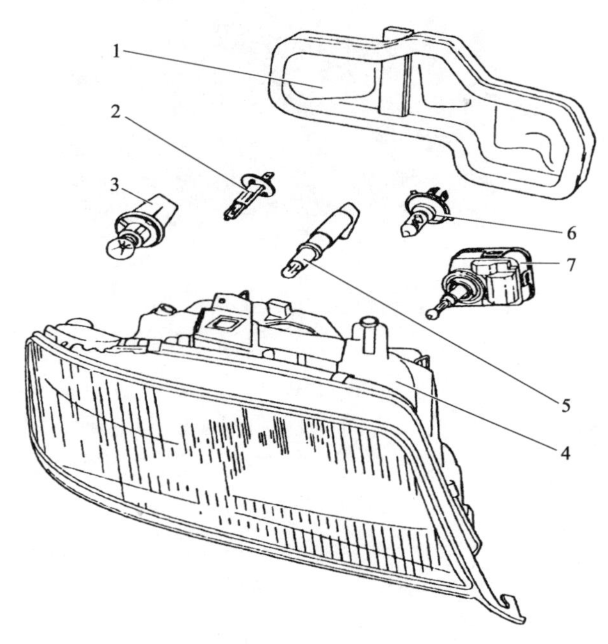

图 6-55　奥迪 A6 轿车前组合灯的分解图

1-罩盖;2-近光灯灯泡;3-转向灯灯泡;4-前照灯壳体;5-驻车灯灯泡;6-远光灯灯泡;7-前照灯照明调节电动机

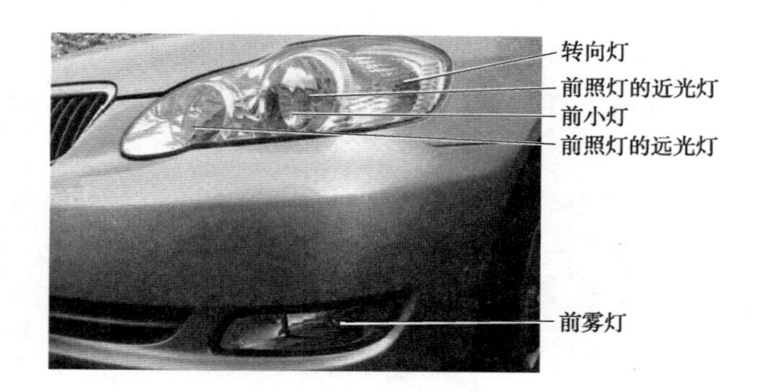

图 6-56　轿车前部照明与信号系统

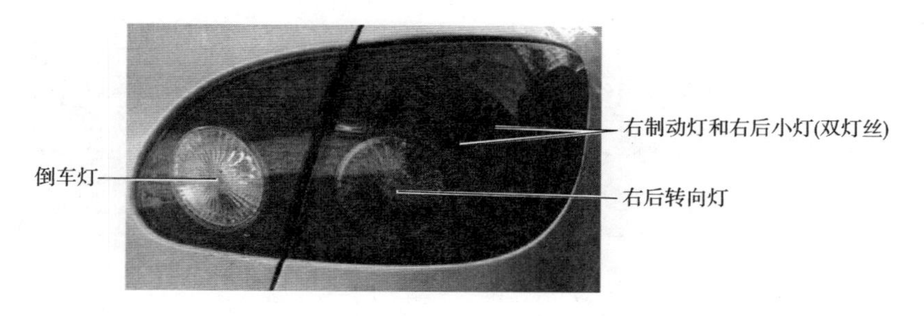

图 6-57　轿车右后部照明与信号系统

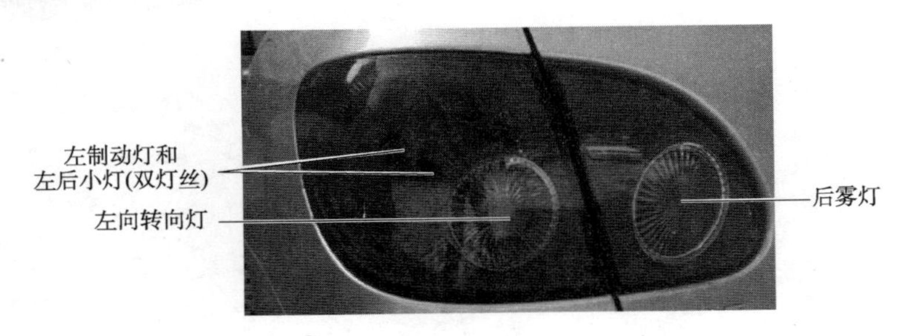

图 6-58　轿车左后部照明与信号系统

汽车转向信号灯主要用来指示车辆行驶方向。其灯光信号采用闪烁的方式,用来指示车辆左转或右转,以引起其他车辆和行人的注意,提高车辆的安全性。

图 6-59　闪光器的实物

转向信号灯电路主要由转向信号灯、闪光器、转向灯开关等组成。转向信号灯的闪烁是由闪光器控制的。

常见的闪光器有热丝式、电容式、翼片式和电子式等,闪光器的实物如图 6-59 所示。

另外,汽车在行驶中,如遇危险情况,可使前后左右 4 个转向灯同时闪烁,作为危险警告信号,请求其他车辆避让。危险报警电路一般由左右转向灯、闪光器、危险报警开关等组成,其控制电路如图 6-60 所示。

2)制动信号装置

制动灯安装在车辆尾部,当其工作时,通知后面车辆该车正在制动,以避免后面车辆与其相撞。目前,轿车均装有高位制动灯,它安装在后窗中心线、靠近窗底部附近,当前后两辆车离得很近时,后面车辆驾驶人就能从高位制动灯的亮灭来判断前车的行驶状况。

制动灯电路一般不受点火开关控制,直接由电源、熔断丝到制动灯开关,因此制动灯由制动灯开关控制,其结构如图 6-61 和图 6-62 所示。

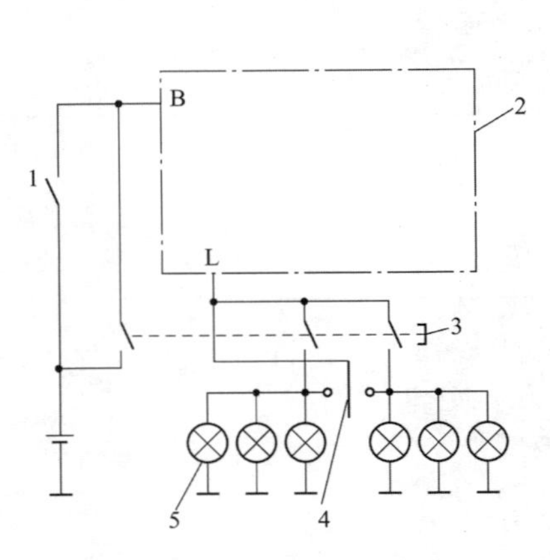

图 6-60　危险报警信号电路

1-点火开关;2-闪光器;3-危险报警开关;4-转向灯开关;5-转向信号灯及转向指示灯

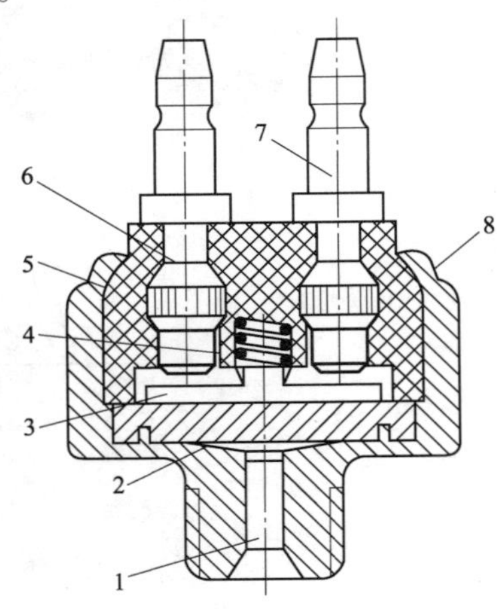

图 6-61　液压式制动灯开关

1-通制动液;2-膜片;3-接触桥;4-复位弹簧;5-胶木底座;6、7-接线柱;8-壳体

3)倒车信号装置

倒车灯安装于车辆尾部,在夜间给驾驶人提供额外照明,使其能够在夜间倒车时看清车辆的后部,同时倒车灯也警告后面车辆的驾驶人和行人,前车驾驶人想要倒车或正在倒车。有些汽车上还装有倒车蜂鸣器。倒车灯和倒车蜂鸣器均由倒车灯开关控制。倒车灯开关装在变速器盖上,结构如图 6-63 所示。当点火开关接通,变速器换至倒车挡时,倒车灯点亮,其简化电路如图 6-64 所示。

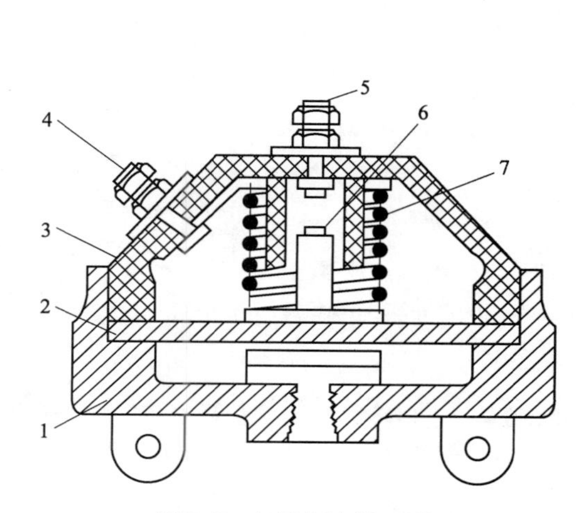

图 6-62 气压式制动灯开关

1-壳体;2-膜片;3-胶木盖;4、5-接线柱;6-触点;7-弹簧

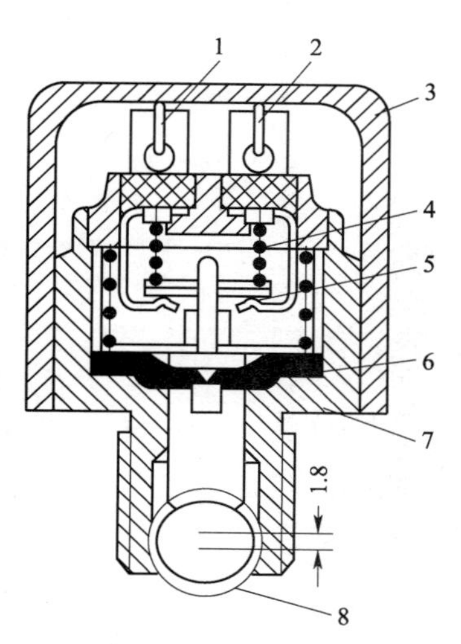

图 6-63 倒车灯开关的结构

1、2-接线柱;3-外壳;4-弹簧;5-触点;6-膜片;7-底座;8-钢球

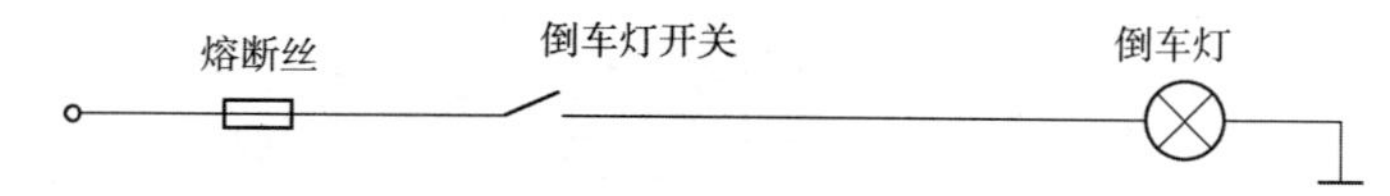

图 6-64 倒车灯电路示意图

3. 汽车的照明与信号系统的组成与功用

汽车的照明与信号系统的组成与功用见表 6-2。

汽车的照明与信号系统的组成与功用 表 6-2

名　　称	安装位置	功　　用	功率(W)
前照灯(又称大灯、头灯)	安装在汽车前部	用于夜间行车道路的照明	远光灯:40~60; 近光灯:35~55
小灯(又称示廓灯、示宽灯、驻车灯,车辆后方的也可称尾灯)	安装在前部和后部	其作用是汽车在夜间或光线昏暗路面上行驶或停车时,标示车辆的轮廓或位置。前小灯为白色,后小灯为红色	5~10
牌照灯	安装在汽车尾部的牌照上方	其作用是夜间照亮汽车牌照,灯光为白色	5~15
仪表灯	安装在汽车仪表上	用于夜间照亮仪表,灯光为白色	2~8

续上表

名　　称	安装位置	功　　用	功率(W)
顶灯	安装在驾驶室的顶部	其作用是驾驶室内部照明,灯光为白色	5~8
雾灯	安装在前部和后部	其作用是在能见度较低的雨雾天气时,为提高行车安全用来照明。一般采用波长较长的黄色、橙色或红色光,因其穿透性较强。尾部的后雾灯一般只有一个	35~55
转向灯	安装在前部、后部、左右侧面(或后视镜上)	其作用是表示汽车的运行方向。左右转向灯同时闪亮时,表示有紧急情况。灯光为黄色	20以上
制动灯(又称刹车灯)	安装于汽车后面	其作用是在汽车制动停车或制动减速行驶时,向后车发出灯光信号,以警告尾随的车辆,防止追尾。灯光为红色	20以上
倒车灯	安装在后面	其作用有两个:一是向其他的车辆和行人发出倒车信号;二是夜间倒车照明。灯光为白色	20以上
仪表灯	安装在仪表板上	其作用是指示某一系统是否处于工作状态。灯光为红色(如远近光指示灯、转向指示灯、雾灯工作指示灯、空调工作指示灯、驻车制动指示灯、收放机工作指示灯、自动变速器挡位指示灯等)	2
报警灯	安装在仪表板上	其作用是用来监测汽车某一工作系统的技术状况,当出现异常情况时发出报警灯光信号。灯光为红色、绿色或黄色(如发动机故障报警灯、机油报警灯、水温报警灯等)	2

五、汽车仪表的组成、构造及工作原理

汽车仪表系统是汽车运行状况的动态反映,是汽车与驾驶人进行信息交流的界面,为驾驶人提供必要的汽车运行信息,同时也是维修人员发现和排除故障的重要依据,保证汽车安全而可靠地行驶。

汽车仪表种类的组成:常见仪表有冷却液温度表、燃油表、车速里程表等。仪表板上还有许多指示灯、报警灯、仪表灯等,如图6-65所示。

1. 机油压力表

机油压力表是指示发动机润滑系统油压的仪表,它与装在发动机润滑系统主油道上的传感器配套使用,如图6-66和图6-67所示。

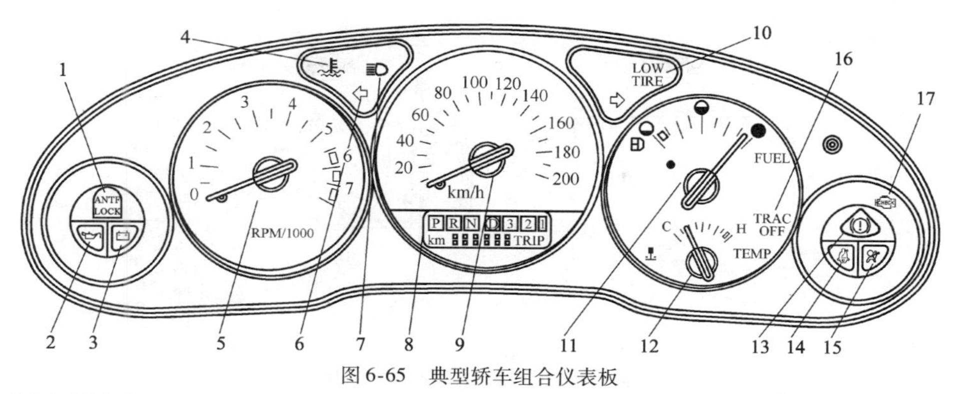

图6-65　典型轿车组合仪表板

1-防抱死制动系统报警灯;2-机油压力报警灯;3-充电指示灯;4-冷却液温度报警灯;5-转速表;6-转向指示灯;7-前照灯指示灯;8-变速器挡位指示(AT车辆)和里程/单程显示;9-车速表;10-轮胎压力报警灯;11-燃油表;12-冷却液温度表;13-制动系统报警灯;14-安全带指示灯;15-安全气囊报警灯;16-牵引力关闭指示灯;17-发动机故障报警指示灯

图6-66　机油压力表

图6-67　机油压力传感器

2. 燃油表

燃油表用来指示汽车燃油箱内储存燃油量的多少。它由燃油指示表(图6-68)和传感器(图6-69)两部分组成。

3. 冷却液温度表

冷却液温度表用来指示发动机冷却液工作温度。冷却液温度表的工作电路由冷却液温度表和冷却液温度传感器两部分组成,构造如图6-70所示。冷却液温度表安装在组合仪表内,冷却液温度传感器安装在发动机汽缸盖的冷却水套上。

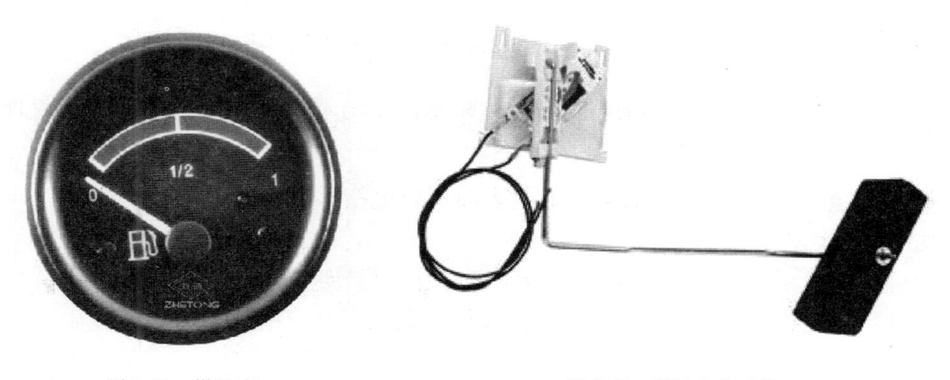

图6-68　燃油表

图6-69　燃油表传感器

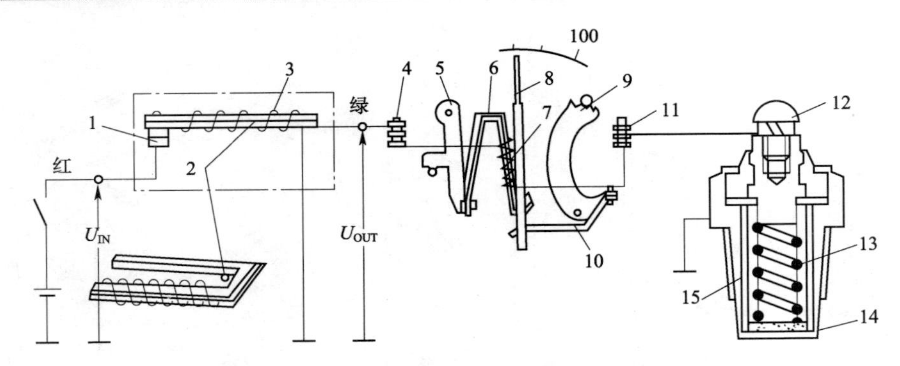

图 6-70　电热式冷却液温度表与热敏电阻式冷却液温度传感器的结构原理图

1-触点;2-双金属片;3-线圈;4、11、12-接线柱;5、9-调节齿扇;6-双金属片;7-加热线圈;8-指针;10、13-弹簧;14-热敏电阻;15-冷却液温度传感器外壳

4. 车速里程表

车速里程表是用来指示汽车行驶速度和累计行驶里程数的仪表,由车速表和里程表两部分组成,如图 6-71 所示。

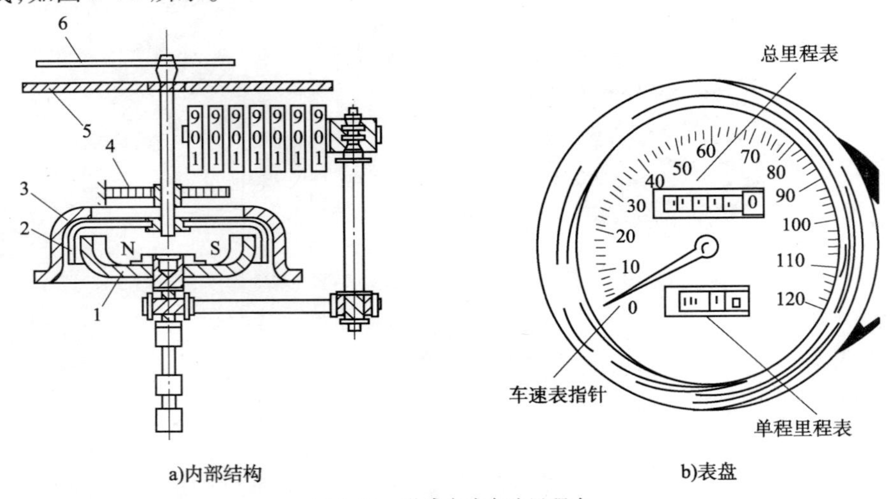

图 6-71　磁感应式车速里程表

1-永久磁铁;2-铝碗;3-罩壳;4-盘形弹簧;5-刻度盘;6-指针

5. 电流表

电流表用来指示蓄电池充电或放电电流的大小,它串接在充电电路中,电流表的正极接发电机的正极,电流表的负极接蓄电池的正极。

当电流表的指针指向“ + ”侧时,表示蓄电池充电;当电流表的指针指向“ - ”侧时,表示蓄电池放电。

目前,大多数汽车基本上已取消了电流表而用充电指示灯代替。

6. 发动机转速表

发动机转速表用于指示发动机的运转速度。发动机转速表有机械式和电子式两种。电子式转速表由于结构简单、指示精确、安装方便,因此被广泛应用。

7. 汽车报警系统

现代汽车为了保证行车安全、提高车辆的可靠性,在汽车仪表板上安装了许多报警装置。如机油压力报警灯、冷却液温度报警灯、燃油不足报警灯、制动液液面报警灯、充电系统故障报警灯，EPC（电子油门）故障指示灯、轮胎压力报警灯、电动助力转向指示灯、定速巡航指示灯、TCS（牵引力控制系统）、ASR（驱动防滑系统）、VSC（车辆稳定控制）或ESP（车身电子稳定系统）等报警灯。报警灯由报警开关控制，当被监测的系统或总成工作不正常时，对应的报警开关闭合，使该系统的报警灯亮，以提醒驾驶人注意，并采取相应的措施，确保行车安全。

现代汽车多数采用发光二极管作为报警灯光源，其优点是结构简单、寿命长、耗电少、易于识别。

报警灯通常安装在仪表上，灯泡功率一般为1～4 W，在灯泡前设有滤光片，使报警灯发出红光或黄光，滤光片上通常有标准图形符号。

报警系统报警灯的类型、作用及图形符号见表6-3。

常见报警灯图形符号及作用

表6-3

序号	图形符号	名　称	作　用
1	CHECK	发动机故障指示灯	发动机电控系统异常时，该灯点亮或闪烁
2	EPC	电子节气门故障指示灯	发动机电子节气门系统异常时，该灯点亮或闪烁。EPC指示灯常见于德国大众车系
3		预热指示灯	点火开关打开时灯亮，预热结束后灯灭
4		防盗指示灯	发动机防盗系统异常时，灯亮
5	− +	充电指示灯	发电机不发电时，灯亮
6		转向指示灯	开转向灯时，灯亮
7		冷却液温度指示灯	冷却液温度过高时，灯亮
8		机油压力指示灯	机油压力过低时，灯亮
9		制动蹄片磨损指示灯	制动蹄片磨损超限时，灯亮

续上表

序号	图形符号	名　称	作　用
10		车门未关指示灯	任意一车门未关或未关严时，灯亮
11		风窗清洗液液位指示灯	风窗清洗液液位不足时，灯亮
12		行李舱开启指示灯	行李舱开启时，灯亮
13		燃油量指示灯	燃油量过少时，灯亮或闪烁
14		安全带指示灯	安全带未扣紧或安全带锁扣未插到位时，灯亮
15	 ABS	ABS 指示灯	ABS 异常时，灯亮或闪烁
16		TCS、ASR 或 ESP 指示灯	TCS(牵引力控制系统)、ASR(驱动防滑系统)或 ESP(车身电子稳定系统)异常时，灯亮或闪烁
17	 !	驻车制动器指示灯	拉起驻车制动器操纵杆时，灯亮；在一些车型(如德国大众车系)中，该灯兼作制动液液位过低报警指示灯
18	 P	驻车制动警示灯	打开点火开关，该灯才起作用。拉起驻车制动器操纵杆，该灯将保持点亮
19		定速巡航指示灯	有两种状态，当处于巡航待命状态时，指示灯闪烁；不处于巡航状态时，指示灯保持常亮
20	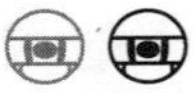	电动助力转向指示灯	电动助力转向系统异常时，灯亮或闪烁
21		远光指示灯	远光灯点亮和熄灭时，该灯同时点亮和熄灭
22		后雾指示灯	后雾灯点亮和熄灭时，该灯同时点亮和熄灭

续上表

序号	图形符号	名　　称	作　　用
23		雾灯指示灯	前、后雾灯点亮时，该指示灯相应的标志就会点亮。关闭雾灯后，指示灯熄灭
24		示宽指示灯	用来显示车辆示宽灯的工作状态，平时为熄灭状态，当示宽灯打开时，该指示灯随即点亮。当示宽灯关闭或者关闭示宽灯，打开前照灯时，该指示灯自动熄灭
25		后窗加热器指示灯	后窗加热器工作时，灯亮
26		安全气囊指示灯	安全气囊异常时，灯亮
27		发动机罩未关指示灯	发动机罩未关或未关严时，灯亮
28		维护指示灯	当里程表示公里数累计达到预设置的里程(5000km)时，该报警指示灯亮起，提醒用户进行整车维护
29		空调内循环指示灯	当打开空调系统内循环按钮，车辆关闭外循环时，该指示灯自动点亮
30		加油口盖开启报警灯	加油口盖开启或未关严时，灯亮
31		轮胎压力报警灯	轮胎压力异常时，灯亮
32	O/D OFF	O/D 指示灯	当驾驶人按下自动变速器超速挡锁止开关时，该灯点亮；若电控自动变速器异常时，该灯点亮或闪烁
33	VSC	VSC 指示灯	VSC（车辆稳定控制）系统异常时，灯亮或闪烁。常见于日本丰田车系和德国大众车系

六、汽车辅助电器的构造和工作原理

1. 电动刮水器

电动刮水器是刮除风窗玻璃上的雨水、雪或灰尘，确保驾驶人有良好的视线。主要由刮水片、刮水臂、刮水器电动机和传动机构等组成，如图 6-72 所示。

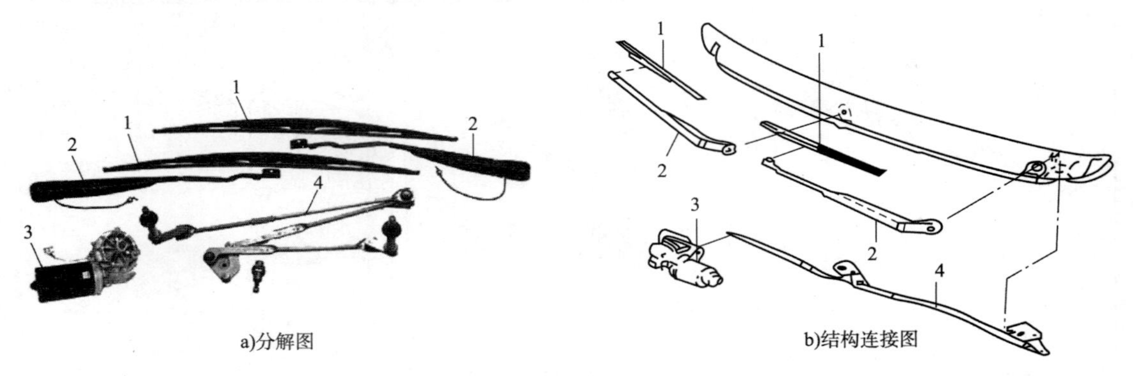

图 6-72 电动刮水器的组成

1-刮水片；2-刮水臂；3-刮水器电动机；4-传动机构

如图 6-73 所示，电动刮水器传动机构主要由刮片架、摆杆、连杆、蜗轮、蜗杆、电动机、支架等组成。

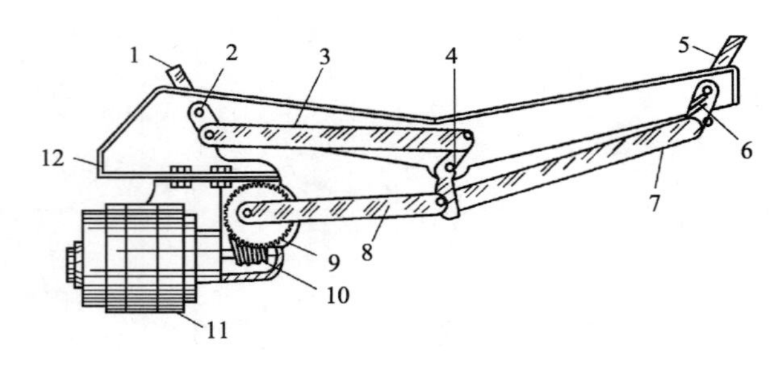

图 6-73 电动刮水器传动机构的组成

1、5-刮片架；2、4、6-摆杆；3、7、8-连杆；9-蜗轮；10-蜗杆；11-电动机；12-支架

一般电动机和蜗杆箱结合成一体，组成刮水器电动机总成。永磁式电动机 11 通电后旋转，带动蜗杆 10、蜗轮 9，使与蜗轮相连的连杆 3、7、8 和摆杆 2、4、6 带着左、右两刮片架 1、5 做往复摆动，刮水片便刷去风窗玻璃上的雨水、雪、灰尘。

2. 中央门锁控制系统

中央门锁控制系统一般都具有以下几种功能。

(1)内外开启与内外锁止功能。

(2)中央控制锁止功能。

(3)后车门安全锁止功能。

(4)防驾驶人侧车门误锁功能。

中央门锁控制系统的总体结构如图 6-74 所示，基本组成有门锁开关(图 6-75)、门锁执行机构(图 6-76)和门锁控制器。

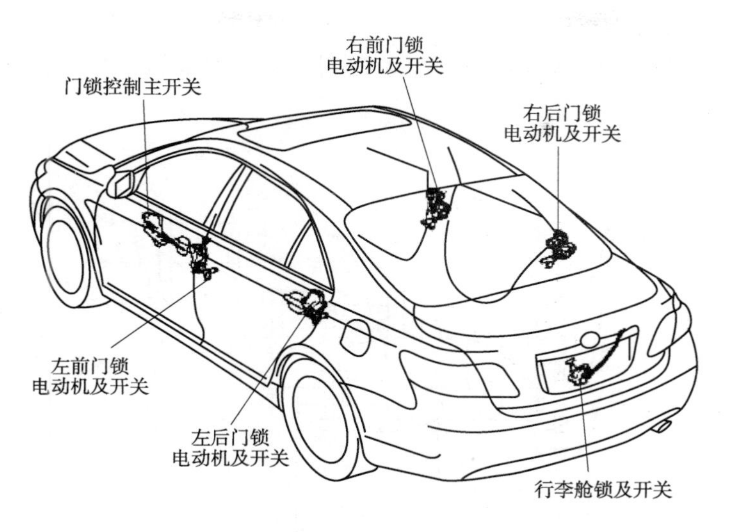

图 6-74　中央门锁控制系统的组成及安装位置

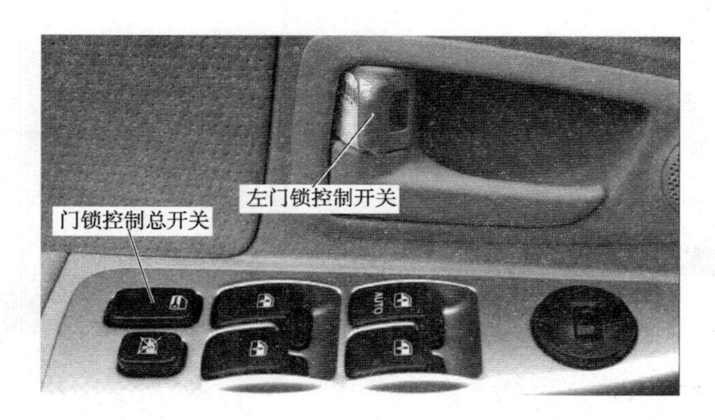

图 6-75　门锁控制开关

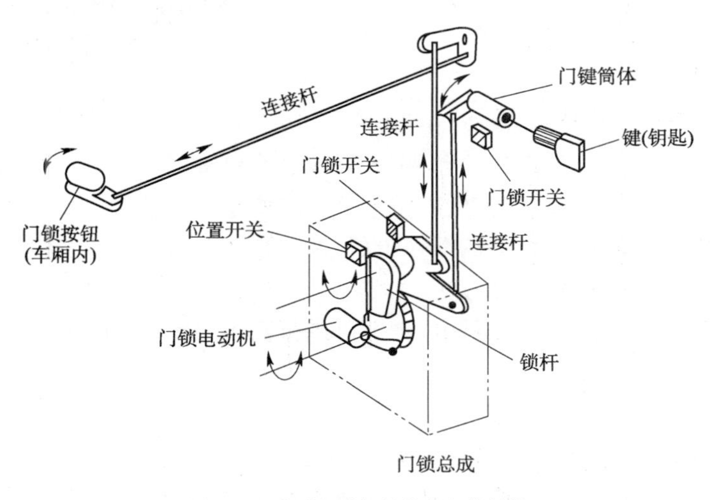

图 6-76　电动机式门锁执行机构结构

电磁式门锁执行机构工作原理如图 6-77 所示，其内部有两个电磁线圈，分别用于开启和关闭门锁。当给锁门线圈通电时，衔铁带动连杆左移，即锁门；当给开锁线圈通电时，衔铁带动连杆右移，即开锁。

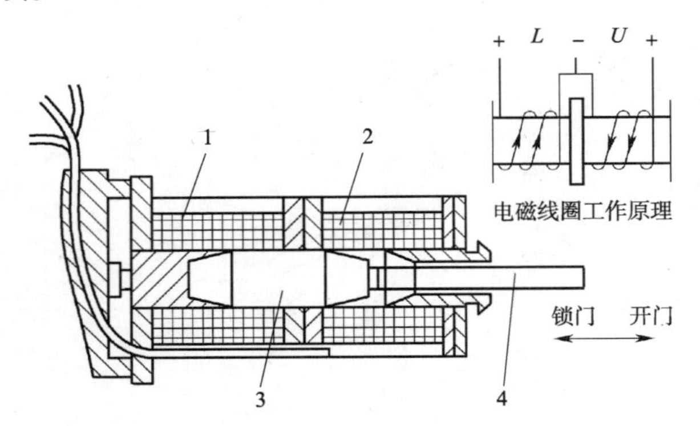

图 6-77 电磁式门锁执行机构工作原理

1-锁门线圈；2-开门线圈；3-柱塞；4-连接门锁机构

3. 电动后视镜、电动座椅、电动车窗与电动天窗

1）电动后视镜

电动后视镜主要由镜面玻璃、双电动机、连接件、传递机构及其壳体等组成，如图 6-78 所示。控制开关由旋转开关、摇动开关和线束等组成，安装在左前门内饰板上。

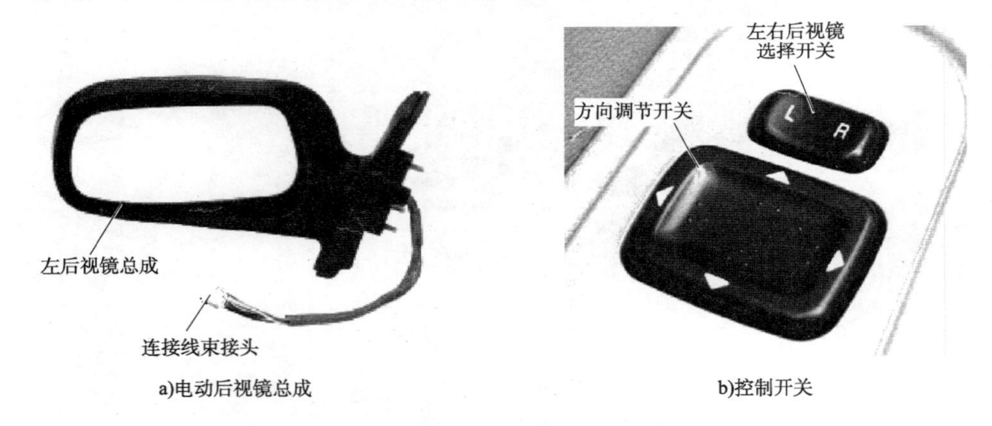

图 6-78 电动后视镜与控制开关实物图

左、右电动后视镜由设置在左前门内把手上端的调整开关控制。当点火开关处于“ON”位置，将此开关旋转，可选择需调整的后视镜（L 为左侧、R 为右侧，中间为停止操作）。摇动开关可调整后视镜反射面的空间角度。两侧电动后视镜各有两个永磁电动机，通过控制两个电动机的开关可获得二顺二反四种电流，即可进行四种运动，使镜面产生四种不同方位的位置调整。

2）电动座椅

电动座椅以电动机为动力，有带电子调节系统的和不带电子调节系统的。带电子调节的能对前后滑动、前后垂直上下、座椅高度、靠背倾斜度、枕垫上下、腰垫上下等进行调节，其结构如图 6-79 所示。

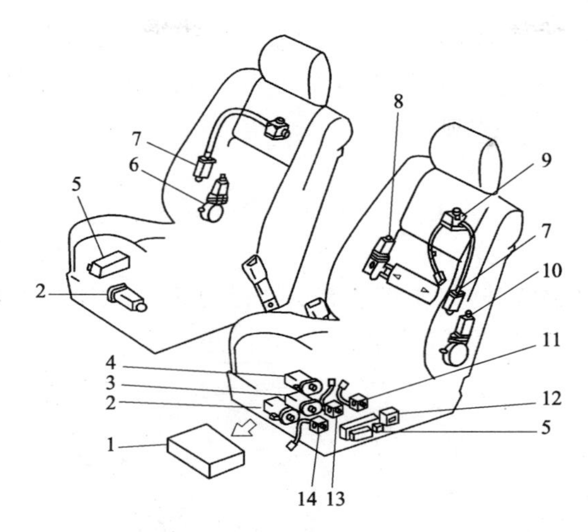

图 6-79　电动座椅的构造

1-电动座椅 ECU；2-滑动电动机；3-前垂直电动机；4-后垂直电动机；5-电动座椅开关；6-倾斜电动机；7-头枕电动机；8-腰垫电动机；9-头枕位置传感器；10-倾斜电动机和位置传感器；11-后垂直位置传感器；12-腰垫开关；13-前垂直位置传感器；14-滑动位置传感器

电动机采用永磁式结构，利用调整开关可控制电流流经电动机的方向。六方向电动座椅的控制电路如图 6-80 所示。

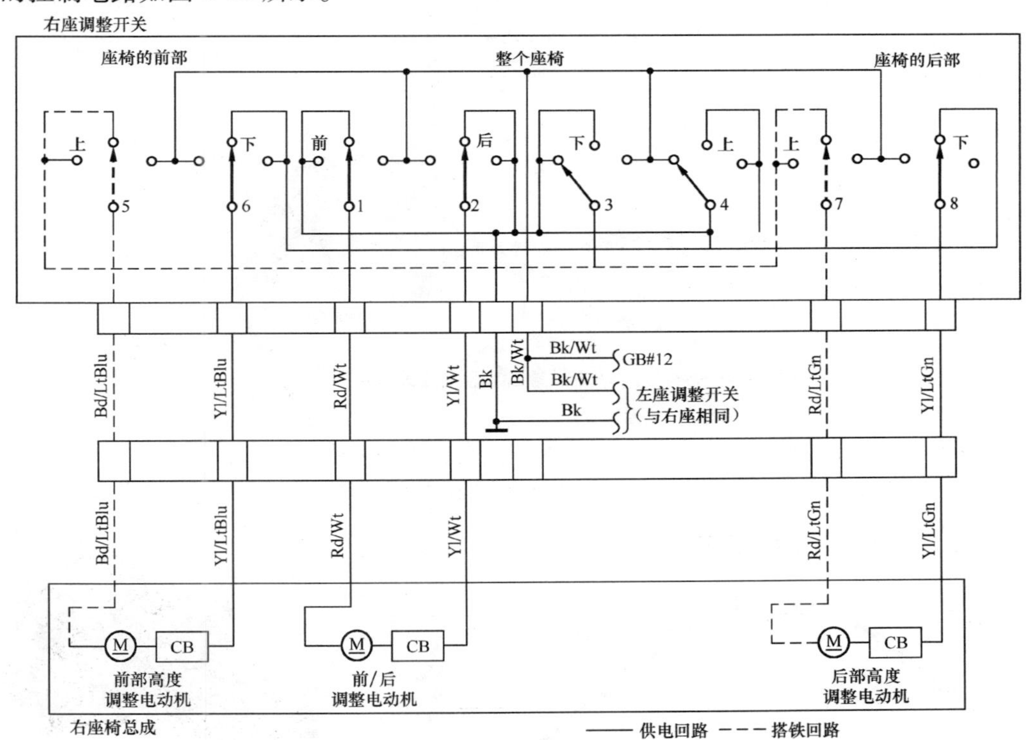

图 6-80　六方向电动座椅的控制电路

流过电动机的电流方向决定了电动机的旋转方向，而电流的流向则由调整开关的电刷决定。如果驾驶人将调整开关中的四位置开关扳到“下”位置,整个座椅将下移。此时,调整开关的电刷3和4均处在左位,蓄电池电压经过电刷4、6和8分别送至座椅前部和后部的高度调节电动机。搭铁回路经电刷5和7汇合到电刷3搭铁。

3)电动车窗

电动车窗控制系统是通过开关操作开闭车窗的系统,主要零部件在车上的位置如图6-81所示。

主要由车窗、车窗玻璃升降器(常见的有交叉传动臂式和钢丝滚筒式两种,图6-82和图6-83)、电动机(图6-84)、控制开关(主控开关、分控开关,图6-85)等组成。

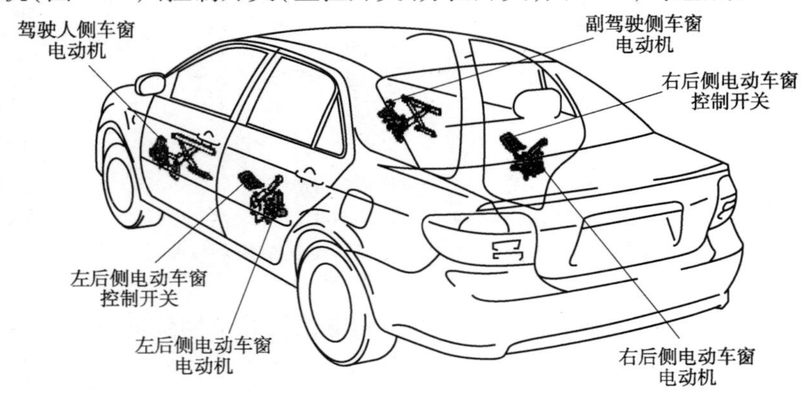

图6-81　电动车窗部件位置

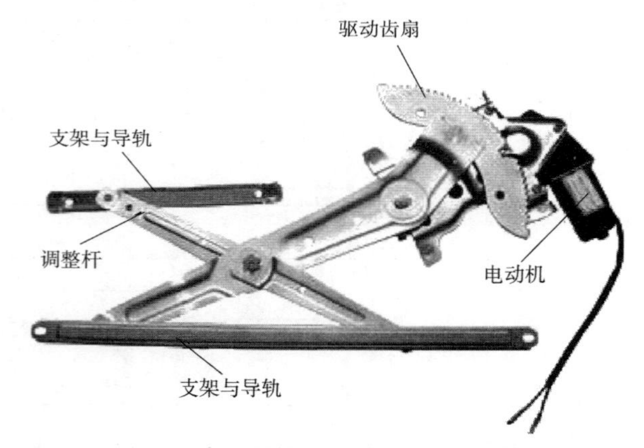

图6-82　交叉传动臂式车窗玻璃升降器

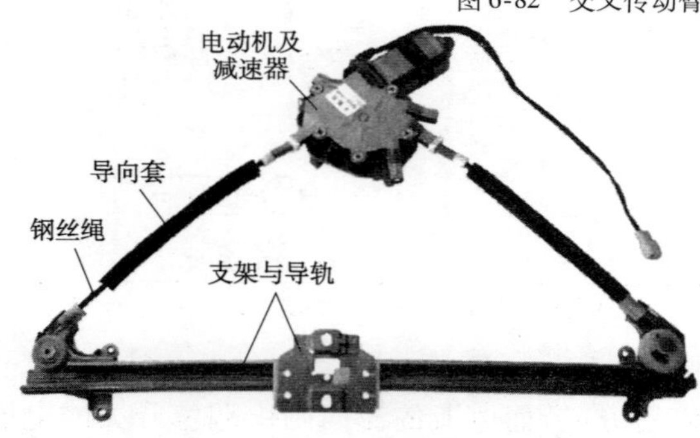

图6-83　钢丝滚筒式车窗玻璃升降器

图6-84　电动机实物

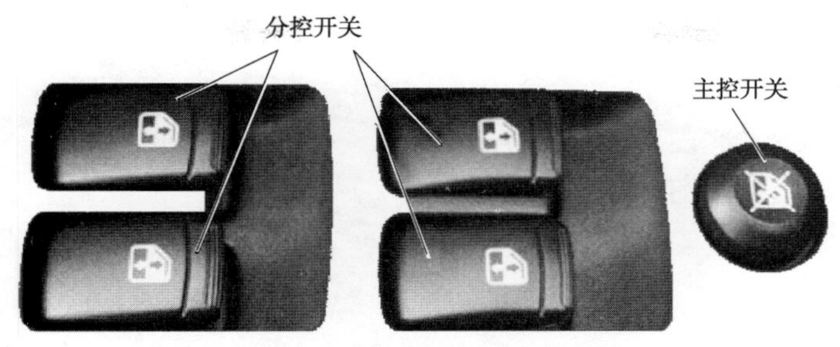

图 6-85　电动车窗控制系统的控制开关

4)电动天窗

汽车电动天窗换气是利用负压原理,依靠汽车在行驶过程中气流在车窗顶部的快速流动,而形成车内的负压,进行通风换气。整个气流极其柔和,可使车内空气新鲜,尤其乘员舱上层的清新空气可使驾驶人头脑保持清醒,保持安全驾驶。

电动天窗主要部件位置如图 6-86 所示。

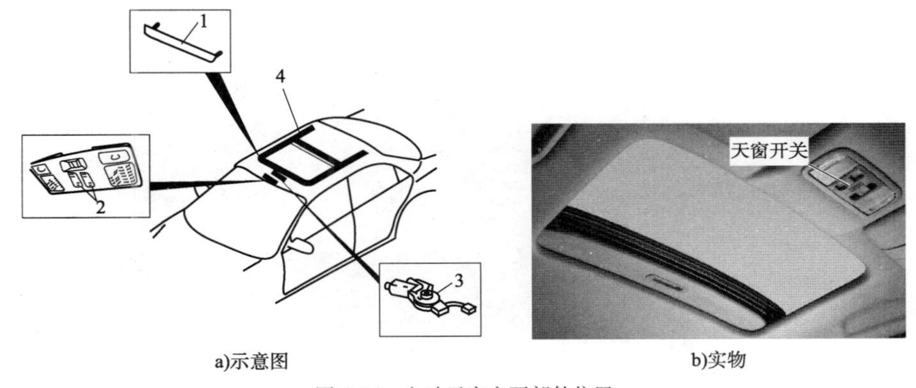

图 6-86　电动天窗主要部件位置

1-偏转板;2-天窗开关;3-天窗电动机;4-天窗单元

第五节　汽车车身结构和材料

学习目标

1. 了解车身的基本结构。

2. 了解车身的基本材料。

随着新技术、新工艺、新材料的开发与研究,汽车车身正以安全、节油、舒适、耐用等技术为主导,以适应世界经济发展为潮流,以精致的艺术品获得美的感受而点缀着人们的生活环境。

一、车身分类及要求

1. 非承载式车身

非承载式车身的主要特征是:车身下面有足够强度和刚度的独立车架,车身以弹性元件与车架相连,如图 6-87 所示。

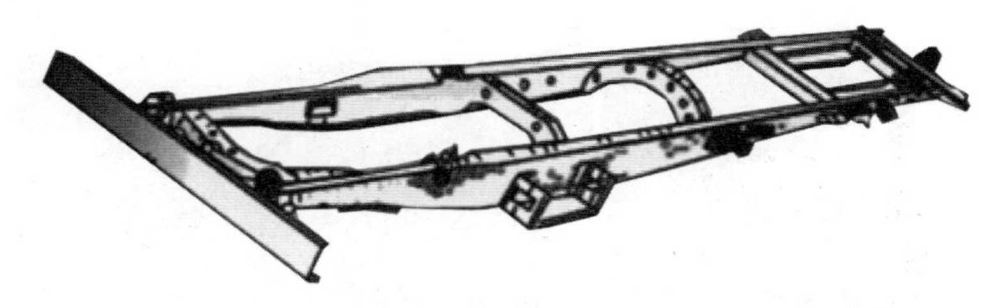

图 6-87　非承载式车身车架

2. 半承载式车身

车身与车架是用焊接、铆接或螺钉连接的，载荷主要由车架承受，车身也承受一部分。这种结构车身是为了避免非承载式车身相对于车架位移时发出的噪声而设计的。由于质量大，现在很少采用。

3. 承载式车身

承载式车身又称为整体式车身，车身代替车架来承受全部载荷，如图 6-88 所示。

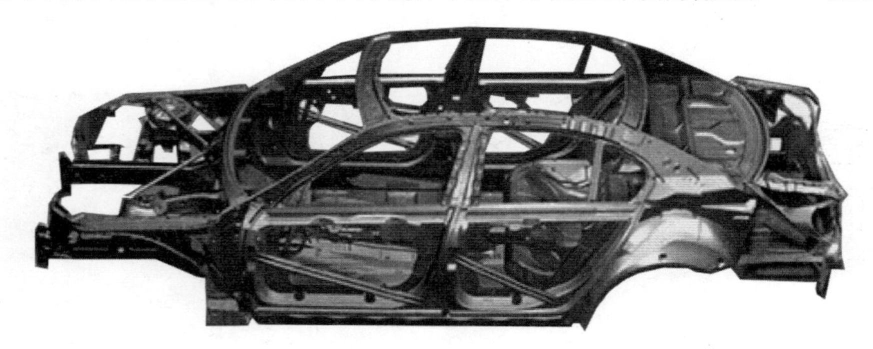

图 6-88　承载式车身

二、车身组成及结构

轿车普遍采用承载式车身结构，图 6-89 所示为承载式车身上典型零部件。

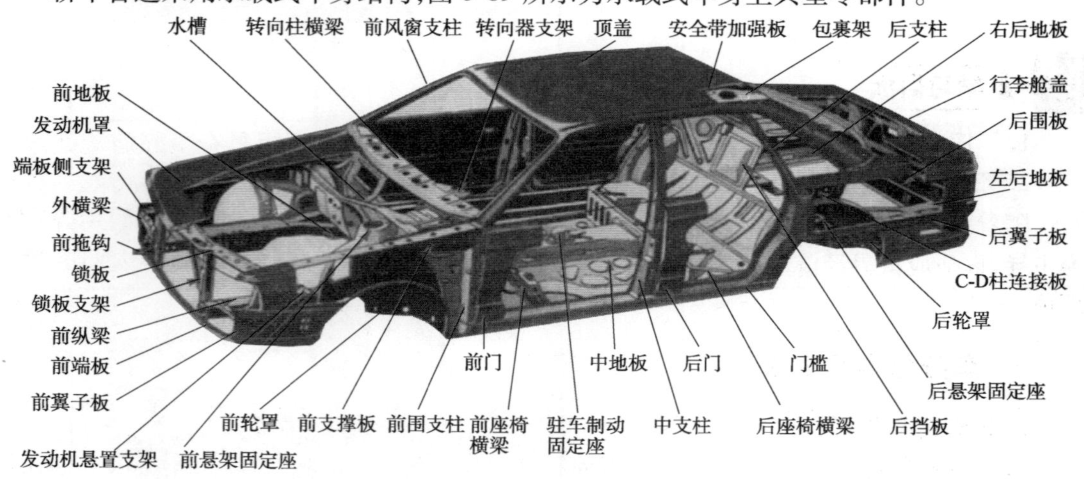

图 6-89　承载式车身结构

通常整个车身壳体按强度等级分为三段，如图6-90所示，图中A、B、C分别代表车身前部、中部及后部。轿车车身壳体通常也分为三段，即由前车身、中间车身和后车身三大部分及相关构件组成。

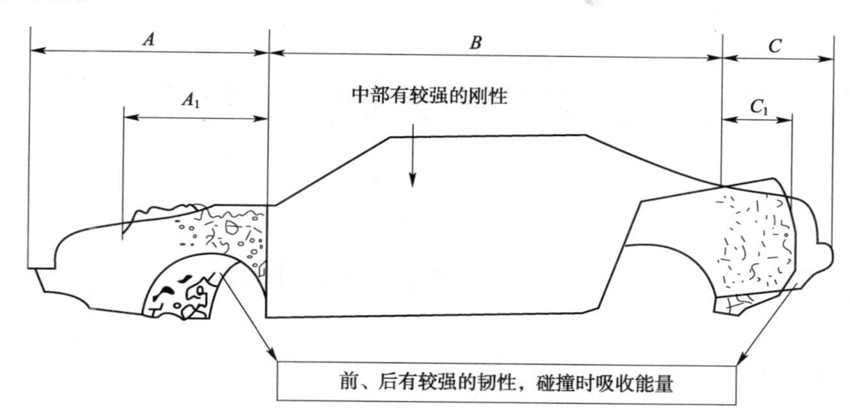

图6-90 车身壳体强度

三、车身材料

汽车车身外壳绝大部分是金属材料，主要用钢板。早期的轿车车身沿用了马车车身结构，整个车身以木材料为主。1912年由爱德华·巴特首次制成了全金属的车身，1925年文森卓·兰西亚发明了承载式车身，车身由钢板冲压成型的金属结构件和大型覆盖件组成，这种金属结构的车身一直沿用至今，得到不断的完善和发展。

目前汽车上应用的材料有以下几种。

1. 镀锌薄钢板

轿车已经广泛使用镀锌钢板，采用的镀锌钢板厚度为0.5～3.0mm，其中车身覆盖件多用0.6～0.8mm的镀锌钢板。德国奥迪轿车的车身部件绝大部分采用镀锌钢板（部分用铝合金板），美国别克轿车采用的钢板80%以上是双面热镀锌钢板，上海帕萨特车身的外覆盖件采用电镀锌工艺，内覆盖件内部采用热镀锌工艺，可以使车身防锈蚀保质期长达11年。

2. 普通低碳钢板

在现代汽车生产中，使用得最多的还是普通低碳钢板。低碳钢板具有很好的塑性加工性能，强度和刚度也能满足汽车车身的要求，同时能满足车身拼焊的要求，因此在汽车车身上应用很广。为了满足汽车制造业追求轻量化的要求，钢铁企业推出高强度汽车钢材系列钢板。这种高强度钢板是在低碳钢板的基础上采用强化方法得到的，抗拉强度得到大幅增强。利用高强度特性，可以在厚度减薄的情况下依然保持汽车车身的力学性能要求，从而减轻了汽车质量。

3. 其他新型材料

近年来在中高档汽车上越来越多使用了铝或塑料等非钢铁材料做车身部件，例如奥迪A2全铝制车身，日产SUV“奇骏”用塑料做前翼子板，宝马i8的碳纤维车身等。

第七章　安全生产与环境保护基础知识

第一节　安全防火知识

1. 理解安全防火注意事项。
2. 掌握安全防火应急预案。

一、安全防火注意事项

1. 不同场所的防火

1）宿舍防火

校园、工厂宿舍是人员密集场所，一旦发生火灾，后果严重。

（1）宿舍内不使用电炉，不使用高功率电气设备，不乱拉电线。

（2）尽量不使用蜡烛等明火照明。

（3）使用蚊香要远离可燃物。

2）公共场所防火

影院、商场等公共场所，一旦发生火灾，后果不堪设想。

（1）在公共场所不吸烟，不使用明火。

（2）不携带易燃、易爆物品进入公共场所。

（3）进入公共场所一定要观察疏散标志和通道。

3）山林防火

山林防火很重要，上坟烧纸、野外吸烟、烧荒是引发山林火灾的主要原因。

（1）山林地区不得使用明火，要文明祭祀，用植树、送花等文明方式祭奠先人。

（2）不得将火柴、汽油等易燃物带入山林。

（3）和朋友郊游野炊时，要特别注意防火安全。

4）重要场所防火

在有"严禁烟火"标志的地方要特别注意防火。

（1）这些地方多是火灾的易发地或一些防火重要场所，如：加油站、化工厂、仓库等。

（2）火灾的引发，往往是由于平时不注意防火安全，所以我们必须时时刻刻提高防火警惕，更不能在"严禁烟火"的地方吸烟。

2. 发生火灾时的注意事项

1)逃生要躲避浓烟和热浪

浓烟和热浪是火灾中的最大杀手。

(1)要防止烧伤,烟气熏呛和中毒。

(2)用湿毛巾捂住鼻子,俯身行走。

2)火场莫贪财

平时应注意积累自救知识,火灾发生时才可平安逃生。

(1)看好楼房的示意图,选择好逃生路线。

(2)要走最近的安全通道,迅速逃离火灾现场。

(3)火灾袭来时要迅速疏散逃生,不能贪恋财物而耽误了最佳逃生时间。

3)安全通道逃生

火灾发生时,不能乘电梯,从安全通道才可平安逃生。

(1)千万不要乘坐电梯,要走安全通道。

(2)楼下着火,楼上的人应关闭通向走廊和阳台的门窗,在室内或阳台上待援,切忌跳楼和往楼下的火场里跑。

4)低楼层逃生

火灾时,低楼层逃生要注意安全。

(1)火灾时,要选择从阳台逃生,切忌慌乱。

(2)情况危急,可利用绳索或把床单、被套撕成条状连成绳索,拴在窗框上,确保安全的情况下,顺绳滑下。

5)高层楼逃生

火灾时,高楼层被困别慌张,正确呼救等救援。

(1)要迅速辨明是自己房间的上下左右哪个方位起火,然后再决定逃生路线,以免误入“火口”。

(2)大声呼救和发出明显信号,以引起救援人员注意。

(3)无论遇到哪种情况,都不要直接向下跳,因为这种做法只有死而无一生。

6)正确拨打“119”报警

拨打“119”报警需要讲究方法。

(1)发生火灾,尽快拨打“119”火警电话报警。

(2)拨打“119”时要讲清楚发生火灾的地点和火势的大小。

(3)在打电话的同时,应尽力扑灭初起的火源。

3. 几种常见火灾扑救方法

1)汽车灭火扑救

汽车发生火灾时,可以采取如下扑救措施及逃生方法。

(1)当汽车发动机发生火灾时,驾驶人应迅速停车,打开车门让乘车人员下车,然后切断电源,取下随车灭火器,对准着火部位的火焰正面猛喷,扑灭火焰。

(2)发现汽车车厢货物发生火灾时,驾驶人应将汽车驶离重点要害部位或人员集中场所停下,迅速报警。

(3)驾驶人应利用随车灭火器扑救火灾。同时,应劝围观群众中远离现场,以免发生爆炸事故,造成无辜群众伤亡。

2)油锅灭火

油锅着火燃烧引起的火灾,需要使用相应的灭火方式。

(1)油锅着火不能用水泼灭,这样油外溅,会加大火势。

(2)用锅盖盖上油锅,关闭炉具燃气阀门。

(3)在火势不大时,用抹布覆盖火苗也可灭火。

(4)可向锅内放入切好的蔬菜冷却灭火,也可放入沙子、米等把火压灭。

3)液化气罐灭火

易燃易爆液化气,突然着火莫慌乱。

(1)液化气罐着火,用湿的被褥衣物等把火捂灭。

(2)迅速关闭液化气罐阀门,让液化气和氧气隔离,从而就可灭火。

4)电器灭火

电器着火需谨慎,迅速断电要小心。

(1)家用电器或电路着火,要先切断电源。

(2)再用干粉或气体灭火器灭火,不能直接用水灭火。灭火时,要防止爆炸伤人。

二、安全防火应急预案

为汽车维修场所的消防安全,预防火灾和减少火灾危害,保护人、财、物的安全,加强消防安全知识,本着"预防为主、防消结合"的宗旨,切实做好防火、灭火工作,应当制定消防安全应急预案。

1. 设立领导小组及职责

领导小组应由组长、副组长和成员组成。

2. 主要职责

(1)加强领导,健全组织,强化工作职责,完善各项应急预案的制定和各项措施的落实。

(2)充分利用各种渠道进行消防安全知识的宣传教育,组织、指导全厂消防安全常识的普及教育,广泛开展消防安全和有关技能训练,不断提高防范意识和基本技能。

(3)认真搞好各项物资保障,严格按预案要求积极筹储,落实相关物资准备工作,强化管理,使之保持良好战备状态。

(4)采取一切必要手段,组织各方面力量全面进行救护工作,把灾害造成的损失降到最低点。

(5)调动一切积极因素,全面保证汽车维修场所的安全稳定。

3. 应急行动

1)应急前准备

领导小组依法发布有关消息和警报,全面组织各项消防救护工作。各有关组织随时准备执行应急任务。

2)应急过程行动

(1)领导小组得知消防紧急情况后立即赶赴本级指挥所,各种救护队伍迅速集结待命。

(2)迅速发出紧急警报。

(3)组织有关人员进行全面检查。

(4)加强对易燃易爆物品、供电输电场所的防护,保证工作顺利进行。

(5)迅速开展以抢救人员为主要内容的现场救护工作,及时将受伤人员转移并送至附近医院抢救。

3)火灾后有关行动

(1)加强宣传教育,做好思想稳定工作。

(2)加强各类值班值勤,保持通信畅通,及时掌握情况,全力维护正常工作和生活秩序。

(3)迅速了解和掌握火灾情况,及时汇总上报。火灾事故应急响应按照先保人身安全,再保护财产的优先顺序进行。

4)具体基本原则

(1)救人重于灭火,火场上如果有人受到火势威胁,首要任务是把被火围困人员解救出来。

(2)先控制、后消灭。对于不可能立即扑灭的火灾,要首先控制火势的继续蔓延,具备了扑灭火灾的条件时,展开攻势,扑灭火灾。

(3)先重点,后一般,全面了解并认真分析整个火场的情况分清重点。

(4)人和物相比,救人是重点。

(5)有爆炸、毒害、倒塌危险的方面和没有这些危险的方面相比,处置有爆炸、毒害、倒塌危险物体是重点。

(6)易燃、可燃物集中区域和这类物品较少的区域相比,这类物品集中区是重点。

(7)贵重物资和一般物资相比,保护和抢救贵重物资是重点。

(8)火场的下风方向与上风、侧风方向相比,要害部位是火场上的重点。

第二节　安全用电知识

学习目标

1. 理解安全用电注意事项。
2. 掌握安全用电应急预案。

一、安全用电注意事项

随着生活水平的不断提高,生活中用电的地方越来越多了。因此,有必要掌握以下最基本的安全用电常识:

(1)认识了解电源总开关,学会在紧急情况下关断总电源。

(2)不用手或导电物(如铁丝、钉子、别针等金属制品)去接触、探试电源插座内部。

(3)不用湿手触摸电器,不用湿布擦拭电器。

(4)电器使用完毕后应拔掉电源插头;插拔电源插头时不要用力拉拽电线,以防止电线的绝缘层受损造成触电;电线的绝缘皮剥落,要及时更换新线或者用绝缘胶布包好。

(5)发现有人触电要设法及时关断电源;或者用干燥的木棍等物将触电者与带电的电器分开,不要用手去直接救人。

(6)不随意拆卸、安装电源线路、插座、插头等。哪怕安装灯泡等简单的事情,也要先关断电源,并在专业人士的指导下进行。

二、安全用电应急预案

为切实保护员工的生命、财产安全,维护正常的生活秩序,加强突发性事故处理的水平,提高紧急救援的快速反应能力,把事故损失减少到最低限度,应当制定用电安全应急预案。

1. 工作原则

坚持“以救为主,防救结合”“救人为先、救物稍缓”的大原则,具体操作应遵循“统一领导、明确分工、紧密配合、快速高效”的原则。

2. 编制依据

依据为《中华人民共和国安全生产法》《用电安全技术规范》《中华人民共和国消防法》等现行的法律法规及相关规程。

3. 应急救援组成机构

(1)组长和副组长:负责用电安全事故应急救援的指挥领导工作 在接到发生事故的消息时,立即启动预案,并及时通报事故的基本情况,负责事故现场应急响应、抢险救援、善后处理的组织指挥工作。

(2)成员:全体在位员工。

根据应急救援行动,可分为以下应急小组:现场救援小组、设备保障小组、善后处理小组、事故调查小组。各小组成员应服从组长、副组长的领导,积极配合好救援、善后处理等各项工作。

4. 用电安全日常检查工作

各小队要经常对日常用电的设备、线路进行检查,具体内容如下:

(1)经常检查各种电器的电源线接头、插线板、插头、闸刀、闸盒等是否破损、松动,有问题的应即时更换以免发生触电或短路着火。

(2)所有电器附近不能堆放纸张等易燃物质。

(3)安全通道必须保持畅通,不能堆放杂物或通道门反锁。

5. 应急报告程序

1)报警和通信

在发生用电安全事故时,第一发现人应立即使触电者尽快脱离电源,同时向应急指挥中心发出事故警报,简要报告发生事故的部位及情况,具体上报情况如下:现场目击者→班组长→全体员工→经理→总经理→公司应急指挥中心。

2)向公司应急指挥中心报告内容

(1)事故发生的时间、地点、原因、经过。

(2)电类事故的类型。

(3)事故的程度、规模。

(4)现场的急救情况。

(5)其他救援需求。

6. 现场应急救援程序

电对人体的伤害可分电伤和触电两种。电伤是因电的热效应造成的,多见于高压电气设备;触电的局部症状是烧伤,全身症状为昏迷、呼吸痉挛、表情呆滞、重者停止呼吸而死亡。

(1)首先应使触电者尽快脱离电源。如开关箱在附近,可立即拉下闸刀或拔掉插头,断开电源;如距离闸刀较远,应迅速用绝缘良好的电工钳或有干燥木柄的利器砍断电线,或用干燥的木棒竹竿、硬塑料管等物迅速将电线拔离触电者;若现场无任何合适的绝缘材料可利用,可用几层干燥衣服将手包裹好,站在干燥木板上,通过拉触电人的衣服,使其脱离电源。

(2)如果是高压触电,则通知电力部门立即停电,或由电工采取特殊措施切断电源。

(3)对触电者进行抢救。对于神志清醒的触电者派专人照顾、观察,情况稳定后方可活动;对于轻度昏迷者或呼吸微弱者,应就地用针刺或用指甲掐人中、十宣、涌泉等穴位,并及时送医院抢救;对有呼吸但心脏停止跳动者,则立即就地进行心脏按压法抢救,绝不能无故中断,并及时送医院抢救;对于触电者心跳和呼吸都已停止,则须立即就地采用人工呼吸和胸外心脏按压法抢救,绝不能无故中断,并及时送医院抢救。

(4)局部电击伤时,应对伤口进行早期清创处理,创面宜暴露,不宜包扎,以免组织腐烂、感染。此外,由于电击伤有深部组织的坏死,热烧伤更易发生破伤风,必须注射破伤风抗毒素。

(5)在处理电击伤时,还应注意有无其他损伤而做相应处理。

(6)若是事故引发火灾时,应同时启动火灾应急预案。

7. 应急终止与现场恢复

当事态得到有效控制,危险得到消除时,由组长下令解除现场警戒。警戒解除后,应由急救援助队伍负责恢复现场。主要清理临时设施、救援过程中产生的废弃物、恢复现场办公、生活等基本功能。由善后处理小组负责被疏散人员的回撤和安置。

8. 事故调查及善后处置工作

1)事故调查

(1)当救援工作结束后,事故调查小组应对事故原因、责任及损失情况进行调查、分析和取证,并在12h内形成报告向公司领导报告。

(2)当地方公安部门介入调查时,事故调查小组应组织救援抢险队员保护好现场,相关人员应如实提供情况,密切配合调查工作。

2)事故处置

(1)通过调查取证,事故调查小组应对直接责任人提出处理意见并报公司领导,待批准后执行。

(2)地方公安部门直接介入调查的,事故调查小组组长应与其密切配合。

(3)为了吸取教训,提高对用电安全的控制水平,应发动全体人员进行总结,表彰救援抢险行动中有功人员,查找管理控制中的不足,完善控制方案和管理办法,防止类似事故的再次发生。

(4)当出现人员伤亡时,善后处理小组要妥善安置好当事人家属,确保其人身安全及食宿,并做好财产损失和人员赔偿的处理工作。

第三节　现场急救知识

学习目标

1. 理解现场急救注意事项。

2. 掌握常见急救措施。

一、现场急救注意事项

(1)进行急救时,不论患者还是救援人员都需要进行适当的防护,这一点非常重要。特别是把患者从严重污染的场所救出时,救援人员必须加以预防,避免成为新的受害者。

(2)应将受伤人员小心地从危险的环境转移到安全的地点。

(3)应至少2～3人为一组集体行动,以便互相监护照应,所用的救援器材必须是防爆的。

(4)急救处理程序化,可采取如下步骤:先除去伤病员污染衣物—然后冲洗—共性处理—个性处理—转送医院。

(5)处理污染物。要注意对伤员污染衣物的处理,防止发生继发性损害。

二、常见急救措施

1. 人工呼吸法(图7-1)

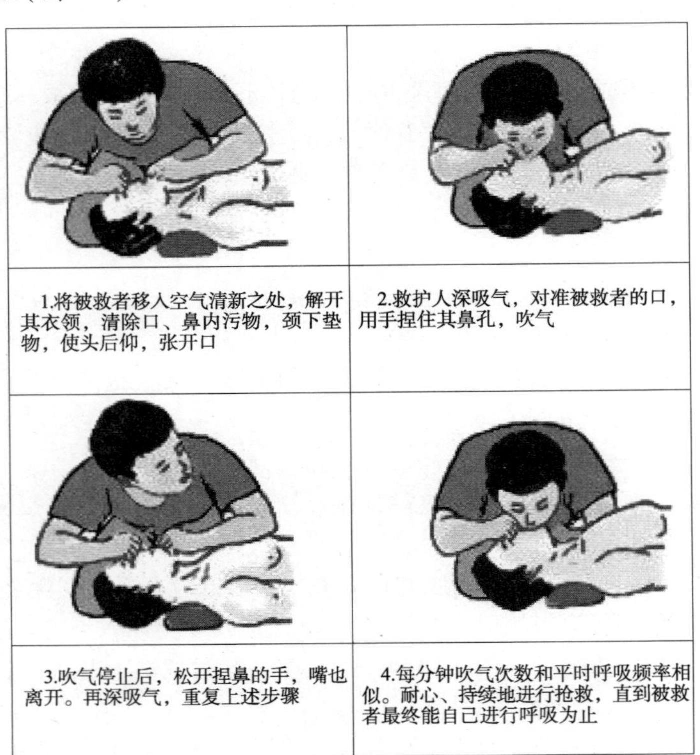

图7-1　人工呼吸法操作图

对呼吸突然停止、心跳仍存在的患者，可施行人工呼吸。将患者迅速移到空气流通的地方，注意保暖，解开患者衣服领扣、裤带、乳罩，并将背部或腰部垫高，头略后仰，清除口腔内的假牙、泥沙等妨碍呼吸的东西，同时在上下牙间垫上毛巾，使嘴微张。施术者一手托起患者下颏，另一手捏住患者鼻翼，深吸气后对住患者口部用力吹入，然后放松患者的鼻翼，如此反复进行，每分钟16～20次，直到呼吸恢复为止。

2. 触电急救法

(1)迅速切断电源。

(2)一时找不到闸门，可用绝缘物挑开电线或砍断电线。

(3)立即将触电者抬到通风处，解开衣扣、裤带，若呼吸停止，必须做口对口人工呼吸或将其送附近医院急救。

(4)可用盐水或凡士林纱布包扎局部烧伤处。

3. 动脉出血急救法

(1)小动脉出血，伤口不大，可用消毒棉花敷在伤口上，加压包扎，一般就能止血。

(2)出血不止时，可将伤肢抬高，减慢血流的速度，协助止血。

(3)四肢出血严重时，可将止血带扎在伤口的上端，扎前应先垫上毛巾或布片，然后每隔半小时必须放松1次，绑扎时间总共不得超过2h，以免肢体缺血坏死。作初步处理后，应立即送医院救治。

4. 骨折急救法

(1)止血：可采用指压、包扎、止血带等办法止血。

(2)包扎：对开放性骨折用消毒纱布加压包扎，暴露在外的骨端不可送回。

(3)固定：以旧衣服等软物衬垫着夹上夹板，无夹板时也可用木棍等代用，把伤肢上下两个关节固定起来。

(4)治疗：如有条件，可在清创、止痛后再送医院治疗。

5. 急性腰扭伤急救法

腰突然扭伤后，如伤势较轻，可让病人仰卧在垫厚的木板床上，腰下垫1个枕头。先冷敷伤处，1～2天后改用热敷。如症状不减轻或伤重者，应急送医院治疗。

6. 脊柱骨损伤急救法

脊柱骨损伤的病人如果头脑清醒，可让其动一下四肢，单纯双下肢活动障碍，提示胸或腰椎已严重损伤；上肢也活动障碍，则颈椎也受损伤。先使患者平卧地上，两上肢伸直并拢。将门板放在患者身旁，4名搬动者蹲在患者一侧，一人托其背、腰部，一人托肩胛部，一人托臀部及下肢，一人托住其头颅，并随时保持与躯干在 同一轴线上，4人同时用力，把患者慢慢滚上门板，使其仰卧，腰部和颈后各放一小枕，头部两侧放软枕，用布条将头固定，然后急送就近医院。

7. 咯血急救法

(1)让患者卧床休息，取半卧位，保持安静，不可大声说话和用力咳嗽。

(2)胸部用冷毛巾敷，同时防止受凉。

(3)服用止咳祛痰药，但忌用氨茶碱。

(4)选服一些止血药,如八号止血粉、三七粉、白芨粉、维生素K。

(5)尽快送医院救治。

8. 煤气中毒急救法

觉察到自己煤气中毒时,应尽快打开门窗,迅速离开现场。如已全身无力,要赶紧趴在地上,爬至门边或窗前,打开门窗呼救。发现他人煤气中毒,应立即打开门窗,将患者抬离现场。中毒者如呼吸、心跳不规则或停止,需马上进行体外心脏按压和口对口的人工呼吸,并送往医院抢救。

9. 溺水急救法

(1)救护者蹲下,使救起的溺水者头朝下地趴在救护者的腿上,迅速按其背部,使其将腹中的水吐出,并清除口鼻中的异物,同时解开衣、裤、乳罩。然后做口对口人工呼吸,对牙关紧闭的溺水者要做口对鼻人工呼吸。

(2)心跳停止者立即做心脏体外按摩。

(3)积极抢救的同时应尽速送医院抢救。

10. 轻度足踝扭伤

应先冷敷患处,24h后改用热敷,用绷带缠住足踝,把脚垫高,即可减轻症状。

11. 食物中毒急救法

(1)催吐解毒:取1汤匙食盐冲汤服下,用筷子刺激咽喉部,反复催吐。

(2)吸附解毒:中毒腹泻时,可食用适量烤焦的馒头。

(3)中和解毒:口服蛋清、牛奶。对碱性毒物,可口服食醋、橘子汁。对金属或植物碱类毒物,可立即服浓茶。

(4)特效解毒:橄榄解酒毒,橄榄汁解河豚毒,生茄子解细菌性食物中毒,胡椒解鱼、蟹、蕈等引起的中毒。

12. 酸碱伤眼急救法

酸、碱不慎溅入眼内,应尽快救治。

(1)在2min内用清水反复冲洗眼部,有条件的话,酸物伤眼用2%碳酸氢钠溶液冲洗;碱物伤眼用1%醋酸或4%硼酸溶液冲洗。

(2)伤眼的当天应冷敷,第3天可热敷。

(3)剧烈疼痛时可用0.5%盐酸丁卡因眼药水滴入眼内。

(4)口服抗生素防止感染。

(5)口服大量维生素A、B、C、D,促进患眼恢复。

13. 头部外伤急救法

头部外伤,无伤口但有皮下血肿,可用包扎压迫止血而头部局部凹陷,表明有颅骨骨折,只可用纱布轻覆,切不可加压包扎,以防脑组织受损。

14. 脱臼急救法

(1)肘关节脱臼:可把肘部弯成直角,用三角巾把前臂和肘托起,挂在颈上。

(2)肩关节脱臼:可用三角巾托起前臂,挂在颈上,再用一条宽带连上臂缠过胸部,在对侧胸前打结,把脱臼关节上部固定住。

(3)髋关节脱臼:应用担架将患者送往医院。

15. 心脏病发作急救法

(1)尽量解除患者的精神负担和焦虑情绪。

(2)立即将硝酸甘油或异山梨酯放于患者舌下。

(3)让患者取半坐位,口服1~2粒麝香保心丸。

(4)患者感到心跳逐渐缓慢以至停跳时,应连续咳嗽,每隔3s咳1次,心跳即可恢复。

(5)如心搏骤停,可用下列方法急救:

①叩击心前区:施术者将左手掌覆于患者心前区,右手握拳,连续用力捶击左手背。心脏停搏90s内有效。

②胸外心脏按压:患者仰卧硬处,头部略低,足部略高,施术者将左手掌放在患者胸骨下1/3处、剑突之上,将右手掌压住左手背,手臂则与患者胸骨垂直,用力急剧下压,使胸骨下陷2~3cm,然后放松,连续操作,每分钟60~70次。伴呼吸亦停止者,则应人工呼吸与心外叩击交替进行,直到将患者送至医院。

16. 胸部外伤急救法

胸部开放性伤口,空气会随着呼吸从伤口出入胸腔,可能有血液流出。患者不宜活动,以防肋骨骨折断端刺破肺脏和血管。此时必须用纱布或衣服覆盖伤口,包扎压迫。

17. 异物吸入急救法

异物误入气管、食管时,应让患者头朝下,拍击其背部,促使其咳吐出来,以防异物阻塞气管引起窒息。如无效,应赶快送医院。

18. 晕厥急救法

(1)让病人头低脚高躺下。

(2)解开病人衣领、裤带及胸罩。

(3)注意保暖和安静。

(4)喂服糖水或热茶。

(5)用低浓度氨溶液近鼻嗅入。

(6)用拇指、食指捏压患者合谷穴(手之虎口处);还可用拇指掐或针刺人中穴。

(7)给病人灌服少量葡萄酒。

(8)出现心搏骤停,应立即在其左前胸猛击一拳,并进行人工呼吸及心脏按压。

(9)经初步处理后送医院治疗。

19. 灼伤急救法

(1)迅速脱离灼伤源,以免灼伤加剧。

(2)尽快剪开或撕掉灼伤处的衣裤、鞋袜。

(3)用冷水冲洗伤处以降温。

(4)小面积轻度灼伤可用必舒膏、玉树油等涂抹。

(5)用清洁的毛巾或被单保护伤处,并尽快送医院治疗。

第四节　汽车维修作业安全知识

学习目标

1. 理解汽车维修作业安全注意事项。
2. 掌握汽车维修过程中常见安全事故。

一、汽车维修作业安全注意事项

(1)车间内禁止明火,易燃品及腐蚀性物品要正确存放,明确灭火器的存放位置及正确的使用方法。

(2)拆装蓄电池时,拔出点火钥匙,先拆负极再拆正极,装时先装正极后装负极,注意保存车上个性化记忆。

(3)引导车辆移车时,切忌站在车前跟车尾。

(4)衣服内不得装尖锐的工具,以免滑扎伤自己及损伤车漆或车饰,也不要放在车内座椅上,避免刺伤人或刺破座椅。

(5)举升车辆时把举升机腿支在车辆合适的支点,举到合适的位置,锁止举升机方可工作,举升机不允许单腿使用。

(6)氧气焊非专业人员不得使用,电焊、氧气焊作业时需要使用护目镜或面罩、手套防护用品。

(7)头、手或物远离发动机正在运转部件及扇叶,确保安全。

(8)维修人员工作期间不要佩戴饰品,以免线路可能短路及意外,工作期间不得穿拖鞋,不留长发。

(9)燃油系统维修时,拆卸管路需先泄压,防止汽油撒到可能引起火灾的热源上及喷洒到身上。

(10)发动机冷却液温度较高时禁止直接打开散热器盖,以免热水喷出烫伤。

(11)使用移动式千斤顶时,需确保车辆稳定,并使用马镫支稳后方可工作。

(12)专用工具的使用严格按照厂家要求的操作程序操作。

(13)车间维修车辆切忌长时间怠速运转,以减小尾气对人体的危害。

(14)红外烤灯不要照射受热易变性易燃的物品上。

(15)不允许冲洗正在运转的发动机及线路电子元件,以免发动机损坏或线路短路引起火灾。

(16)制动液不允许洒到漆面上或轮胎等橡胶件上,碰到皮肤上需及时清洗。

(17)工作区地面不得有油污、水等液体,以免工作时滑倒造成人员受伤。

(18)维修制动系统后应先踩几脚制动踏板,确认制动系统完好时方可驾驶移动,确保前后安全。

(19)接触涂漆工作需佩戴防毒面具。

二、常见安全事故

汽车维修过程中常见安全事故如下。

1. 千斤顶

使用千斤顶顶车时支架不牢固，顶起和放下车辆时车辆突然落下造成人员伤害。

2. 举升机

举升机工作时，存在人员触电、伤害、高空跌落伤人等危险事故。

3. 砂轮机

砂轮机运行过程中容易溅起颗粒，造成人员伤害，同时砂轮机及电缆必须绝缘良好，否则会出现人员触电。

4. 空气压缩机

空气压缩机使用过程中皮带飞出容易造成人员伤害。

5. 蓄电池

充电时操作不当，易发生蓄电池爆裂，电解液泄漏事故。加液时未佩戴防护眼镜、橡胶手套等防护用品，造成身体伤害。

6. 切割机

切割机在切割物件时，物件未夹紧或切割片未紧固有破损，发生飞溅物、切割片伤人，人员触电事故。

7. 台钻

操作不当造成机械伤人、飞溅伤人、钻头折断伤人。

第五节　汽车维修设备、检测仪器和专用工具安全操作规范

学习目标

1. 掌握手动工具安全操作规范。
2. 掌握气动、电动工具安全操作规范。
3. 掌握举升机安全操作规范。
4. 了解其他设备安全操作规范。

一、手动工具安全操作规范

1. 虎钳安全操作规程

(1)虎钳上不要放置工具，以防滑下伤人。

(2)使用转座虎钳工作时，必须把固定螺钉锁紧。

(3)虎钳的丝杠、螺母要经常擦洗和加油，定期检查保持清洁。如有损坏，不得使用。

(4)钳口要经常保持完好，磨平时要及时修理，以防工件滑脱。钳口固紧螺钉要经常检查，以防松动。

(5)用虎钳夹持工件时，只许使用钳口最大行程的2/3，不得用管子套在手柄上或用手

锤锤击手柄。

(6)工件必须放正夹紧,手柄朝下。

(7)工件超出钳口部分太长,要加支承。装卸工件时,还必须防止工件摔下伤人。

2. 板牙、丝攻和铰孔安全操作规程

(1)攻套丝和铰孔时要对正对直,用力要适当,以防折断。

(2)攻套丝和铰孔时,不要用嘴吹孔内的铁屑,以防伤眼。不要用手擦拭工件的表面,以防铁屑刺手。

(3)攻套丝和铰孔时要加适当的润滑油。

3. 锉刀、刮刀安全操作规程

(1)木柄必须装有金属箍,禁止使用没上手柄或手柄松动的锉刀和刮刀。

(2)锉刀、刮刀杆不准淬火。使用前要仔细检查有无裂纹,以防折断发生事故。

(3)推锉要平,压力与速度要适当,回拖要轻,以防发生事故。

(4)锉刀、刮刀不能当手锤、撬棒或冲子使用,以防折断。

(5)工件或刀上有油污时,要及时擦净,以防打滑。使用锉刀,也要防止滑动。

(6)使用三角刮刀时,应握住木柄进行工作。工作完毕把刮刀装入套内。

(7)使用刮刀时,刮削方向禁止站人,防止伤人。

(8)清除铁屑,应用专门工具,不准用嘴吹或用手擦。

4. 手钻钻孔安全操作规程

(1)使用手电钻时的电源端必须配备漏电保护器。

(2)发生故障,应找专业电工检修,不得自行拆卸,装配。

(3)在潮湿地方工作时,必须站在绝缘垫或干燥的木板上进行。

(4)电气线路中间不应有接头。电源线严禁乱放,乱拖。

(5)电钻未完全停止转动时,不能卸换钻头。钻孔完成后因为钻头残存切削热严禁用手触摸钻头。

(6)如用力压电钻时,必须使电钻垂直工件,而且固定端要特别牢固。不得用扁担、杠子压手电钻。

(7)胶皮手套等绝缘用品,不许随便乱放。工作完毕时,应将电钻及绝缘用品一并放到指定地方。

5. 梯子安全操作规程

(1)梯子梯挡应均匀,不得过大或缺挡,否则不准使用。

(2)梯子的顶端应有安全钩子。梯脚应有防滑装置。梯子离电线(低压)至少保持2.5m。

(3)放梯子的角度为75°为宜,人登梯子时,下面必须有人扶梯。禁止两人同登一梯。不准在梯子顶工作。

(4)梯梁及踏板折断或有裂纹,应及时修理,否则禁止使用。

(5)人字梯的梯梁中间必须用可靠的拉绳或撑杆牵住。

6. 无齿锯安全操作规程

(1)使用无齿锯前要检查锯片是否有破损,如有破损立即更换。

(2)更换锯片时要使用专用工具拧紧,同时要定位准确。更换锯片后要进行空运转检查是否有抖动。

(3)做切割作业时严禁用蛮力压切割手柄,防止锯片破裂。

(4)当锯片小于要切削的零件尺寸时要及时更换锯片。

(5)切割作业中必须佩戴安全眼镜。

二、气动、电动工具安全操作规范

1. 气钉枪安全操作规程

(1)使用工具前应检查工具是否能正常运行的条件,如螺钉的紧固等。

(2)装有枪钉的气钉枪要正常使用。

(3)使用时不得对准他人或无关的材料射击,以保证人身安全。

2. 风动工具安全操作规程(风挡扳手等)

(1)起动前,首先检查工具及其防护装置完好,夹紧正常,无松脱,气路密封良好,气管应无老化、腐蚀;压力源处安全装置完好。风管连接处牢固,工具部分无裂纹,毛刺。

(2)起动时,首先试运转。开动后应平稳无剧烈振动,动态进行检查无误,再进行工作。

(3)风动工具应保持自动关闭阀完好,保证在操作时,只有用力起动开动,才能工作。

(4)风动工具应有专人负责检查、保管,定期维修。

3. 吹气清扫安全操作规程

(1)利用气枪清扫工件及作业面时必须佩戴安全眼镜。

(2)清扫时避免直接对着人吹气。

(3)使用前应检查气枪的连接是否有漏气及老化等现象,如果有漏气现象须经维修后使用。

4. 手电钻安全操作规程

(1)不要在有雨的环境中使用。

(2)不要在易燃易爆液体或气体的场所使用。

(3)当工作地点远离电源时,可使用延长电缆线,电缆线应有足够的线径,其长度应尽量短。

(4)预防触电,检查电缆线有无破损,若有破损应更换或包扎。

(5)在电源插头插入插座前,开关必须处于断开状态。

(6)为防止工具误动造成伤害,装卸钻头时电源插头必须拨离插座。

(7)在工具未完全停止时,勿接触转动件。

(8)当电源插头未拨出插座时,勿拆开工具用手触摸机内带电零件及机械转动件。

5. 电动手砂轮机安全操作规程(包括角磨机等)

(1)电动手砂轮必须有牢固的防护罩,连接电源侧必须配备漏电保护器。

(2)使用前,必须认真检查砂轮片有无裂纹,金属外壳和电源线有无漏电之处,插头插座有无破损。

(3)使用时,首先要进行空转试验,验证旋转无振动抖动时方可进行操作。

(4)工作者不准正对砂轮,必须站在侧面。砂轮机要拿稳,并要缓慢接触工件,不准撞击和猛压。

(5)要用砂轮正面,禁止使用砂轮侧面。

(6)正在转动的砂轮机不准随意放在地上,待砂轮停稳后,放在指定的地方。暂时不用时,必须切断电源。

(7)发现电源线缠卷打结时,应切断电源后再耐心解开,不得手提电线或砂轮机强行拉动。

(8)换砂轮时,要认真检查砂轮片有无裂纹或缺损,配合要适当。用扳手拧紧螺母时,松紧要适宜。

(9)砂轮机要存放在干燥处,严禁放在水和潮湿处。

(10)每使用期达三个月,应送交电工检查绝缘、线路、开关情况。未经电气人员检查、登记的,不得使用。

三、举升机安全操作规范

1. 举升前的准备与检查

(1)首先检查设备的完好状况,各润滑部位是否润滑良好,如有影响举升的因素存在应首先消除隐患。

(2)使用前应清除举升机附近妨碍作业的器具及杂物,保证负载和托举装置的活动范围内不应有任何障碍。

(3)举升前,应将举升机的四个托盘调整到同一水平面,并使汽车支承面与托盘接触良好。

2. 举升操作

(1)被举升的汽车质量不得超过举升机所允许的额定载荷,应将汽车较重部位置于短托臂上,并注意使汽车重心与举升机中心重合。

(2)汽车举升到150~200mm后,晃动汽车,检查汽车是否已停稳,在确信汽车已安全定位后,继续按上升按钮,直至汽车被举升到工作位置。

(3)举升过程中,注意观察汽车是否平稳,如有异常,立即停机。

(4)在举升过程中,严禁人员在举升的汽车或托举装置上站立或行走,更不得进入被举升的汽车内,严禁人员在负载以及托举装置的活动范围内。

(5)托臂自锁定位后,不可强拉托臂转动。

(6)举升约3000次(约两年)后,应经常观察主螺母的磨损状况,举升3200次后,必须更换主螺母。

(7)有人作业时严禁升降举升器。

(8)作业完毕应清除杂物,打扫举升器周围以保持场地整洁。

(9)班组设备管理员应做好使用维护记录,确保设备正常使用。

(10)定期(半年)排除举升机油缸积水,并检查油量,油量不足应及时加注相同牌号的压力油。同时应检查润滑、举升机传动齿轮及缝条。

四、其他设备安全操作规范

1. 喷灯

喷灯是靠燃气产生高温的工具,由于喷灯是手持工具,其稳定性差,火焰温度高,又有一

定压力，使用时必须谨慎。

(1)使用前应进行检查：油桶不得漏油，喷油嘴螺纹不得漏气，油桶内的油量不得超过油桶容积的3/4，加油的螺塞应拧紧。

(2)禁止明火的工作区，严禁使用喷灯，附近有可燃物体和易燃物体的场所禁止使用喷灯；喷灯的火焰或带电部分的距离应满足：1kV以下时≥1m，1～10kV时≥1.5m，大于10kV时≥3m。

(3)使用喷灯时，灯内压力及火焰应调整适当，工作场所不得靠近易燃物体，工作场所应使空气流通。

(4)严禁向使用煤油或柴油喷灯内注入汽油。

(5)喷灯加油时应灭火，且待冷却后放尽油压方可加油，喷灯用完后也应放尽压力，待冷却后放入工具箱妥善保管。

2. 千斤顶

由于千斤顶具有顶升重物而不需要辅助设备，且顶升缓慢、均匀、稳定，又适用于校正设备安装偏差和物件变形等，因而被安装施工中广泛应用，但由于千斤顶与顶升重物接触点较小，又依赖底座的平整、坚实而且又要求与重物接触良好，所以使用时要注意以下几个问题。

(1)因千斤顶种类较多，型号繁杂，使用前必须熟知其千斤顶的性能、特点及使用方法。

(2)保持千斤顶的清洁，应放在干燥、无尘处。切不可在潮湿、污垢、露天处存放，使用前应将千斤顶清洗干净，并检查活塞升降以及各部件是否灵活可靠，注入油是否干净。

(3)使用油压千斤顶时，禁止工作人员站在千斤顶安全栓的前面，安全栓有损坏者不得使用。

(4)千斤顶应与顶物垂直且接触面要好。

(5)千斤顶顶升重物不能长时间放置不管，更不能做寄存物件用。

(6)千斤顶使用时的放置处应平整、坚实，如在凹凸不平或土质松软地面，应铺设具有一定强度的垫板。为保持千斤顶与重物接触面稳固，其接触面间应垫以木板。

(7)不得在千斤顶的摇把上套接管子，或用其他任何方法加长摇把的长度。

(8)千斤顶顶升高度不得超过限位标志线，如无标志线者，不得超过螺杆丝扣或活塞高度的3/4。螺旋螺纹或齿条磨损达20%严禁使用。

(9)要注意千斤顶顶升过程的安全操作。顶升重物时，应先将重物稍为顶升一些，然后检查其千斤顶底部是否稳固平整，稍有倾斜必须重新调整，直至千斤顶与重物垂直、平稳、牢固时，方可继续顶升。生产或到一定高度应在重物下面加垫，到位后将重物垫好。

(10)千斤顶下降时应缓慢，不得猛开油门使其突然下降，齿条千斤顶也应如此，以防止突然下降造成摇把跳动而打伤人。

(11)数台千斤顶同时顶升一个重物时，应有专人指挥，以保持升降的同步进行，防止受力不均，物体倾斜而发生事故。

3. 链条葫芦

链条葫芦（又称倒链）是一种不需要底部铺垫固定，且可将重物在空间中升在任何一个需要的位置上的一种小型起重工具，使用携带均很方便，它不仅可以用于中装，也可用作收紧缆绳及庞大设备运输时的固定，还可以用于对口、找正等。链条葫芦使用应注意：

(1)使用的链条葫芦必须是正式厂家的合格产品。

(2)对用过的、旧的链条葫芦,使用前应做详细检查,如吊钩、链条等是否完好,起重链根部销子是否合乎要求,传动部分是否灵活,起重链是否错扭,自锁是否有效,各部件是否有裂纹、变形,严重磨损等。

(3)使用时如发生卡链,应将重物垫好后,方可检修。

(4)链条葫芦在任何方向作用时,手拉链的方向应与链轮的方向一致,拉链条时用力要均匀,不得突然猛拉。

(5)操作时,葫芦下方不得站人。

(6)严禁超负荷使用。操作中应根据葫芦起重能力的大小决定拉链的人数,一般起重能力在5t以下的允许1人拉链,5t以上的允许两人拉链,拉不动时要查明原因,以防物体卡阻或机件失灵发生事故。

(7)吊物如需要高处停留一段时间,应将手掰链牢固的拴在起重链上进行保险,并要有安全绳,以防自锁失灵。

(8)链条葫芦不得用于高处寄存重物或设备。

(9)链条磨损达15%以上严禁继续使用。

(10)切勿将润滑油渗入摩擦片内,以防自锁失效。

第六节　新能源汽车安全知识

学习目标

1. 理解新能源汽车充电安全注意事项。
2. 理解新能源汽车检修安全注意事项。

一、新能源汽车充电安全注意事项

1. 新能源汽车充电操作步骤

以北汽新能源电动汽车为例,其充电操作步骤如下。

(1)将纯电动汽车断电以后,打开充电口盖,此时电动机转速表上的充电指示灯点亮。此时,车辆在打到“ON”挡时也不会行驶。充电过程中电动机转速表中的充电指示灯一直处于点亮状态,只有拔下充电插头并关闭充电门板之后,充电指示灯才会熄灭。

图7-2　新能源汽车充电操作示意图

(2)将充电插头与车辆上的充电插座进行连接。

(3)将充电插头的另一端与充电桩上的充电插座进行连接(图7-2),刷卡后,车载充电机将开始对动力电池包充电。或者将家用插头插入220V/16A的插座进行充电。

2. 充电操作注意事项

（1）要将电量很低的动力电池包充至满电状态，使用220V交流电一般需要7h。充电时间的长短也取决于动力电池包的荷电状态（SOC），荷电状态较高时充电时间较短，荷电状态较低时充电时间较长。

（2）充电过程中要查看动力电池包电量是否已经充满，只需将钥匙打到“ACC”或者“ON”挡，即可从仪表板上读出。

（3）当指针指示在100%时，表明动力电池包已经充满电。当指针未指示在100%附近时，说明动力电池包尚未充至满电状态。由于动力电池的特性以及检测精度的问题，有时候动力电池包充至满电状态时，SOC表的指针并未指示在100%，这个指示的范围可能是在98%～100%。所以可以认为当SOC表的指针指示在98%以上时（包括98%），动力电池包已经充满电。

（4）在充完电拔下充电接头以后，如果没有及时查看SOC表的充电状态，而是过了几小时或者更长的时间才进行查看，这时由于动力电池的特性，SOC表指针可能指示在98%以下，这并不意味着动力电池包出现了故障。

（5）动力电池包的可用能量会随着使用时间的延长而逐步衰减。如果动力电池包的使用时间已经很长，充满电时SOC表指针也不会指示在100%附近。

（6）动力电池包充电过程中，电池管理系统会自动控制充电电流的大小，当动力电池包充至满电状态时，电池管理系统会自动终止对动力电池包的充电。

（7）当环境温度太低时，插上充电接头以后，电池管理系统会自动先对电池包进行加热，当温度合适以后才对电池包进行充电。

二、新能源汽车检修安全注意事项

不同电动汽车的动力系统其结构和工作原理各不相同，这就使得不同的电动汽车其检测与维修的方法也会有很大的差异。在此以北汽新能源电动汽车为例简单介绍混合动力汽车的检测与维修的相关问题。

动力电池组的额定电压为330V，发电机和电动机发出（或使用）的电压为400V。在电路系统中，高压电路的线束和连接器都为橙色，而且动力电池等高压零件都贴有“高压”的警示标志，注意不要触碰这些配线。在检修过程中一定要严格按照正确的操作步骤操作。在检修过程中（如安装或拆卸零部件、对车辆进行检查等）必须注意以下几点：

（1）对高压系统进行操作时首先应将车辆电源开关关闭。

（2）戴好绝缘手套（戴绝缘手套前一定要先检查手套，不能有破损，哪怕针眼大的破损也不行，不能有裂纹，不能有老化的迹象，也不能是湿的）。

（3）将辅助蓄电池的负极电缆断开（在此之前应先查看故障码，有必要的话将故障码保存或记录下来，因为与传统内燃机汽车一样，断开蓄电池负极，电缆故障码将被清除）。

（4）拆下检修塞，并将检修塞放在衣袋里妥善保管，这样可以避免其他人员误将检修塞装回原处，造成意外。

（5）拆下检修塞后不要操作电源开关，否则可能损坏混合动力ECU。

（6）拆下检修塞，至少将车辆放置5min后再进行其他操作，因为至少需要5min的时间对变频器内的高压电容器进行放电。

(7)在进行高压系统作业时,应在醒目的地方摆放警告标志,以提醒他人注意安全。

(8)不要随身携带任何金属物体或其他导电体,以免不小心掉落引起线路短路。

(9)拆下高压配线后应立刻用绝缘胶带将其包好,保证其完全绝缘。

(10)一定要按规定力矩将高压螺钉端子拧紧,力矩过大或过小都有可能导致故障。

(11)完成对高压系统的操作后,在重新安装检修塞前,应再次确认在工作平台周围没遗留任何零件或工具,并确认高压端子已拧紧,连接器已插好。

第七节　危险化学品知识

学习目标

1. 了解危险化学品分类。
2. 理解危险化学品安全注意事项。

一、危险化学品分类

按我国目前已公布的法规、标准,有三个国家标准:GB 6944—2012《危险货物分类和品名编号》、GB 12268—2012《危险货物品名表》、GB 13690—2012《常用危险化学品分类及标志》、将危险化学品分为八大类,每一类又分为若干项。

第一类:爆炸品,爆炸品指在外界作用下(如受热、摩擦、撞击等)能发生剧烈的化学反应,瞬间产生大量的气体和热量,使周围的压力急剧上升,发生爆炸,对周围环境、设备、人员造成破坏和伤害的物品。爆炸品在国家标准中分5项,其中有3项包含危险化学品,另外2项专指弹药等。

第1项:具有整体爆炸危险的物质和物品,如高氯酸。

第2项:具有燃烧危险和较小爆炸危险的物质和物品,如二亚硝基苯。

第3项:无重大危险的爆炸物质和物品,如四唑并-1-乙酸。

第二类:压缩气体和液化气体,指压缩的、液化的或加压溶解的气体。这类物品当受热、撞击或强烈振动时,容器内压力急剧增大,致使容器破裂,物质泄漏、爆炸等。它分3项。

第1项:易燃气体,如氨气、一氧化碳、甲烷等。

第2项:不燃气体(包括助燃气体),如氮气、氧气等。

第3项:有毒气体,如氯(液化的)、氨(液化的)等。

第三类:易燃液体,本类物质在常温下易挥发,其蒸气与空气混合能形成爆炸性混合物。它分3项。

第1项:低闪点液体,即闪点低于-18℃的液体,如乙醛、丙酮等。

第2项:中闪点液体,即闪点在-18℃以上且<23℃的液体,如苯、甲醇等。

第3项,高闪点液体,即闪点在23℃以上的液体,如环辛烷、氯苯、苯甲醚等。

第四类:易燃固体、自燃物品和遇湿易燃物品,这类物品易于引起火灾,按它的燃烧特性分为3项。

第1项：易燃固体，指燃点低，对热、撞击、摩擦敏感，易被外部火源点燃，迅速燃烧，能散发有毒烟雾或有毒气体的固体。如红磷、硫黄等。

第2项：自燃物品，指自燃点低，在空气中易于发生氧化反应放出热量，而自行燃烧的物品。如黄磷、三氯化钛等。

第3项：遇湿易燃物品，指遇水或受潮时，发生剧烈反应，放出大量易燃气体和热量的物品，有的不需明火，就能燃烧或爆炸。如金属钠、氢化钾等。

第五类：氧化剂和有机过氧化物，这类物品具有强氧化性，易引起燃烧、爆炸，按其组成分为2项。

第1项：氧化剂，指具有强氧化性，易分解放出氧和热量的物质，对热、振动和摩擦比较敏感。如氯酸铵、高锰酸钾等。

第2项：有机过氧化物，指分子结构中含有过氧键的有机物，其本身是易燃易爆、极易分解，对热、振动和摩擦极为敏感。如过氧化苯甲酰、过氧化甲乙酮等。

第六类：毒害品，指进入人（动物）肌体后，累积达到一定的量能与体液和组织发生生物化学作用或生物物理作用，扰乱或破坏肌体的正常生理功能，引起暂时或持久性的病理改变，甚至危及生命的物品。如各种氰化物、砷化物、化学农药等。

第七类：放射性物品，它属于危险化学品，但不属于《危险化学品安全管理条例》的管理范围，国家还另外有专门的"条例"来管理。

第八类：腐蚀品，指能灼伤人体组织并对金属等物品造成损伤的固体或液体。这类物质按化学性质分3项。

第1项：酸性腐蚀品，如硫酸、硝酸、盐酸等。

第2项：碱性腐蚀品，如氢氧化钠、硫氢化钙等。

第3项：其他腐蚀品，如二氯乙醛、苯酚钠等。

二、危险化学品安全注意事项

1. 危险化学品操作注意事项

（1）严格遵守使用危险化学品安全操作规程。

（2）在使用危险化学品之前，必须仔细阅读危险化学品安全操作说明书，尤其是有关安全注意事项和应急处理方面内容。

（3）穿戴好个人防护用品，不能直接接触危险化学品。

（4）使用作业时要精神集中，严禁打闹嬉戏。

（5）严禁在危险化学品工作场所进食、饮水或喝饮料。

2. 危险化学品现场急救注意事项

（1）救护者应做好个人防护，这一点非常重要，特别是把患者从严重污染的场所救出时，救援人员必须加以预防，避免成为新的受害者。

（2）切断毒物来源。

（3）迅速将患者撤离现场到空气新鲜处。

（4）采取正确方法对患者进行紧急救护。

（5）急救处理程序：先除去伤员污染衣物—然后冲洗—共性处理—个性处理—转送医

院，处理污染物时要注意对伤员污染衣物的处理，防止发生继发性伤害。

3. 急救原则

(1)对受到化学伤害的人员进行急救时，首先要做的紧急处理是对神志不清的伤员要防止气道梗塞，呼吸困难时要给予氧气吸入，呼吸停止时立即进行人工呼吸，心脏停止立即进行胸外心肺挤压。

(2)皮肤污染时，脱去污染的衣服，用流动清水冲洗，头面部灼伤时，要注意眼、耳、鼻、口腔的清洗。

(3)眼睛污染时，立即提起眼睑，用大量清水彻底冲洗至少15min。

(4)当人员发生冻伤时，应迅速采取变温、复温方法，采用40～42℃恒温热水浸泡30min内温度提高至接近正常。在对冻伤的部位进行轻柔按摩时，应注意不要将伤处皮肤弄破，以防感染。

(5)当人员发生烧伤时，应迅速将患者衣服脱去，用大量清水冲洗降温，用清洁布覆盖创伤面。不要任意把水泡弄破，避免伤面污染。患者口渴时，可适量饮水或含盐饮料。

(6)口服者可根据物料性质，对症处理，有必要进行洗胃。

(7)经现场处理后，应迅速护送至医院治疗。

4. 个人防护措施

(1)当不慎被危险化学品弄到皮肤、眼睛时，要马上用清水冲洗，然后再去医院检查、医治。

(2)如身体出现红肿、发痒、过敏等症状，要联想到是否与工作有关，进而找医生诊断。

(3)不要把危险化学品带回家。

(4)不要把工作服穿回家、宿舍，下班后应更换衣服。

(5)危险化学品的毒性主要是伤肝、肾，溶解脂肪，平时要注意营养。

(6)工作时要注意通风，使用合格的个人防护用品，要打开抽风排毒设施。

5. 危险化学品的储存和运输安全

(1)危险化学品具有易燃易爆、有毒有害的理化特性，所以具有怕火、怕热、怕潮、怕撞击、怕摩擦、怕霉变、怕风化、怕接触性能相抵触的物品的特点，所以危险化学品要储存于阴凉、干燥、通风的地方，远离热源、火源，且储存量不能超过额定储存量。

(2)危险化学品大部分都有对撞击、摩擦、温度的高度敏感性，所以在运输过程中要避免摩擦、撞击、颠簸、振荡，严禁与氧化剂、酸、碱、盐类、金属粉末和钢材器具等混储混运。

6. 常见危险化学品事故的紧急救护方法

1)强酸

皮肤沾染时用大量的清水冲洗，或用小苏打、肥皂水洗涤，必要时敷软膏。溅入眼睛时用温水冲洗后，再用5%小苏打溶液或硼酸水冲洗。进入口内时立即用大量的清水漱口，并服用大量冷开水催吐，或用氧化镁悬浊液洗胃。呼吸中毒时立即移至空气新鲜处保持体温，必要时供氧。

2)强碱

皮肤沾染时用大量的清水冲洗，或用硼酸水、稀乙酸冲洗后涂氧化锌软膏。触及眼睛用温水冲洗。吸入中毒者移至空气新鲜处。严重者送医院治疗。

3）氢氟酸

眼睛或皮肤沾染时，立即用清水冲洗20min以上，可用稀氨水敷浸后保暖，再送医院治疗。

4）高氯酸

皮肤沾染后用大量温水及肥皂水冲洗。进入眼内用温水或稀硼酸水冲洗。

5）氯化铬铣

皮肤受伤时用大量清水冲洗后，用硫代硫酸钠敷伤处后送医诊治。误入口内用温水或2%硫代硫酸钠洗胃。

6）氯磺酸

皮肤受伤用清水冲洗后再用小苏打溶液洗涤，并以甘油和氧化镁润湿绷带包扎，送医院治疗。

7）溴、溴素

皮肤灼伤用苯洗涤，再涂抹油膏，呼吸器官受伤可嗅氨、甲醛溶液。皮肤沾染时先用大量清水冲洗，再用酒精洗后涂甘油。呼吸中毒者可移到空气新鲜处，用2%碳酸氢钠溶液雾化吸入以解除呼吸道刺激，然后送医院治疗。

第八节　车用油、液的储存和管理

学习目标

1. 掌握汽油的存储与管理。
2. 了解其他油液的存储与管理。

一、汽油的存储与管理

1. 汽油

汽油的英文名为Gasoline（美）/Petrol（英），外观为透明液体，可燃，馏程为30～220℃，主要成分为C5～C12脂肪烃和环烷烃类，以及一定量芳香烃，汽油具有较高的辛烷值（抗爆震燃烧性能），并按辛烷值的高低分为90号、93号、95号、97号等牌号。汽油由石油炼制得到的直馏汽油组分、催化裂化汽油组分、催化重整汽油组分等不同汽油组分经精制后与高辛烷值组分经调和制得，主要用作汽车点燃式发动机的燃料。

2. 存储

汽油要用铁器、玻璃钢之类的东西储存，一定要密封紧。不要用塑料制品，容易产生静电很危险。要放置到阴凉的地方。汽油最好不要储存太多，时间长了汽油也会变质，保持汽油的新鲜对发动机很有好处。

3. 严格按汽油危险物品的管理规定操作

（1）对于汽油危险物品的采购、储存保管与使用应严格遵照国务院《化学危险物品安全管理》的有关规定，实行统一采购，集中管理，严格使用制度。

（2）公司设专库保管，分类存放，汽油仓库库门上要有安全可靠的门锁，必须指定专人保管。存放地点必须符合安全要求,仓库内外,严禁烟火。杜绝一切可能产生火花的因素。汽油进入仓库时,应进行严格的检查和验收,并做好发放登记工作。储存和使用汽油的容器、工具必须标识清楚,防止在领取和使用过程中出现差错。汽油出库前应认真填写《危险化学品领用申请表》,做到领用要计量,使用有监督,用后要回收,按程序严格办理出库手续并做好使用记录。

(3)各车间、部门领用汽油,必须专人负责,责任明确,领用时写明用途、用量、使用时间、使用人等,由生产经营部经理批准,车间主任签字后,交分管设备的经理助理落实,要求二人领料,严格办理出库手续。领用时应根据使用情况分多次领用,每次领取最少数量。对使用危险品的员工,应加强安全教育和安全操作方法的指导。

(4)使用汽油的人员必须严格操作,戴防护口罩、手套,防止中毒,严禁将汽油随意带出室外。使用完汽油的空容器、废油布、废弃溶液残渣必须妥善处理,严禁未经处理就随便乱倒,防止火灾事故的发生和污染环境。

(5)汽油的采购应严格按需要制订购置计划,必须根据国务院《化学危险品安全管理条例》的规定。办理危险物品采购证,向经营此类危险品的合法部门采购。

(6)搬运汽油应做到小心谨慎,严防振动、撞击、摩擦和倾倒。汽油应专车运输。严禁携带汽油乘坐公共交通工具。

(7)使用汽油的车间、部门的负责人要经常对使用人员进行安全教育,使用汽油的车间主任应详细指导监督,讲授安全操作方法,并采取必要的安全措施。

(8)建立安全制度:

①汽油、酒精等危险物品仓库周围10m内不准有电焊、明火现象出现。

②加强危险物品的安全防范措施,配齐灭火器,加强防盗措施。

③建立和执行定期安全检查制度,防止各种事故发生。

(9)对违反本规定的有关人员,视情节轻重给予行政或经济处罚,构成犯罪的由司法机关依法追究刑事责任。

二、润滑油、齿轮油、动力转向油的存储

1. 润滑油、齿轮油、动力转向油储存注意事项

(1)不可直立放于露天环境,以防止水分及杂物的入侵污染。

(2)室内储存可立放,桶面朝上,方便抽取。

(3)拧紧封口盖,保持油桶密封。

(4)保持桶身面清洁,标识清晰。

(5)保持地面清洁,便于漏油时及时发现。

(6)做好入库登记,先到先用。

(7)频繁抽取的油品,放置在油桶架上用开关控制流放。

(8)新油与废油分开放置,装过废油的容器不可装新油,以防污染。

2. 润滑油、齿轮油、动力转向油使用注意事项

(1)使用前要彻底清洗原机床内的剩油、废油及沉淀物等,避免与其他油品混用。

(2)要按照要求选用合适标号的各种油液。

三、制动液的存储

1. 优先入库

制动液易氧化、易吸水,应优先存放在库房内,以防止温度、水分、阳光等的影响。

2. 密封储存

制动液应该做到密封储存,否则,会大大加速制动液的氧化,并产生酸性物质,缩短制动液的储存和使用期限,并使机件遭到腐蚀。1 号醇型制动液如不密封储存,还会从空气中吸收水分,当酒精浓度降至 75% 以下时,便会产生分层现象,使 1 号醇型制动液不能使用;1 号醇型制动液因酒精沸点低,还容易蒸发,如蒸发过多时,会造成质量不合格。

3. 工具、容器必须洁净

醇型制动液及合成制动液不能相混,否则,会影响使用性能。尤其要注意的是,醇型及合成制动液不能与石油产品相混,即使混入少量石油产品,由于石油产品对天然橡胶有严重的侵蚀作用,也会使制动系统中的皮碗膨胀,造成制动失灵。所以,盛放和使用的容器及工具必须十分洁净,最好使用专用的工具、容器。

4. 尽置缩短储存期限

醇型制动液如组成中的蓖麻油经良好精制,则可储存 5 年。但蓖麻油的精制一般在油库进行,条件较差,常难以满足要求,蓖麻油精制不良时,醇型制动液容易变质,所以储存期不许超过 3 年。合成制动液在库房内密封储存不超过 5 年。

第九节　废弃物及废弃油、液的处置

了解废弃物及废弃油、液的处置。

一、废弃物概述

废弃物是指在生产建设、日常生活和其他社会活动中产生的,在一定时间和空间范围内基本或者完全失去使用价值,无法回收和利用的排放物。

对环境的污染表现在:

(1)污染水体,如垃圾、废渣随地表径流进入地面水体,垃圾、废渣中的渗漏水通过土壤进入地下水体,细颗粒固体废物随风飘扬落入地面水体,将废物直接倒入湖泊、河流和海洋等。

(2)污染大气,如细颗粒的废物随风扩散到大气中,固体废物本身或者在焚化时散发毒气和臭气等。

(3)污染土壤,如固体废物及其渗出液和滤沥所含的有害物质进入土壤,改变土壤性质和结构,影响土壤微生物活动,有碍植物根系生长。随着天然资源的日渐短缺和固体废物排放量的激增,许多国家把固体废物作为开发的“再生资源”加以综合利用。

二、废弃物的处置

属于汽车危险废弃物的有以下几种：一是废旧机油和机油滤清器；二是发动机冷却液、制动液；三是制动器和离合器衬垫；四是空调系统制冷剂；五是蓄电池和蓄电池中的酸性溶液；六是零件和设备清洁剂。

废旧机油是指所有作废的由石油提炼出的油或合成油。机油在使用后混入灰尘、金属碎屑、水和化学物质等杂质后，具有危险性。处理废旧机油可以被收集、回收和再次使用。国内每年约有 540 万 t 使用过的发动机机油可被重新提炼，再次作为发动机机油出售；或者加工制成炉用燃料油。废旧机油可采用下列方法进行处理：一是废旧机油应当用专业存储罐存放，贴上标签并按照当地防火法规做好防火措施。经常检查存储罐，防止渗漏、腐蚀和机油溅出。交给专门的机油回收公司处理。二是废旧机油滤清器中也含有具有危险性的废旧发动机机油，此废旧机油滤清器在被丢弃之前必须排除剩余机油，方法是打开滤清器防漏阀或滤清器顶罩，然后干燥至少 12h，将机油从滤清器上除去。

制动液具有吸水特性，长时间使用会出现沸点降低，不同程度的氧化变质，并溶解制动系统的金属。因此，废旧制动液为危险品。长时间不更换会腐蚀制动系统，给行车带来隐患。同样，冷却液在使用中也会溶解发动机和其他冷却系统中零部件的金属而具有危险性。实际操作中，大量的废旧冷却液被直接排放，对环境 造成严重的污染。废旧发动机冷却液、制动液可采用下列方法进行处理：第一，将废旧的制动液储存在专用容器内，并进行明显注明。第二，勿将废旧的制动液和制冷剂与废弃的发动机机油混合。第三，勿将废旧的制动液和制冷剂倒在排水沟中或地面上。

摩擦材料如制动器和离合器衬垫常常含有石棉。石棉已被国际癌症研究中心确定为致癌物，石棉引发的癌症潜伏期很长，一般在 15 ~ 30 年后才会出现。虽然目前在大多数材料中取消了石棉，但一些旧车的零件中仍可能含有石棉。最安全的方式是将所有需处理的摩擦材料均按含有石棉来处理。固体石棉本身没有危险，只有当石棉在空气中传播被人吸入时才会产生危害。因此，在处理中可在制动器上喷洒清洁剂或水，使石棉被吸附。切勿使用压缩空气来清洁制动器上的灰尘，即使不存在石棉，细微的制动器粉尘也会对身体造成危害。旧的制动蹄片和制动衬块应密封起来，最好是装在塑料袋内，以防止制动材料通过空气传播。

制冷剂的排放会产生全球气候变暖的温室效应，大多数从事汽车空调维修的汽车维修企业，没有制冷剂回收处理设备。有些企业即使有制冷剂回收处理设备，也不在生产过程中使用，而是在维修过程中直接将制冷剂排放到大气中，造成环境污染。要强制从事汽车空调维修的企业对制冷剂进行回收、处理及再利用。对拒不执行回收处理的企业应进行重罚并责令迅速整改。

铅酸蓄电池中的酸性溶液具有很强的腐蚀性。酸性含铅废电池必须进行回收，否则将被当作有害废弃物；漏损的电池必须被当作有害废弃物储存和运输；禁止掩埋和焚化酸性含铅废旧电池；要求将电池送往电池零售商、批发商、回收中心或铅熔炉进行处理；所有汽车电池零售商须贴出统一的回收标识，说明接收废旧电池的具体要求。储存回收点收集的废旧蓄电池若不能及时运输转移，应设置专用的贮存场所，并设立危险废弃物标志，保持良好的

通风状况。废旧蓄电池不得与其他物品混存,禁止将废旧蓄电池堆放在露天场地。若只能进行户外存放,强烈建议使用防酸性物质腐蚀的外包装,且放置在有遮蔽的安全区域。此外,电池应放在防酸的平台上,切勿堆叠。

零件和设备清洁剂的化学危险主要来源于含有氯代烃类溶剂的液体和喷雾制动器清洁液。摄取、吸入和身体接触制动器清洁液,均能对健康造成危害。即使吸入少量的该溶剂的挥发物都会产生严重后果,接触皮肤同样危险。若接触氯化烃溶剂或替代品,此类溶剂会导致头晕、恶心、犯困、晕眩、身体不协调或昏迷等不良症状。因此,在使用中,操作人员需要穿戴适当的保护装备,并确保在处理这些化学物质时操作步骤是安全的。废旧或失效的溶剂可能含有二甲苯、甲烷、乙醚和甲基异丁基酮等,这些物质必须储存在专用安全容器中,并封紧容器盖。

第十节　环保法规及相关知识

学习目标

1. 了解环境和环境保护的概念。
2. 理解环境保护法相关知识。

一、环境和环境保护的概念

《中华人民共和国环境保护法》中明确规定:"本法所称环境是指影响人类社会生存和发展的各种天然的和经过人工改造的自然因素,总体包括大气、水、海洋、土地、矿藏、森林、草原、野生动物、自然古迹、人文遗迹、自然保护区、风景名胜区、城市和乡村等。"环境保护就是利用现代环境科学的理论与方法,在合理开发利用自然资源的同时,深入认识并掌握污染和破坏环境的根源和危害,有计划地保护环境,预防环境质量的恶化,控制环境污染,保护人体健康,促进经济、社会与环境协调发展,造福人民,贻惠于子孙后代。

二、环境保护法相关知识

1. 环境保护法的发展历程

18 世纪末 19 世纪初的产业革命,使社会生产大力发展,也使大气污染和水污染日趋严重。20 世纪后,化学和石油工业的发展对环境的污染更为严重。一些国家先后采取立法措施,以保护人类赖以生存的生态环境。一般先是地区性立法,后发展成全国性立法,其内容最初只限于工业污染,后来发展为全面的环境保护立法。随着全球性的环境污染和破坏的发生,国际环境法应运而生。

中国非常重视环境保护立法工作。《中华人民共和国宪法》明确规定:"国家保护和改善生活环境和生态环境,防治污染和其他公害。"《中华人民共和国刑法》将严重危害自然环境、破坏野生动植物资源的行为定为危害公共安全罪和破坏社会主义经济秩序罪。1979 年,全国人民代表大会常务委员会通过并颁布了《中华人民共和国环境保护法(试行)》。自 1982 年以后,全国人民代表大会常务委员会先后通过了《中华人民共和国海洋环境保护法》、《中华人民共和国水污染防治法》和《中华人民共和国大气污染防治法》。1989 年 12 月 26 日第七届全国人民代表大会常务委员会第十一次会议通过了《中华人民共和国环境保护法》。另外，国务院还颁布了一系列保护环境、防止污染及其他公害的行政法规。

2. 环境保护法的概念

环境保护法是一个新兴的处于迅速发展和变化中的法律部门，其称谓在各国立法和理论上的表述上有相当的差异。有称环境法，有称公害法，有称污染控制法，有称自然资源保护法等。我国在立法上称为环境保护法。

一般认为，环境保护法是指调整因保护和改善环境，合理利用自然资源，防治污染和其他公害而产生的社会关系的法律规范的总称。环境保护法的目的是为了协调人类与环境的关系，保护人民健康，保障经济社会的持续发展。

《中华人民共和国环境保护法》是为保护和改善环境，防治污染和其他公害，保障公众健康，推进生态文明建设，促进经济社会可持续发展制定的国家法律，由中华人民共和国第十二届全国人民代表大会常务委员会第八次会议于 2014 年 4 月 24 日修订通过，修订后的《中华人民共和国环境保护法》自 2015 年 1 月 1 日起施行。

3. 环境保护法的特点

1）综合性

环境保护法保护的对象相当广泛，包括自然环境要素、人为环境要素和整个地球的生物圈；法律关系主体不仅包括一般法律主体的公民、法人及其组织，也包括国家乃至全人类，甚至包括尚未出生的后代人。

运用的手段采取直接“命令—控制”式、市场调节式、行政指导式等多元机制相结合的方式。由于环境保护法调整的范围广泛、涉及的社会关系复杂、运用的手段多样，从而决定了其所采取的法律措施的综合性。它不仅可以适用诸如宪法、行政法、刑法的功能公法予以解决，也可以适用民商法等私法予以救济，甚至还可以适用国际法予以调整，不但包括上述部门法的实体法规范，也包括程序法规范。

2）技术性

由于环境保护法不仅协调人与人的关系，也协调人与自然的关系，因此环境保护法必须与环境科学技术相结合，必须体现自然规律特别是生态科学规律的要求，这些要求往往通过一系列技术规范、环境标准、操作规程等形式体现出来。环境保护法的立法中经常大量直接对技术名词和术语赋予法律定义，并将环境技术规范作为环境法律法规的附件，使其具有法律效力。这些大量的环境技术法律规范使环境保护法具有了较强的技术性。

第八章 质量管理基础知识

第一节 质量管理的基本知识

学习目标

1. 了解质量与质量管理的概念。
2. 理解全面质量管理的实施。

一、质量与质量管理的概念

1. 质量的概念

质量是指一组固有特性满足要求的程度。一般包括产品质量和工作质量。

(1)产品质量:指产品好坏的优劣程度。各种产品质量特性概括起来主要表现在五个方面:性能、寿命、可靠性、安全性和经济性。

①性能:指为满足使用目的所具备的技术特性,如汽车的速度、油耗、防振、美观、舒适等。

②寿命:指产品在规定条件下满足规定功能要求的工作总时间。

③可靠性:指产品在规定条件下,在规定的时间里,完成规定功能的能力。

④安全性:指产品在流通和使用过程中保证安全的程度,如汽车在运行、修理操作中保证安全的程度。

⑤经济性:指产品寿命周期总费用,包括使用成本的大小,如汽车使用寿命期内的燃料消耗、修理费用等。

产品质量就是上述五个方面的质量特性反映的结果。一般把反映产品质量主要特性的技术经济参数明确规定下来,作为衡量产品质量的尺度,形成产品技术标准。以技术标准来判断产品质量是否合格。符合标准的就是合格品,不符合标准的就是不合格品。

(2)工作质量:对产品质量有关的工作保证程度。产品质量取决于企业各方面的工作质量,它是各方面、各环节工作质量的综合反映。工作质量是产品质量的保证。

在工作质量中,人、机器、原材料、方法和环境五个因素对产品质量的形成起着直接的影响作用。通常把以上五个因素对产品质量形成的影响程度称为"工序质量",它是工作质量的重点。抓好工作质量,提高工序质量,才能最终保证产品质量。

2. 质量管理的概念

质量管理是指在质量方面指挥和控制组织的协调的活动。质量管理涉及组织的各个方面，它要求围绕产品质量形成的全过程，通过制定质量方针和实现质量目标，向市场提供符合客户和其他相关方要求的产品。因此，质量首先是一个满足客户需要和要求的问题。这意味着质量管理的焦点必须放在为客户服务并使之满意上。

质量管理的主要活动通常包括：制定质量方针和质量目标；进行质量策划、质量控制、质量保证和质量改进。在这些活动中，质量策划、质量控制、质量保证和质量改进都是为制定质量方针和实现质量目标而进行的。当质量方针、质量目标实现后应重新进行质量策划、质量控制、质量保证和质量改进。

二、全面质量管理的实施

1. 全面质量管理的含义

全面质量管理（Total Quality Control，TQC），就是企业全体职工及有关部门齐心协力，把专业技术、经营管理、数学统计和思想教育结合起来，建立起从产品的研究计划、生产制造到售后服务等活动全过程的质量保证体系，从而用最经济的手段，为用户提供满意的产品和服务。

2. 全面质量管理的特点

全面质量管理的主要特点是突出一个“全”字，即全员参加质量管理，全过程实行质量控制，全部工作纳入质量第一的轨道，全面实现高产、优质、低成本、高效益的经济效益。

（1）全员管理。产品质量是企业各部门、各环节全部工作的综合反映。企业中任何一项工作、任何一个人的工作质量，都会不同程度地直接或间接地影响产品质量，因此，企业各部门、各环节的全体职工都必须参加质量管理，调动他们的积极性、主动性和创造性。在统一领导下，做到人人关心质量，人人参加质量，不断提高工作质量，为用户提供物美价廉的产品和服务。

（2）全过程管理。产品生产是一个系统工程。全过程管理，是指对质量形成的全部过程进行管理。即对计划、设计、准备、制造、装配、检查、试验、销售和服务等过程进行管理，形成一个程序贯通、连锁互保的质量管理体系。

（3）全方位管理。全方位管理指对影响产品质量的方方面面的企业因素进行全方位管理。不仅要管企业生产技术、物资供应、生产组织、竣工检验和质量检验等，而且要管思想政治、宣传教育、财务、劳动工资、总务后勤等工作。通过提高各方面、各部门的工作质量，特别是人的素质来达到保证质量的目的。

3. 全面质量管理的方法

全面质量管理的基本方法可以概括为“一个过程、四个环节、八个步骤。”

一个过程即管理过程，四个环节即计划（P）、执行（D）、检查（C）、处理（A）。这四个环节又称 PDCA 循环（或称 PDCA 工作法）。

四个过程具体分为八个步骤进行：

（1）P（计划）。

①分析质量现状，找出存在的质量问题。

②分析产生质量问题的原因和影响因素。

③找出质量问题的主要原因。

④制订解决问题的计划与措施。
(2)D(执行)。执行落实计划。
(3)C(检查)。检查计划执行情况和实施效果,及时发现问题。
(4)A(处理)。
①总结成功经验和失败教训,采取改进措施并纳入有关制度和标准。
②找出遗留问题,转入下一个 PDCA 循环解决。

第二节　汽车维修质量检验基础知识

学习目标

1. 了解汽车维修质量检验的基本概念和原则。
2. 掌握汽车维修企业质量检验的工作内容。

一、汽车维修质量检验的基本概念

汽车维修质量检验就是通过一定的技术手段对维修的整车、总成、零部件等的质量特性进行测定,并将测定的结果与规定的汽车维修技术标准相比较,判断其是否合格。

在汽车维修企业中,维修质量检验工作的基本任务包括以下三个方面:
(1)测定维修的整车、总成、零部件等的质量特性。
(2)对汽车维修过程实施质量监督与控制。
(3)对汽车(包括整车、总成、零部件)维修质量进行评定。

二、汽车维修质量检验的原则

1. 掌握标准

根据汽车维修技术标准和规范,明确检验项目、质量特性及参数,掌握检验规则和数据处理方法。

2. 进行测定

按规定的检测方法对检测对象进行测定,得出维修质量的各种特性值。

3. 数据比较

将所测得的维修质量特性数据与汽车维修技术标准进行分析比较,判断其是否符合汽车维修质量要求。

4. 做出判定

根据分析比较的结果,判定本项维修作业质量合格或不合格。

5. 结果处理

对维修质量合格的维修作业项目签署合格意见;对汽车维修竣工出厂检验合格的车辆,签发维修合格证;对维修质量不合格的车辆提出返工处理意见。

三、汽车维修企业质量检验的工作内容

汽车维修企业质量检验是贯穿于整个汽车维修过程的一项重要工作,按照其工艺程序

可分为进厂检验、汽车维修过程检验和汽车维修竣工出厂检验三类。

1. 进厂检验

进厂检验是对送修车辆的装备和技术状况进行检查鉴定,以便确定维修方案。进厂检验的主要内容和步骤如下:

(1)车辆外观检视。

(2)车辆装备情况检查。

(3)车辆技术状况检查,并听取驾驶人或车主的情况反映。

(4)填写车辆进厂检验单。

(5)查阅车辆技术档案和上次维修技术资料。

(6)判断车辆技术状况,确定维修方案。

(7)签订维修合同,办理交接车手续。

2. 汽车维修过程检验

汽车维修过程检验是汽车维修质量控制的关键。对影响重要质量特性的关键工序或项目,应作为重要的质量控制点进行检验,以确保汽车维修关键项目的质量稳定;对在汽车维修过程中,故障发生率高、合格率低的工序或项目以及对下一道工序影响大的工序,应多设几个质量控制点加强检验,使影响工序质量的多种因素都能得到控制。

汽车维修过程检验一般是采用岗位工人自检、工人互检和专职检验员检验相结合的检验方式。因此,汽车维修企业必须建立严格的检验责任制度,明确检验标准、检验方法和分工,做好检验记录,严格把握过程检验质量关,凡不合格的零件、装配不合格的总成都必须返工,不得流入下一道工序。

汽车维修过程检验就是指在汽车维修过程中,对每一道工序的加工质量、零部件质量、装配质量等进行的检验。汽车维修过程检验有以下主要内容。

1)零件分类检验。零件分类检验就是在汽车或总成解体并进行清洗后,按照零件损伤程度将其确定为可用件、需修件和报废件三类。零件分类检验之后,将可用件留用,需修件送修,报废件送入废品库。

零件检验分类的主要依据是汽车维修技术标准,凡零件磨损量和形位公差在标准允许范围内的,即为可用件;凡零件磨损量和形位公差超过标准允许范围,但还可以修复使用的,为需修件;凡零件损伤严重无法重复使用的则为报废件。

零件分类检验是汽车维修的重要过程的检验内容,对汽车维修质量和汽车维修成本都有着直接的影响。

2)零件修理加工质量检验。即对就车修理的零件,在修理加工之后,应依据汽车维修技术标准进行检验,检验合格的才允许装车使用。零件修复质量的评价指标有:

(1)修复层的结合强度。结合强度是评价修复层质量的基本指标。修复层的结合强度不够,在使用中就会出现脱皮、滑圈等现象。

(2)修复层的耐磨性。修复层的耐磨性常以一定工况下单位行程的磨损量来表示。修复层耐磨性差,会降低修复零件的使用寿命。

(3)修复层对零件疲劳强度的影响。修复层对零件疲劳强度的影响,是零件修复质量的一个重要指标。因为汽车上许多零件都在交变载荷下工作,而各种修复层都会使零件的疲劳降低。

(4)几何和运动参数的精度。几何和运动参数的精度是评价零件修理后其质量好坏的指标,它决定了装配后相关总成的工作状况和性能的好坏。

(5)静、动平衡程度。静、动平衡程度决定了相关总成、部件和汽车的工作平稳程度。

3)各总成装配及调试的过程检验。总成装配质量的评价指标:

(1)总成的清洁度。总成的清洁度是指按规定方法从被检总成的被检部位清洗下来的杂质总量。

(2)装配尺寸精度。装配尺寸精度是指总成装配后,各配合副达到总成装配技术要求中各项指标的符合程度,它包括配合精度、位置精度和回转件的运动精度等。

(3)储容件的密封性。储容件的密封性是指储装液体、气体介质的零部件或液体、气质介质流动时经过的部件,在装配后其接合面的密封程度。储容件的密封性不好,将直接影响到总成的工作性能。

(4)总成承受使用负荷的准备程度。总成承受使用负荷的准备程度表示总成投入使用时的承载能力,与总成装配后的磨合试验的完善程度有关。

(5)振动和噪声水平。振动和噪声是总成运转时由于零件不平衡或装配调整不良而引起的,可用声级计测量。

(6)空转功率损耗和总成及系统的效率。空转功率损耗和总成及系统的效率是评价总成装配质量的综合指标。它表示总成的传动效率或内部的机械损耗。

(7)有害排放物的浓度。发动机总成工作时,会排出有害物质,其含量与发动机的装配、调整质量有关。

3. 汽车维修竣工出厂检验

汽车维修竣工出厂检验就是在汽车维修竣工后、出厂前,对汽车维修总体质量进行的全面验收检查,检验合格的可签发动机维修合格证。

1)汽车维修竣工出厂检验的主要内容和步骤

(1)整车外观技术状况检查。

(2)整车及各主要总成的装备和附属装置情况检查。

(3)发动机运行装况及性能检验。

(4)汽车运行状况及性能检验。可通过路试或上汽车综合性能检测线进行检验。

(5)对检验合格的车辆进行最后验收,并填写汽车维修竣工出厂检验记录单。

(6)对维修质量合格的车辆签发机动车维修合格证。

(7)办理汽车维修竣工出厂交接手续。

汽车维修竣工出厂检验是对汽车维修质量的最后把关,并由汽车维修专职检验员进行检验。检验人员必须依据汽车维修技术标准逐项地、全面地进行检查。对验收检查中发现的缺陷和不合格的项目,必须立即进行处理,不允许有缺陷的车辆出厂。只有所有的项目都达到汽车维修技术标准的要求,维修质量检验人员才能够签发维修合格证。

《中华人民共和国道路运输条例》明确规定:“机动车维修经营者对机动车进行二级维护、总成修理或者整车修理的,应当进行维修质量检验。检验合格的,维修合格的,维修质量检验人员应当签发动机车维修合格证。”因此,汽车维修质量检验是汽车进行二级维护、总成修理或者整车修理过程中的法定程序，汽车维修企业必须严格执行。

2）汽车维修质量检验的方法

汽车维修质量的检验方法，根据检验对象的不同通常可采用人工检视诊断法和仪器设备检测诊断法两种方法。

（1）人工检视诊断法。人工检视诊断法就是汽车维修质量检验人员通过眼看、耳听、手摸等方法，或借助简单的工具，在汽车不解体或局部解体的情况下，对车辆的外观技术和可以直接看到、听到或触摸到的外在技术特性进行检查，并在一定的理论知识指导下根据经验对检查到的结果进行分析、判断其是否合格。

人工检测诊断法主要用于检验车辆的外观清洁、车身的密封和面漆状况、灯光仪表状况、各润滑部位的润滑情况，以及各螺栓连接部位的紧固情况等项目。

（2）仪器设备检测诊断法。仪器设备检测诊断法是在汽车不解体的情况下，利用汽车检测诊断仪器设备直接检测出汽车的性能和技术状态参数值 、曲线或波形图，然后将其与标准的参数值、曲线或波形图进行比较分析，判断其是否合格。有的检测诊断仪器还可以直接显示出判断结果。

仪器设备检测诊断法是现代汽车维修质量最主要、最基本的检验方法，汽车大修、总成大修和二级维护等作业中的主要检测项目都必须采用仪器设备检测诊断法进行检验。

3）汽车维修质量检验标准

汽车维修标准和技术规范是进行汽车维修质量检验的依据。汽车维修企业和汽车维修质量检验人员必须认真贯彻执行国家和交通运输部颁布的汽车维修有关技术标准和技术规范以及相关的地方标准，并严格按照标准和技术规范指导汽车维修作业和汽车维修质量检验，保证汽车维修质量。有条件的企业还应当依据国家标准、行业标准和地方标准的要求制定企业技术标准，不断提高汽车维修质量。

其他相关标准还有国家、交通运输部发布的各项汽车维修技术条件、机动车运行安全技术条件、机动车排放标准和测量方法、机动车允许噪声及测量方法等。

4）汽车维修质量的评价指标

（1）动力性能。发动机的功率不应小于原车功率的 90%。带限速装置的汽车，以直接挡空载行驶，从 20km/h 加速到 40km/h 的时间应符合表 8-1 的规定。

加速时间　　表 8-1

发动机额定功率与汽车整备质量之比（kW/1000kg）	加速时间（s）	发动机额定功率与汽车整备质量之比（kW/1000kg）	加速时间（s）
7.35 ~ 11.03	<30	18.38 ~ 36.75	<15
11.03 ~ 14.70	<25	>36.75	<10
14.70 ~ 18.38	<20		

（2）燃料经济性。修理期满后，耗油量应符合原厂规定。

（3）滑行性能。在平坦干燥的硬质路面上，开始拉动车辆的拉力不应超过车辆自重的 1.5%，或在平坦干燥的路面上，以 30km/h 的初速度滑行，滑行距离应在 230m 以上。

（4）制动性能。汽车的制动性能应符合 GB 7258—2012 的规定。

（5）转向性能。汽车的转向应轻便、灵活，无跑偏和摇摆现象，最小转弯半径应符合规定。

(6)汽车的噪声与排放污染。应符合《机动车辆允许噪声》《汽车怠速排放标准》和《柴油车自由加速烟度排放标准》的规定。

(7)车容指标。驾驶室蒙皮及客车车身平整无凹陷,线条圆顺均匀,左右对称,喷漆表面光泽均匀,左右对称,喷漆表面光泽均匀,无裂纹、流挂,仪表齐全等。

(8)其他指标。无漏水、漏油、漏电、漏气现象。

5)汽车维修质量的综合评价指标

(1)返修率。指经修理的汽车出厂后,在保证期内由于修理质量或配件质量造成的事故,需要返修的次数占同期修理车数的百分比。

(2)返工率。指汽车在修理过程中,上道工序移交下道工序时,因质量不符合要求而退回上道工序,重新返工的次数占上道工序移交次数的百分比。它是企业内部考核工作质量的指标。

(3)一次检验合格率。一次检验合格率是修理企业全部工作质量的综合性指标。

第九章　相关法律、法规和技术标准、规范基础知识

了解汽车相关法律法规。

第一节　相关法律法规

一、产品质量法相关知识

第二次世界大战以来，由于消费者对商品的量的需求逐渐转变为对质的需求，大量直接涉及产品质量的问题不断涌现。为了保护广大消费者的利益，世界各国都越来越重视从立法上对产品质量及其责任问题予以规范。产品质量法也已成为我国经济立法的一个重要内容。

1. 产品质量法概述

产品质量是产品的生命，是产品生存和发展的前提。为了加强对产品质量的监督管理，提高产品质量水平，明确产品质量责任，保护消费者的合法权益，维护社会经济秩序，我国在借鉴别国有益的立法经验基础上，根据本国实际，制定了《中华人民共和国产品质量法》。

《中华人民共和国产品质量法》是调整在产品的生产、销售和消费领域中，因产品质量而发生的生产者、销售者与消费者之间的权利、义务关系以及产品质量监督管理关系的法律规范的总称。

为了加强对产品质量的监督管理，提高产品质量水平，明确产品质量责任，保护消费者的合法权益，维护社会经济秩序，1993 年 2 月 22 日第七届全国人民代表大会常务委员会第三十次会议通过了《中华人民共和国产品质量法》。根据 2000 年 7 月 8 日第九届全国人民代表大会常务委员会第十六次会议《关于修改〈中华人民共和国产品质量法〉的决定》进行第一次修正。根据 2009 年 8 月 27 日第十一届全国人民代表大会常务委员会第十次会议《关于修改部分法律的决定》第二次修正。

《中华人民共和国产品质量法》（以下简称《产品质量法》）包括总则，产品质量的监督，生产者、销售者的产品质量责任和义务，损害赔偿，罚则和附则，共 6 章，74 条。

2. 产品质量法的适用范围

《产品质量法》适用的主体是在我国境内从事产品生产、销售活动的公民、法人和其他组织。这说明，无论是国有企业、集体所有制企业、私营企业，还是个体工商户、合伙企业，都必

须遵守《产品质量法》的规定。

“产品”在产品质量法中是一个关键的术语，关于“产品”的定义各国有不同规定。如美国的产品责任法中所指的产品含义十分广泛，所有有形物，不论可移动的还是不可移动的、工业的还是农业的、加工过的还是未加工过的，凡涉及任何可销售或可使用的制成品，只要使用它而引起了损害，都可视为产生责任的产品。而1976年欧洲理事会制定的《斯特拉斯堡公约》则将“产品”限于一切可移动的物品。有的国家甚至趋向于把无形物如气体、电流等也列入“产品”范畴，“产品”的范围呈扩大的趋势。

相比较而言，我国《产品质量法》所界定的“产品”范围较窄。

(1)产品必须是经过加工、制作的物质产品。这就排除了表现为知识产权的精神产品，也排除了未经过加工制作的天然产品和初级农产品，如农、林、牧、渔产品等。

(2)产品，还应是用于销售的产品，即商品。加工、制作产品者具有赢利的目的，纯为科学研究或纯为自己使用的产品不属于本法所称的产品。

(3)建设工程不适用本法规定，但建设工程以外的不动产，仍属于本法所称的产品，如飞机、汽车等。

(4)建设工程使用的建筑材料、建筑购配件设备，适用本法规定。

二、计量法相关知识

1. 计量法概述

《中华人民共和国计量法》是为了加强计量监督管理，保障国家计量单位制的统一和量值的准确可靠，有利于生产、贸易和科学技术的发展，适应社会主义现代化建设的需要，维护国家、人民的利益，而制定的法律。

为了加强计量监督管理，保障国家计量单位制的统一和量值的准确可靠，有利于生产、贸易和科学技术的发展，适应社会主义现代化建设的需要，维护国家、人民的利益，我国制定了《中华人民共和国计量法》。该法历史修改4个版本，现生效版本为2015年4月24日修正版。

《中华人民共和国计量法》包括总则，计量基准器具、计量标准器具和计量检定，计量器具管理，计量监督，法律责任和附则，共6章、34条。

2. 计量法适用范围

在中华人民共和国境内，建立计量基准器具、计量标准器具，进行计量检定，制造、修理、销售、使用计量器具，必须遵守本法。

我国采用国际单位制。国际单位制计量单位和国家选定的其他计量单位，为国家法定计量单位。国家法定计量单位的名称、符号由国务院公布。非国家法定计量单位应当废除。

国务院计量行政部门对全国计量工作实施统一监督管理。县级以上地方人民政府计量行政部门对本行政区域内的计量工作实施监督管理。

三、标准化法相关知识

1. 标准化法概述

为了运用标准化手段发展社会主义商品经济，促进技术进步，改善产品质量，提高社会经济效益，维护国家和人民的利益，使标准化工作更好地适应社会主义现代化建设和发展对外贸易的需要，解决经济体制和政治体制深入改革对标准化工作提出的新要求，需要通过立法手段来调整各方面的关系，故制定了《中华人民共和国标准化法》。

《中华人民共和国标准化法》（以下简称《标准化法》）已由中华人民共和国第七届全国人民代表大会常务委员会第五次会议于 1988 年 12 月 29 日通过，自 1989 年 4 月 1 日起施行。1990 年 4 月 6 日国务院第 53 号令发布施行了《中华人民共和国标准化法实施条例》，标志着我国的标准化工作从此走上法制化轨道。

《标准化法》分为 5 章 26 条，其主要内容是：确定了标准体系和标准化管理体制，规定了制定标准的对象与原则以及实施标准的要求，明确了违法行为的法律责任和处罚办法。

2. 标准化法适用范围

根据《标准化法》的规定，中国现行标准体系分为国家标准、行业标准、地方标准和企业标准 4 级。国家标准和行业标准分为推荐性标准和强制性标准两种类型。强制性标准必须执行，推荐性标准国家鼓励企业自愿采用。已有国家标准或者行业标准的，国家鼓励企业制定严于国家标准或者行业标准的企业标准在企业内部执行。

四、合同法相关知识

1. 合同法概述

《中华人民共和国合同法》是由中华人民共和国第九届全国人民代表大会第二次会议于 1999 年 3 月 15 日通过，自 1999 年 10 月 1 日起施行的法律条款。共计第 23 章 428 条。在我国，合同法是调整平等主体之间的交易关系的法律，它主要规定合同的订立、合同的效力及合同的履行、变更、解除、保全、违约责任等问题。

2. 合同的基本知识

合同是指平等主体的双方或多方当事人（自然人或法人）关于建立、变更、终止民事法律关系的协议。此类合同是产生债权的一种最为普遍和重要的根据，故又称债权合同。《中华人民共和国合同法》所规定的经济合同，属于债权合同的范围。合同有时也泛指发生一定权利、义务的协议，又称契约。

合同的特征是：

（1）合同是双方的法律行为。即需要两个或两个以上的当事人互为意思表示（意思表示就是将能够发生民事法律效果的意思表现于外部的行为）。

（2）双方当事人意思表示须达成协议，即意思表示要一致。

（3）合同系以发生、变更、终止民事法律关系为目的。

（4）合同是当事人在符合法律规范要求条件下而达成的协议，故应为合法行为。

合同一经成立即具有法律效力，在双方当事人之间就发生了权利、义务关系；或者 使原有的民事法律关系发生变更或消灭。当事人一方或双方未按合同履行义务，就要依照合同或法律承担违约责任。其法律性质为：

（1）合同是一种民事法律行为。

（2）合同是两方或多方当事人意思表示一致的民事法律行为。

（3）合同是以设立、变更、终止民事权利义务关系为目的的民事法律行为。

五、消费者权益保护法相关知识

1. 消费者权益保护法概述

《中华人民共和国消费者权益保护法》（以下简称《消费者权益保护法》）是维护全体公民消费权益的法律规范的总称，是为了保护消费者的合法权益，维护社会经济秩序稳定，促进社会主义市场经济健康发展而制定的一部法律。

1993 年 10 月 31 日八届全国人大常委会第 4 次会议通过，自 1994 年 1 月 1 日起施行。2009 年 8 月 27 日第十一届全国人民代表大会常务委员会第十次会议《关于修改部分法律的规定》进行第一次修正。2013 年 10 月 25 日十二届全国人大常委会第 5 次会议《关于修改的决定》第 2 次修正。2014 年 3 月 15 日，由全国人大修订的新版《消费者权益保护法》（简称"新消法"）正式实施。

《消费者权益保护法》分总则、消费者的权利、经营者的义务、国家对消费者合法权益的保护、消费者组织、争议的解决、法律责任、附则共 8 章 63 条。

2. 消费者权益保护法的宗旨

（1）保护消费者的合法权益。通过《消费者权益保护法》的颁布，明确了消费者的权利，确立和加强了保护消费者权益的法律基础，弥补了原有法律、法规在保障消费者权益方面调整作用不全的缺陷。我国现有法律、法规中有不少内容涉及保护消费者权益，如民法通则、产品质量法、食品卫生法等，但是对于因提供和接受服务而发生的消费者权益受损害的问题，只有在《消费者权益保护法》中做出了全面而明确的规定。

（2）维护社会经济秩序。《消费者权益保护法》通过规范经营者应对维护消费者权益承担何种义务，特别是着重规范经营者与消费者的交易行为，即必须遵循自愿、平等、公平、诚实信用的原则，从而也对社会经济秩序产生重要的维护作用。

（3）促进社会主义市场经济健康发展。保护消费者权益不是消费者个人之事，当代社会的生产和消费的关系密不可分，结构合理、健康发展的消费无疑会促进生产的均衡发展。没有消费，也就没有市场。保护消费者权益成为贯彻消费政策的重要内容，因此有利于社会主义市场经济的健康发展。

六、劳动法相关知识

1. 劳动法概述

劳动法是调整劳动关系以及与劳动关系密切联系的社会关系的法律规范总称。它是资本主义发展到一定阶段而产生的法律；它是从民法中分离出来的法律；是一种独立的法律。这些法律条文规管工会、雇主及雇员的关系，并保障各方面的权利及义务。

《中华人民共和国劳动法》于 1995 年 1 月 1 日起施行。根据 2009 年 8 月 27 日第十一届全国人民代表大会常务委员会第十次会议通过的《全国人民代表大会常务委员会关于修改部分法律的决定》修正。《中华人民共和国劳动合同法》已于 2008 年 1 月 1 日实行，如有冲突的地方，以《中华人民共和国劳动合同法》为准。

《中华人民共和国劳动法》（以下简称《劳动法》）包括总则、促进就业、劳动合同和集体合同、工作时间和休息休假、工资、劳动安全卫生、女职工和未成年工特殊保护、职业培训、社会保险和福利、劳动争议、监督检查、法律责任和附则,共13章107条。

2.劳动法适用范围

《劳动法》是国家为了保护劳动者的合法权益,调整劳动关系,建立和维护适应社会主义市场经济的劳动制度,促进经济发展和社会进步,根据宪法而制定颁布的法律。

《劳动法》作为维护人权、体现人本关怀的一项基本法律,在西方甚至被称为第二宪法。其内容主要包括:劳动者的主要权利和义务;劳动就业方针政策及录用职工的规定;劳动合同的订立、变更与解除程序的规定;集体合同的签订与执行办法;工作时间与休息时间制度;劳动报酬制度;劳动卫生和安全技术规程等。

以上内容,在有些国家是以各种单行法规的形式出现的,在有些国家是以劳动法典的形式颁布的。劳动法是整个法律体系中一个重要的、独立的法律。

七、大气污染防治法相关知识

1.大气污染防治法概述

《中华人民共和国大气污染防治法》是为保护和改善环境,防治大气污染,保障公众健康,推进生态文明建设,促进经济社会可持续发展制定。由全国人民代表大会常务委员会于1987年9月5日发布,自1988年6月1日起实施。最新修订版由中华人民共和国第十二届全国人民代表大会常务委员会第十六次会议于2015年8月29日通过,自2016年1月1日起施行。

《中华人民共和国大气污染防治法》包括总则、大气污染防治标准和限期达标规划、大气污染防治的监督管理、大气污染防治措施、重点区域大气污染联合防治、重污染天气应对、法律责任和附则,共8章129条。

2. 大气污染防治法要点

(1)以改善大气环境质量为目标,强化地方政府责任,加强考核和监督。

(2)坚持源头治理,推动转变经济发展方式,优化产业结构和布局,调整能源结构,提高相关产品质量标准。

(3)从实际出发,根据我国经济社会发展的实际情况,制定大气污染防治标准,完善相关制度。

(4)坚持问题导向,抓住主要矛盾,着力解决燃煤、机动车船等大气污染问题。

(5)加强重点区域大气污染联合防治,完善重污染天气应对措施。

(6)加大对大气环境违法行为的处罚力度。

(7)坚持立法为民,积极回应社会关切。

八、特种设备安全监察条例相关知识

1.特种设备安全监察条例概述

为了加强特种设备的安全监察,防止和减少事故,保障人民群众生命和财产安全,促进经济发展,《特种设备安全监察条例》(国务院令第373号)由朱镕基总理签署,于2003年3月11日公布,自2003年6月1日起施行。

依《国务院关于修改〈特种设备安全监察条例〉的决定》(国务院令第549号)修订,修订

版于2009年1月24日公布,自2009年5月1日起施行。

《特种设备安全监察条例》包括总则、特种设备的生产、特种设备的使用、检验检测、监督检查、事故预防和调查处理、法律责任和附则,共8章103条。

2. 特种设备安全监察条例主要修订内容

(1)进一步明确了安全监察范围。

(2)进一步巩固了安全监察基本制度。

(3)进一步明确了生产使用单位的义务。

(4)进一步明确了事故报告与调查处理的规定。

(5)进一步完善了法律责任。

(6)进一步明确了行政许可精简下放的原则。

第二节　相关规章制度

了解汽车维修等相关规则制度。

一、《机动车维修管理规定》相关知识

《机动车维修管理规定》由中华人民共和国交通部发布,而《交通运输部关于修改〈机动车维修管理规定〉的决定》也于2015年7月23日经第10次部务会议通过并予以公布,自2015年8月8日起施行。

交通运输部正式修订的《机动车维修管理规定》,对2005年发布的《机动车维修管理规定》提出了十项修改意见,其中强制指定4S店维修、维修只能换原厂配件等要求被视为违规。有业内人士表示,这一规定将有效降低消费者的维修成本,一些车型的维修费或降五成。

1. 可自由选择修车点

新规决定,对2005年发布的《机动车维修管理规定》提出十项修改意见,其中,强制指定4S店维修、维修只能换原厂配件等要求被视为违规。

修改意见中,比较受关注的有三项。

第一,车主可以自由选择修车地点。规定显示,托修方有权自主选择维修经营者进行维修。除汽车生产厂家履行缺陷汽车产品召回、汽车质量“三包”责任外,任何单位和个人不得强制或者变相强制车主到指定维修点维护或修车。

第二,托修方、维修经营者可以使用同质配件维修机动车。同质配件是指,产品质量等同或者高于装车零部件标准要求,且具有良好装车性能的配件。

第三,机动车生产厂家在新车型投放市场后六个月内,有义务向社会公布其维修技术信息和工时定额。具体要求按照国家有关部门关于汽车维修技术信息公开的规定执行。

2. 维修成本将降低

新规定实施后,不仅在维修店修车降低养车成本,在4S店的维修成本也有可能降低。

以前在4S店修车，基本都会被要求用原厂配件，这样价格就会高得离谱。

有数据显示，有些品牌的零整比高达1273%。数字背后的意义在于，如果更换这款车的全部配件，所花的费用可以购买12辆整车。业内人士认为，在打破垄断、转型升级的时代背景下，同质配件的出现开辟了中国汽车配件流通的新模式，也能有效降低消费者的养车成本。

二、《道路运输从业人员管理规定》相关知识

为加强道路运输从业人员管理，提高道路运输从业人员综合素质，根据《中华人民共和国道路运输条例》、《危险化学品安全管理条例》以及有关法律、行政法规，制定《道路运输从业人员管理规定》，自2007年3月1日起施行。

《道路运输从业人员管理规定》是我国道路运输法规体系的重要组成部分，是加快我国道路运输人力资源建设的制度保障，是《中华人民共和国道路运输条例》关于道路运输从业人员管理的专项配套规章，是在总结《营业性道路运输驾驶员职业培训管理规定》（交通部2001年第7号令）实施经验的基础上，综合我国道路运输行业实际和发展需要制定的。

目前全国道路运输从业人员队伍已经达到1800万人，为解决城乡居民就业问题，促进和谐社会建设起到了非常重要的作用。但道路运输从业人员素质参差不齐，整体素质不高。要发展道路运输生产力，保障道路运输安全，提高公共服务水平，转变行业经济增长方式，节约能源，减少环境污染，提高运输效率和效益，规范市场竞争秩序，从根本上讲，要靠从业队伍整体素质的提高。这是制定《道路运输从业人员管理规定》的根本出发点。

《道路运输从业人员管理规定》对道路运输从业人员的管理原则、管理范围、资格考试和认证程序、从业资格证件管理、从业人员经营行为、违章处罚等作了具体规范，是道路运输从业人员管理的一部纲领性、系统性规章。它的颁布实施，对于强化道路运输管理，推进道路运输从业队伍建设，全面提升道路运输从业人员综合素质，推动道路运输行政管理改革，培育一个安全和谐文明的道路运输市场，实现道路运输又好又快发展，具有重要意义。

三、《道路运输车辆技术管理规定》相关知识

《道路运输车辆技术管理规定》经2016年1月14日交通运输部第1次部务会议通过，2016年1月22日由中华人民共和国交通运输部公布。《道路运输车辆技术管理规定》分总则、车辆基本技术条件、技术管理的一般要求、车辆维护与修理、车辆检测管理、监督检查、法律责任、附则8章34条，自2016年3月1日起施行。原交通部发布的《汽车运输业车辆技术管理规定》（交通部令1990年第13号）、《道路运输车辆维护管理规定》（交通部令2001年第4号）予以废止。

1990年，原交通部颁布了《汽车运输业车辆技术管理规定》（交通部1990年部令第13号，以下简称13号令），施行25年以来，对于加强道路运输车辆技术管理，保持车辆技术状况良好，促进道路运输安全及节能减排，保障道路运输业健康可持续发展发挥了重要作用。但是，随着我国经济体制改革的深入和道路运输业转型发展，13号令与党中央国务院提出的加快政府职能转变、加大简政放权、加强市场监管、创造公平公正市场环境的要求越来越不适应，急需适时修订。

本次修订，按照“创新、协调、绿色、开放、共享”的发展理念，坚持“综合交通、智慧交通、绿色交通、平安交通”目标导向，制定符合行情民意、具有时代特征的政策措施；坚持问题导向，主动大胆作为，着力解决行业发展中的难点热点问题，满足道路运输行业转型升级、提质增效的需要。

1. 完善道路运输法规体系建设的需要

2004 年，国务院颁布施行《中华人民共和国道路运输条例》，原交通部及时组织出台了与其相配套的旅客运输、货物运输、危险货物运输、机动车驾驶培训、机动车维修、从业人员管理等一系列部门规章，构筑了道路运输法规体系。可是，在车辆技术管理方面，一直沿用 13 号令和《道路运输车辆维护管理规定》（交通部令 1998 年第 2 号，交通部令 2001 年第 4 号修正，以下简称 4 号令），体现《中华人民共和国道路运输条例》要求的内容散见于各项规章中，不全面、不一致、不协调的问题较为突出，影响了车辆技术管理的系统性、完整性，削弱了车辆技术管理应有的作用。由于 13 号令酝酿、起草于 20 世纪 80 年代末，企业主体职责和行业监管职责界定不清，交通主管部门对运输车辆技术管理往往越俎代庖。随着我国社会主义法治建设的推进，原有的车辆技术管理制度设计明显滞后于时代发展。因此，需要对原有的车辆技术管理规定进行全面梳理，汲取发达国家车辆分类管理经验，重新确定车辆技术管理的原则、方针，制定道路运输车辆技术准入、维护、检测、监督政策措施，并将 13 号令和 4 号令进行整合，出台一部新的规章予以规范。

2. 加速车辆管理创新与制度创新的需要

车辆技术管理是道路运输管理工作不可或缺的一部分。道路运输经营者是独立的市场主体，同时也是道路运输车辆技术管理的责任主体，对保持车辆良好技术状况，确保车辆运行安全、高效、节能、环保，负有不可推卸的责任。新形势下的道路运输车辆技术管理应加大管理创新与制度创新的力度，围绕技术管理组织体系、汽车维修制度、维修检测服务方式进行顶层设计，推行车辆管理制度创新，进一步明确经营者的主体责任。各级交通运输主管部门及其道路运输管理机构应当依法履行道路运输车辆技术管理监督职责，不能干涉经营者的合法经营活动。

3. 推进新常态下交通运输科学发展的需要

2014 年以来，交通运输部明确提出，要适应经济发展新常态，狠抓改革攻坚，强化法治建设，加快推动“综合交通、智慧交通、绿色交通、平安交通”发展迈上新台阶。道路运输作为综合交通体系的重要组成部分和最基础的运输方式，道路运输车辆技术管理工作应当按照“四个交通”的要求，更加注重先进装备的应用，达到节能减排、运输安全的目的。通过车辆技术管理系统化、制度化、规范化，促进道路运输经营者合法经营，道路运输管理机构依法行政，保证车辆技术管理工作在法治轨道上不断向前推进。

4. 适应汽车技术发展与社会进步的需要

随着道路运输车辆结构的优化，车辆性能的提高，维修检测技术的进步，道路条件的改善，原有的车辆技术管理制度已不能适应新形势下管理工作需要，特别是随着安全生产管理的不断深入、节能减排的逐步推进，需要我们重新审视原有的车辆技术管理制度，抓紧建立一套与时俱进的车辆技术管理制度。本次修订，坚持问题导向，对于道路运输车辆准入、使用、维修、检测、监管各个环节，制定一整套新的管理措施，以有效地保证运输车辆技术状况经常保持在良好状态。

总之，在全面推进依法治国的大环境下，需要出台一部反映时代要求，而且技术合理、安全可靠、便民利民、监管有效，适应依法行政、合法经营的需要的道路运输业车辆技术管理规章，是道路运输行业的共同期盼。

四、《家用汽车产品修理、更换、退货责任规定》相关知识

2012 年 12 月 29 日，国家质量监督检验检疫总局令第 150 号公布《家用汽车产品修理、更换、退货责任规定》。《家用汽车产品修理、更换、退货责任规定》分总则、生产者义务、销售者义务、修理者义务、三包责任、三包责任免除、争议的处理、罚则、附则 9 章 48 条，自 2013 年 10 月 1 日起施行。

《家用汽车产品修理、更换、退货责任规定》为了保护家用汽车产品消费者的合法权益，明确家用汽车产品在修理、更换、退货三方面的责任，简称为汽车"三包"。具体情况如下：

1."保修期"和"三包有效期"

《家用汽车产品修理、更换、退货责任规定》明确了家用汽车产品的"保修期"和"三包有效期"。保修期内出现产品质量问题，可以免费修理；在三包有效期内，如果符合规定的退货条件、换货条件，消费者可以凭三包凭证、购车发票等办理退货或换货手续。规章规定，保修期限是不低于 3 年、6 万 km，三包有效期限是不低于 2 年或者是行驶里程 5 万 km。

2. 消费者选择更换或退货的条件

对于最受关注的退换货条件问题，国家质检总局在《家用汽车产品修理、更换、退货责任规定》中列出四种具体情形：一是从销售者开具购车发票 60 天内或者行驶里程 3000km 之内，出现转向系统失效、制动系统失效、车身开裂、燃油泄漏，就可以选择换货或退货；二是严重的安全性能故障累计做两次修理仍然没有排除故障，或出现新的严重安全性能故障，可以选择退货或换货；三是发动机变速器累计更换两次，或它们的同一主要零件累计更换两次仍然不能正常使用，可以选择退货或换货；四是转向系统、制动系统、悬架系统、前后车身中的同一主要零件累计更换两次仍然不能正常使用，消费者也可以选择换货或退货。除此之外，新规还规定了因修理时限的原因引起的换货情形以及因换货不成而引起的退货情形。

3. 三包责任免除的条件

根据《家用汽车产品修理、更换、退货责任规定》：一是消费者所购家用汽车产品已被书面告知存在瑕疵的；二是家用汽车产品用于出租或者其他营运目的的；三是使用说明书中明示不得改装、调整、拆卸，但消费者自行改装、调整、拆卸而造成损坏的；四是发生产品质量问题，消费者自行处置不当而造成损坏的；五是因消费者未按照使用说明书要求正确使用、维护、修理产品，而造成损坏的。六是因不可抗力造成损坏的。

4. 处罚细则

《家用汽车产品修理、更换、退货责任规定》还明确规定，当经营者违反相关的具体规定，质检部门将责令其限期改正，并根据情节轻重处以 3 万元以下不等的罚款。

五、《液化天然气汽车专用装置安装要求》相关知识

GB/T 20734—2006《液化天然气汽车专用装置安装要求》为国家推荐标准。由中原石

油勘探局天然气应用技术开发处、中国汽车技术研究中心、上海交通大学起草，并由国家质量监督检验检疫总局、国家标准化管理委员会于2007年3月26日发布，自2007年6月1日正式实施。

GB 19239—2013《燃气汽车专用装置的安装要求》于2013年9月18日，由中华人民共和国国家质量监督检验检疫总局、中国国家标准化管理委员会发布，并于2014年7月1日开始实施。

新标准规定了燃气汽车专用装置的安装要求、安装方法及检验方法。适用于压缩天然气（以下简称CNG）额定工作压力不大于20 MPa的CNG单燃料、汽油/CNG两用燃料汽车及液化石油气（以下简称LPG）额定工作压力不大于2.2MPa的LPG单燃料、汽油/LPG两用燃料汽车。其他相关类型燃气汽车参照执行。

第三节　相关技术标准、规范

了解汽车维修、检测等相关技术标准及规范。

一、汽车维修术语

根据中华人民共和国国家标准（GB 5624—2005），规定了汽车维修学科和生产中专用的或常用的主要术语及其定义。

1. 总概念

(1)汽车维修：汽车维护和修理的泛称。

(2)汽车维护：为维持汽车完好技术状况或工作能力而进行的作业。

(3)汽车修理：为恢复汽车完好技术状况或工作能力和寿命而进行的作业。

(4)汽车维修制度：为实施汽车维修工作所采取的技术组织措施的规定。

(5)汽车维修性：汽车对按技术文件规定所进行的维修的适应能力。

2. 汽车技术状况变化

(1)汽车技术状况：定量测得的表征某一时刻汽车外观和性能的参数值的总和。

①汽车完好技术状况：汽车完全符合技术文件规定要求的状况。

②汽车不良技术状况：汽车不符合技术文件规定的任一要求的状况。

③汽车工作能力：汽车按技术文件规定的使用性能指标，执行规定功能的能力。

④汽车技术状况参数：评价汽车使用性能的物理量和化学量。

⑤汽车极限技术状况：汽车技术状况参数达到了技术文件规定的极限值的状况。

⑥汽车技术状况变化规律：汽车技术状况与行驶里程或时间的关系。

(2)汽车耗损：汽车各种损坏和磨损现象的总称。

①汽车零件磨损：汽车零件工作表面的物质，由于相对运动不断损耗的现象。

②老化：汽车零件材料的性能随使用时间的增长而逐渐衰退的现象。

③裂纹：汽车零件在较长时间内由于交变载荷的作用，性能变坏，甚至产生断裂现象。

④变形:汽车零件在使用过程中零件要素的形状和位置发生变化不能自行恢复的现象。

⑤缺陷:汽车零件任一参数不符合技术文件要求的状况。

⑥损伤:在超过技术文件规定的外因作用下,使汽车或其零件的完好技术状况遭到破坏的现象。

(3)汽车故障:汽车部分或完全丧失工作能力的现象。

①完全故障:汽车完全丧失工作能力,不能行驶的故障。

②局部故障:车部分丧失工作能力,即降低了使用性能的故障。

③致命故障:导致汽车、总成重大损坏的故障。

④严重故障:汽车运行中无法排除的完全故障。

⑤一般故障:汽车运行中能及时排除的故障,或不能排除的局部故障。

⑥汽车故障现象:汽车故障的具体表现。包括:异响、泄漏、过热、失控、乏力、污染超限、废油、振抖。

⑦故障率:使用到某行程的汽车,在该行程后单位行程内发生故障的概率。

注意:汽车故障率是用以表示汽车总成可靠性的数量指标,它是一个表示汽车发生故障概率的瞬时变化率的指标。

⑧平均故障率的观察值:汽车在规定的考察行程内,故障发生次数与累计行程之比。

二、机动车运行安全技术条件

国家标准《机动车运行安全技术条件》(GB 7258—2012)正式发布,并于2012年9月1日起实施。国家标准《机动车运行安全技术条件》是我国机动车国家安全技术标准的重要组成部分。GB 7258—2012是我国机动车运行安全管理最基础的技术标准,是公安机关交通管理部门新车注册登记检验和在用车安全技术检验、事故车检验鉴定的主要技术依据,也是新车定型强制性检验、新车出厂检验和进口机动车检验的重要技术依据之一。

GB 7258—2012根据GB 7258—2004执行过程中暴露出来的问题,采用与公安交通管理要求相适应的机动车分类标准,提高标准的可操作性。提高客货运输车辆等重点车辆的安全装置配备要求和结构安全要求,提高道路运行机动车的整体安全技术性能。进一步明确公共汽车运行安全技术要求,为加强公共汽车运行安全管理提供技术依据。进一步严格车辆识别代号打刻等要求,为高效打击提供盗抢机动车违法犯罪行为提供技术支撑。要求机动车制造厂家进一步明示汽车安全气囊等车辆安全装置的性能,以期更好地保护消费者的权益。

(1)进一步明确了标准的适用范围。

规定标准适用于在我国道路上行驶的所有机动车,但有轨电车及非为在道路上行驶和使用而设计和制造、主要用于封闭道路和场所作业施工的轮式专用机械车除外。

注意:①"道路"是指公路、城市道路和虽在单位范围但允许社会机动车通行的地方,包括广场、公共停车场等用于公众通行的场所。因此,本标准也不适用于场地竞赛车辆、机场摆渡巴士、沙漠车等非道路车辆,以及林业机械及矿山机械、建筑机械等工程机械。

②非道路车辆不准许上道路行驶,确需临时上道路行驶时应当按照法律法规的规定办

理相关手续并获得许可。

(2)采用了与公安交通管理要求一致的机动车分类,调整新增了相关的术语和定义。

修改了机动车和汽车的定义,按照现行机动车管理分类,将汽车分为载客汽车(乘用车和客车的合称)、载货汽车(货车)和专项作业车,将原摩托车和轻便摩托车合称为摩托车,以与《道路交通安全法》及其实施条例的相关规定相适应;同时,增加了公路客车、旅游客车、校车、幼儿校车、小学生校车、中小学生校车、专用校车、危险货物运输车、纯电动汽车、插电式混合动力汽车、燃料电池汽车、教练车、残疾人专用汽车、特型机动车等术语和定义,修改了公共汽车、专项作业车(专用作业车)、轻便摩托车等术语和定义,以使标准使用者能更清晰地理解标准相关条款适用的主体。

(3)细化了车辆识别代号相关要求,以期提升汽车(主要是乘用车)的可追溯性,更好地打击和预防盗抢机动车违法犯罪行为。

①进一步明确了车辆识别代号打刻位置和可视认性的要求。

②增加了"乘用车和总质量小于或等于3500kg的货车(低速汽车除外)还应在靠近风窗立柱的位置设置能永久保持、可从车外清晰识读的标有车辆识别代号的标识"的规定。

③增加了"乘用车至少还应在行李舱标识车辆识别代号及在其他5个主要部件上标识车辆识别代号或零部件编号""具有ECU单元的乘用车,其ECU应能读取车辆识别代号等特征信息或能通过电子接口读取车辆识别代号等特征信息"的要求。

④增加了"对机动车进行改装或修理时不允许对车辆识别代号等整车标志进行遮盖(遮挡)、打磨、挖补、垫片等处理及凿孔、钻孔等破坏性操作"的要求。

(4)提高了客车的运行安全技术要求。

①在提高客车主动安全性要求方面:

a. 加严了客车侧倾稳定性要求。

b. 规定车长大于9m的客车应装备缓速器或其他辅助制动装置、前轮应装备盘式制动器、所有车轮应装用子午线轮胎。

c. 规定专用校车及车长大于9m的公路客车、旅游客车、未设置乘客站立区的公共汽车应装备符合规定的防抱死制动装置。

d. 规定校车、公路客车和旅游客车的所有车轮不允许使用翻新胎。

e. 规定车长大于或等于6m的客车应具有超速报警功能,专用校车、公路客车、旅游客车及车长大于9m的未设置乘客站立区的公共汽车应具有限速功能或安装限速装置,且限速功能或限速装置调定的最大速度应小于或等于100km/h。

②在提高客车被动安全性方面:

a. 规定专用校车、公路客车、旅游客车、未设置乘客站立区的公共汽车的上部结构强度应符合GB/T 17578的规定、所有座椅均须安装汽车安全带。

b. 规定车长大于6m的专用校车应采用车身骨架结构、同一横截面上的顶梁、立柱和底架主横梁应形成封闭环、从侧窗上纵梁到底横梁之间的车身立柱应采用整体结构。

c. 规定车长大于11m的公路客车和旅游客车和所有卧铺客车的车身应为全承载整体式框架结构。

d. 规定专用校车前部应采用碰撞安全结构。

③其他方面:规定所有专用校车、公路客车、旅游客车、未设置乘客站立区的公共汽车均应安装行驶记录仪,专用校车和卧铺客车还应安装车内外录像监控系统。

三、道路运输车辆综合性能要求和检验方法

GB 18565—2016《道路运输车辆综合性能要求和检验方法》替代 GB 18565—2001。由交通运输部公路科学研究院等单位起草,并由国家质量监督检验检疫总局于 2016 年 6 月 14 日发布,自 2017 年 1 月 1 日正式实施。

本标准规定了申请从事道路运输车辆和在用道路运输的技术要求,以及在用道路运输车辆的检验方法。

《道路运输车辆综合性能要求和检验方法》是道路运输管理机构实施营运车辆准入、过程及退出机制等管理的重要抓手和技术依据,具有权威性,是营运车辆年度审验和等级评定的主要依据,直接关系道路运输车辆的行车安全。2016 版新标准中涉及了新的技术要求和检测检验方法,检测机构需要升级改造。

新标准新增了碳平衡法油耗仪、汽车列车制动性能检验台(平板式)、双板联动侧滑检验台、汽车故障电脑诊断仪、监控拍照系统等设备。新标准取消的设备包括:转向角检验台、发动机综合分析仪、四轮定位仪、汽缸压力表、润滑油质分析仪、动力性测功机(飞轮匹配要求)、流量式油耗仪、淋雨试验台。

四、汽车大修竣工出厂技术条件

《汽车大修竣工出厂技术条件》包括两部分:GB/T 3798.1—2005《汽车大修竣工出厂技术条件 第 1 部分:载客汽车》和 GB/T 3798.2—2005《汽车大修竣工出厂技术条件 第 2 部分:载货汽车》。

汽车大修目的是指用修理或更换汽车零部件的方法,达到完全或接近完全恢复车辆技术性能。汽车大修主要包括汽车和总成解体、零件清洗、零件检验分类、零件修理、配套和装配、总成磨合和测试、整车组装和调试等。

《汽车大修竣工出厂技术条件》的主要内容如下。

1. 汽车大修基本要求

汽车大修基本要求包括:外观及附属设备要求、一般修理质量和装配质量要求。

2. 各总成机构要求

各总成机构要求包括:发动机、底盘、电气、车身和车辆性能指标等要求。

3. 质量保证

质量保证包括:维修管理软件的使用、使用委托维修单和派工单、大修质量保证体系、大修合格检验等。

五、商用汽车发动机大修竣工出厂技术条件

《商用汽车发动机大修竣工出厂技术条件》(GB/T 3799—2005)分为两部分:第 1 部分:汽油发动机;第 2 部分:柴油发动机。《商用汽车发动机大修竣工出厂技术条件(第 1 部分):汽油发动机》(GB/T 3799.1—2005)代替 GB/T 3799—1983《汽车发动机大修竣工技术条

件》中有关汽油发动机大修竣工技术条件的内容。《商用汽车发动机大修竣工出厂技术条件（第2部分）：柴油发动机》（GB/T 3799.2—2005）代替 GB/T 3799—1983《汽车发动机大修竣工技术条件》中有关柴油发动机大修竣工技术条件的内容。

以第2部分为例，本标准适用于商用汽车柴油发动机（往复活塞式），其规定了商用汽车柴油发动机大修竣工出厂的技术要求、质量保证和包装要求。《商用汽车发动机大修竣工出厂技术条件》引用了 GB/T 5624《汽车维修术语》、GB/T 18297《汽车发动机性能实验方法》、JT/T 104《汽车发动机缸体与汽缸盖修理技术条件》、JT/T 105《汽车发动机曲轴修理技术条件》、JT/T 106《汽车发动机凸轮轴修理技术条件》。

商用汽车发动机大修竣工出厂技术条件主要包括：发动机外观、发动机装备、发动机性能、质量保证等要求。

新标准有关内容相主要变化如下：

（1）增加了关于汽油发动机电子控制燃油喷射系统的相关内容。

（2）对大修竣工后的汽油发动机的性能要求参数值进行了修订。

（3）对竣工检验条件提出了更科学合理的要求。

（4）增加了关于对不同海拔功率、转矩修正系数的内容。

六、汽车维护、检测、诊断技术规范

为规范在用汽车维护、检测、诊断作业，使汽车保持良好的技术状况，减少汽车故障，保证行车安全，延长车辆使用寿命，有效地控制汽车排放污染物，特制定《汽车维护、检测、诊断技术规范》（Specification for the inspection and Maintenance of motor vehicle）。

本标准由中华人民共和国交通部提出，归口全国汽车维修标准化技术委员会。由交通部公路科学研究所、南京市汽车维修管理处、天津市交通局、北京市汽车维修管理处、云南省交通厅、辽宁省交通厅公路运输管理局等单位共同起草。主要人员有冯桂芹、韩国庆、谢素华、孟秋、蔡团结、徐通法、刘亚平、刘林、金诚仁等专家，由全国汽车维修标准化技术委员会负责解释。本标准（GB/T 18344—2001）由国家质量技术监督局 2001 年 3 月 26 日于发布，并于 2001 年 12 月 1 日正式实施。

本标准是在总结了行业标准 JT/T 201—1995《汽车维护工艺规范》经验的基础上，扩大了适用范围，使标准更加完善。

七、汽车修理质量检查评定方法

《汽车修理质量检查评定方法》为中华人民共和国国家标准 GB/T 15746—2011，本标准规定了汽车修理质量检查的评定要求及评定规则，本标准适用于对汽车整车、发动机及车身修理质量的行业检查。

本标准代替 GB/T 15746.1—1995《汽车修理质量检查评定标准 整车大修》、GB/T 15746.2—1995《汽车修理质量检查评定标准 发动机大修》和 GB/T 15746.3—1995《汽车修理质量检查评定标准 车身大修》。主要技术变化如下：

（1）明确了标准的适用范围。

（2）将“大修基本检验技术文件评定”改为“维修档案评定”。

(3)在评定规则中,增加了核查项目合格与否的判定原则。
(4)将“修正系数”改为“权重系数”,取消了关键项的修正系数。
(5)调整了质量等级数量,修改了综合判定标准。
(6)修改了汽车整车修理质量评定的技术要求。
(7)修改了汽车发动机修理质量评定的技术要求。
(8)修改了汽车车身修理质量评定的技术要求。

八、汽车发动机电子控制系统修理技术要求

《汽车发动机电子控制系统修理技术要求》(GB/T 19910—2005)由交通部公路科学研究所起草,适用于装用汽车发动机电子控制系统的点燃式汽油发动机的车辆。

本标准规定了汽车发动机电子控制系统维修前检查、视情维修以及维修后检验的技术要求。其中,维修前检查包括47项技术要求;视情维修包括11项技术要求;维修后检验包括7项技术要求。

九、点燃式发动机汽车排气污染物排放限值及测量方法(双怠速法及简易工况法)

为贯彻《中华人民共和国环境保护法》和《中华人民共和国大气污染防治法》,控制汽车污染物排放,改善环境空气质量,制定《点燃式发动机汽车排气污染物排放限值及测量方法(双怠速法及简易工况法)》(GB 18285—2005)。本标准适用于装用点燃式发动机的新生产和在用汽车。

本标准是对GB 14761.5—1993《汽油车怠速污染物排放标准》和GB/T 3845—1993《汽油车排气污染物的测量 怠速法》的修订与合并。本标准规定了点燃式发动机汽车怠速和高怠速工况排气污染物排放限值及测量方法,同时规定了稳态工况法、瞬态工况法和简易瞬态工况法等三种简易工况测量方法。本次修订增加了高怠速工况排放限值和对过量空气系数(λ)的要求。

十、车用压燃式、气体燃料点燃式发动机与汽车排气污染物排放限值及测量方法

根据《中华人民共和国环境保护法》和《中华人民共和国大气污染防治法》,为保护环境,防治装用压燃式及气体燃料点燃式发动机的汽车排气对环境的污染,制定GB 17691—2005《车用压燃式、气体燃料点燃式发动机与汽车排气污染物排放限值及测量方法》。

本标准修改采用欧盟(EU)指令88/77/EEC《关于协调各成员国采取措施防治车用柴油发动机气态污染物排放法律的理事会指令》的修订版1999/96/EC《关于协调各成员国采取措施防治车用压燃式发动机气态污染物和颗粒物排放,以及燃用天然气或液化石油气的车用点燃式发动机气态污染物排放法律的理事会指令》,以及随后截至最新修订版2001/27/EC《关于协调各成员国采取措施防治车用压燃式发动机气态污染物和颗粒物排放,以及燃用天然气或液化石油气的车用点燃式发动机气态污染物排放法律的理事会指令》的有关技术内容。

本标准规定了第Ⅲ、Ⅳ、Ⅴ阶段装用压燃式发动机汽车及其压燃式发动机所排放的气态和颗粒污染物的排放限值及测试方法；以及装用以天然气或液化石油气作为燃料的点燃式发动机汽车及其点燃式发动机所排放的气态污染物的排放限值及测量方法。

本标准是对 GB 17691—2001 的修订，与 GB 17691—2001 相比主要变化如下：

（1）加严了排气污染物排放限值。

（2）增加了装用以天然气或液化石油气作为燃料的点燃式发动机汽车及其点燃式发动机的气态污染物的排放限值及测量方法。

（3）改变了测量方法，试验工况由 ESC（稳态循环）、ELR（负荷烟度试验）和 ETC（瞬态循环）工况所构成，针对不同车种或不同控制阶段，应用不同的试验工况。

（4）从第Ⅳ阶段开始，增加了车载诊断系统（OBD）或车载测量系统（OBM）的要求。

（5）从第Ⅳ阶段开始，增加了排放控制装置的耐久性要求。

（6）从第Ⅳ阶段开始，增加了在用车符合性的要求。

（7）增加了新型发动机和新型汽车的型式核准规程。

（8）改进了生产一致性检查及其判定方法。

十一、道路运输企业车辆技术管理规范

《道路运输企业车辆技术管理规范》（JT/T 1045—2016）由中华人民共和国交通运输部于 2016 年 4 月 8 日发布，并于 2016 年 7 月 1 日开始实施。本标准规定了道路运输企业车辆技术管理的机构及人员、车辆选购、车辆使用、车辆维修、车辆检测评定、车辆处置、车辆技术档案管理和车辆技术管理考核。

本标准适用于道路旅客运输、普通货物运输和危险货物运输车辆的技术管理，其他车辆的技术管理可参照使用。

新标准重点突出了车辆维修和车辆技术档案的管理规范。

1. 车辆维修

（1）企业应建立车辆维护管理制度，内容包括维护管理部门及职责、作业分类、质量管理、定额指标和统计考核要求。

（2）企业应依据相关标准以及车辆维修手册、使用说明书等技术文件，结合车辆类别、运行状况、行驶里程、道路条件、使用年限等因素，确定车辆维护周期。

（3）企业应根据车辆维护周期要求，制订车辆维护计划，并按期组织实施。

（4）设有机动车维修机构并自行实施车辆维护的企业，应依据相关标准制定车辆维护作业规范或细则，明确维护作业项目、内容及技术要求，维护过程中应做好维护记录。（车辆进厂检验、维护过程检验、出厂检验等记录）

（5）委托外单位机动车维修企业实施二级维护的车辆，作业项目、内容和技术要求应符合相关标准要求，维护完成后应妥善保存竣工出厂合格证及相关凭证。

（6）车辆技术管理人员应不定期开展车辆维护执行情况抽查并建立台账，对抽查中发现的问题应及时处理。

（7）车辆修理应遵循视情修理的原则，技术条件应符合相关标准要求。

（8）企业应根据车辆类型和使用条件等，制定车辆维修费用定额指标，并定期进行统计

分析。

2. 车辆技术档案

(1)企业应建立车辆技术档案管理制度,内容包括档案管理部门及职责、建档、保存、更新和转出。

(2)车辆技术档案实行一车一档,由专人负责,妥善保存,未经允许不得随意借出。

(3)档案内容应包括车辆基本信息、车辆技术等级评定、客车类型等级评定或年度类型等级评定复核、车辆维护和修理、车辆主要零部件更换、车辆变更、行驶里程、对车辆造成损伤的交通事故等记录。

(4)档案应保存相关材料的原件或复印件。

(5)档案信息应记载及时、完整和准确,不应损毁、随意涂改和伪造。

(6)企业应当运用信息化技术开展车辆技术管理,及时记载车辆全寿命周期的技术状况信息,定期统计分析车辆行驶里程、能源消耗量、维修费用、维护计划执行率、车辆完好率、车辆小修频率、车辆平均技术等级等技术指标。

十二、液化石油气汽车维护、检测技术规范

《液化石油气汽车维护、检测技术规范》(JT/T 511—2004)于2004年4月16日由中华人民共和国交通部发布,并于2004年7月15日开始实施。本标准规定了液化石油气(以下简称LPG)汽车维修企业具备的技术条件、LPG汽车维护、检测的周期、作业内容和技术要求。

本标准适用于LPG汽车,包括单一燃料LPG汽车和LPG汽油两用燃料汽车。

本标准的主要内容包括:

(1)LPG汽车维护的分级与周期。

(2)维护作业的安全要求。

(3)LPG汽车日常维护。

(4)LPG汽车一级维护。

(5)LPG汽车二级维护。

十三、压缩天然气汽车维护、检测技术规范

《压缩天然气汽车维护、检测技术规范》(JT/T 512—2004)于2004年4月16日由中华人民共和国交通部发布,并于2004年7月15日开始实施。本标准规定了压缩天然气(以下简称CNG)汽车维修企业具备的技术条件、CNG汽车维护、检测的周期、作业内容和技术要求。

本标准适用于CNG汽车,包括单一燃料CNG汽车和CNG/汽油两用燃料汽车。

本标准的主要内容包括:

(1)CNG汽车维护的分级与周期。

(2)维护作业的安全要求。

(3)CNG汽车日常维护。

(4)CNG汽车一级维护。

（5）CNG 汽车二级维护。

十四、汽车玻璃零配安装要求

《汽车玻璃零配安装要求》（QC/T 984—2014）于 2014 年 10 月 14 日由中华人民共和国工业和信息化部发布，并于 2015 年 4 月 1 日开始实施。本标准规定了汽车玻璃零配安装的要求，包括术语和定义、玻璃和密封胶的选择、安装步骤和要求、其他要求及资格与培训。

本标准适用于汽车玻璃的零配安装。

本标准的目的为：

（1）规范汽车玻璃安装更换的步骤，实现安装操作的一致性，满足安全要求。

（2）促进公众对安全的安装步骤必要性的认识，降低交通意外时出现人身伤害和/或死亡的风险。

（3）提供全面的汽车玻璃零配安装标准，建立汽车玻璃安装更换行业的从业基准。

（4）为行业内从事产品、教育和培训的机构提供相应的指导方针和目标。提高汽车玻璃零配行业安装技师的职业技能和实践能力，提高他们的专业水平。

参 考 文 献

[1] 丰田汽车公司. 汽车维修教程[M]. 北京:高等教育出版社,2012.
[2] 中国汽车维修行业协会. 发动机与底盘检修技术[M]. 北京:人民交通出版社,2012.
[3] 解福泉. 电控发动机维修[M]. 北京:高等教育出版社,2014.
[4] 曹红兵. 汽车发动机电控技术原理与维修[M]. 北京:机械工业出版社,2014.
[5] 杨洪庆. 汽车发动机电控技术[M]. 北京:中国人民大学出版社,2014.
[6] 朱军. 汽车维修常用工具量具使用[M]. 北京:人民交通出版社,2010.
[7] 杨益明. 汽车检测设备与维修[M]. 北京:人民交通出版社,2005.
[8] Juck Erjavec. 汽车维修基础知识与基本技能[M]. 北京:电子工业出版社,2006.
[9] 王盛良. 汽车底盘构造与维修[M]. 北京:机械工业出版社,2014.
[10] 杨海泉. 汽车故障诊断与检测技术[M]. 北京:人民交通出版社,2004.

全国交通运输行业职业技能鉴定教材——汽车维修工			
书名	书号	定价(元)	作者
职业道德和基础知识	14075	50	交通运输部职业资格中心
汽车检测工、汽车机械维修工、汽车电器维修工职业技能鉴定教材(初级、中级、高级)	14092	60	交通运输部职业资格中心
汽车检测工、汽车机械维修工、汽车电器维修工职业技能鉴定教材(技师、高级技师)	预计2017年11月出版		交通运输部职业资格中心
汽车车身整形修复工职业技能鉴定教材	预计2017年9月出版		交通运输部职业资格中心
汽车车身涂装修复工职业技能鉴定教材	预计2017年9月出版		交通运输部职业资格中心
汽车美容装潢工、汽车玻璃维修工职业技能鉴定教材	预计2017年9月出版		交通运输部职业资格中心
其他汽车维修类图书			
书名	书号	定价(元)	作者
汽车维修从业人员安全生产指南	11697	48	中国汽车保修设备行业协会
汽车维修企业转型发展典型案例	11696	68	中国汽车维修行业协会
汽车美容——车身清洁维护岗位技术培训教材(第二版)	13414	30	吴晋裕
机动车维修价格结算员素质教育读本	11380	28	本书编写组
机动车维修业务接待员素质教育读本	11381	38	本书编写组
汽车钣金	11206	39	岸上善彦
汽车涂装	11020	48	末森清司
液化天然气(LNG)客车使用与维修手册	11526	36	金柏正
I/M制度在汽车维护中的应用	13659	50	刘元鹏
《汽车维修业开业条件》(GB/T 16739—2014)宣贯读本	12125	36	张学利　蔡凤田